U0339000

秦岭伏牛山构造带的变质–变形分析

任升莲 著

合肥工业大学出版社

内容简介

秦岭造山带是扬子和华北两大板块俯冲、碰撞及陆间造山作用的结果。伏牛山构造带位于秦岭造山带的北部，是板块汇聚作用导致华北板块南缘强烈变形，并最终被卷入秦岭造山带之中，成为造山带的重要组成部分，它记录了造山带形成和演化的全部过程。

以板块构造学和构造矿物学为指导，作者对伏牛山构造带开展了运动方式、剪切类型、变形强度、应变速率、构造环境、变形机制、古应力大小和构造年代学的精细研究，恢复了古板块的俯冲、碰撞作用下板块的汇聚方式和运动学过程，揭示了构造带不同类型岩石变质相和变形相及其相互的关系，进一步认识了秦岭造山带的结构、演化和动力学特征。

本书是国家自然科学基金项目"秦岭伏牛山构造带的变形作用与构造过程研究"(41272213)和"东秦岭北部造山过程中不同变形作用和转换关系研究"(41072161)的重要研究成果之一。

图书在版编目（CIP）数据

秦岭伏牛山构造带的变质-变形分析/任升莲著．—合肥：合肥工业大学出版社，2013.12

ISBN 978-7-5650-1590-8

Ⅰ.①秦…　Ⅱ.①任…　Ⅲ.①秦岭—构造带—研究　Ⅳ.①P548.241

中国版本图书馆CIP数据核字（2013）第267118号

秦岭伏牛山构造带的变质-变形分析

任升莲　著　　　　责任编辑　陆向军

出　版	合肥工业大学出版社	版　次	2013年12月第1版
地　址	合肥市屯溪路193号	印　次	2013年12月第1次印刷
邮　编	230009	开　本	787毫米×1092毫米　1/16
电　话	综合编辑部：0551-62903028	印　张	12
	市场营销部：0551-62903198	字　数	277千字
网　址	www.hfutpress.com.cn	印　刷	安徽联众印刷有限公司
E-mail	hfutpress@163.com	发　行	全国新华书店

ISBN 978-7-5650-1590-8　　　　定价：38.00元

前　言

秦岭造山带是横贯我国东西的一条大型陆内造山带，是华南和华北两大板块俯冲、碰撞及陆内造山作用的结果。板块汇聚作用引起了华北板块南缘强烈变形，并最终被卷入秦岭造山带中成为造山带的重要组成部分。伏牛山构造带就位于这个特殊的位置，它记录了造山带形成和演化的全部过程。所以，对其变质-变形作用细节的研究，可以恢复板块的俯冲碰撞作用，反演古板块的汇聚方式和运动学过程，对建立大陆造山带的结构、演化和动力学模式有着重要意义。

本书以构造矿物学和板块构造学为指导，以秦岭伏牛山构造带内的洛栾断裂带和瓦乔断裂带及受其影响的旁侧岩石为标志体，以其构造岩石的宏观、微观及超微观变质-变形特征为主要研究内容，以9条横穿伏牛山构造带的横剖面和1条沿构造带的纵剖面为主线，通过重点地段的地质填图、剖面绘制、运动学涡度分析、有限应变测量等构造解析常规方法，分析有关的面理、线理组构、运动学矢量、剪切类型和方式等内容；利用矿物变形与应力关系研究构造岩相带变形的应力、应变状态，估算构造岩相带变形的古应力大小；利用岩石学手段结合不同尺度分析，研究变质岩的矿物成分、结构、构造特征，并确定其分布规律，分析变质相与构造带的关系；利用特征变质矿物研究分析断裂带及两侧变形岩石中特征变质矿物种类、数量及组合关系，解析变形时期构造环境；利用矿物变形特征研究构造岩的变形方式和变形机制，揭示矿物塑性变形序列，特别是特征变质矿物的脆—塑性转换变形机制及影响脆—塑性转换的温度、压力、应变速率等因素；通过对变形过程中产生的同构造变质流体的变形特征、成分特征进行分析，探讨其来源及其形成年代；通过对构造带岩石变质与变形特征研究，划分构造带岩石的变质相和变形相，分析同一构造背景下构造带岩石形变与相变之间的关系，建立构造带岩石的变质相-变形相的关系模式。

通过大量阅读相关资料和前人成果，在充分了解区域地质背景和研究现状的基础上，针对秦岭伏牛山构造带的特点分析其存在问题，作者进行了大量的野外现象观测、室内分析测试等综合研究，尝试用矿物学与构造地质学相结合的研究思路和宏观、微观、超微观变形技术相结合的研究手段和方法，在变形变质岩石学、构造矿物学、构造地质学和地质-热事件年代学等方面做了相应的研究，并取得以下研究

成果：

(1) 伏牛山构造带的宏观地质特征

伏牛山构造带位于北秦岭北部，北界为洛栾断裂带，南界为瓦乔断裂带。

洛栾断裂带作为北秦岭与秦岭北缘的界线，宽十几公里，是由一系列韧性剪切带和夹在其间的岩片组成的构造带。断裂带西窄东宽，总体走向290°，倾向NNE，倾角多为60°。具有四期变形，早期由南向北俯冲，随后产生大规模的左行剪切作用，形成大量的糜棱岩，这期的糜棱岩是本书研究的重点。第三期为弱糜棱岩化作用，最后一期是岩片产生由北向南的逆冲作用。糜棱岩自东向西由粗粒糜棱岩向中粒糜棱岩—细粒糜棱岩变化，分别对应于中下部地壳的变形、上部地壳的下构造层和上部地壳的中上构造层的变形。

瓦乔断裂带为伏牛山构造带的南界，是二郎坪岩群与宽坪岩群的界线，宽几公里至十几公里不等，也是由多条韧性剪切带组成。各剪切带产状基本一致，走向290°，倾向NNE，倾角约50°。断裂带内广泛发育糜棱岩，超糜棱岩，糜棱岩矿物σ、δ残斑，石英脉体形态等特征指示其具有由北向南逆冲兼左行平移的特征。

(2) 伏牛山构造带的显微变形特征

伏牛山构造带的岩石主要有糜棱岩、构造片岩、糜棱岩化岩石等。其中糜棱岩按原岩成分的不同分为：长英质糜棱岩、碳酸盐质糜棱岩、基性糜棱岩等。通过大量的显微观察和分析，发现整个构造带的矿物组合和矿物变形特征自东向西明显不同，且具有一定的规律。

(3) 构造岩的变形机制、变形相和矿物塑性变形序列

长英质糜棱岩是伏牛山构造带出现最多的一类糜棱岩。东部石英的变形机制为位错攀移成为重要的蠕变机制，为高温塑性变形机制，西部石英则以脆性微破裂、位错滑移与重结晶为主。东部长石的变形机制为位错蠕变为主；西部则以微裂隙、双晶与重结晶为主。因此，东部长英质糜棱岩的形成机制为中地壳偏深的环境下的晶质塑性变形、高温扩散蠕变为主的塑性变形机制；西部则为上地壳下部-中地壳上部环境下的低温扩散蠕变、颗粒边界滑移以及晶质塑性变形控制的塑性变形机制。

伏牛山构造带中矿物塑性变形序列为：方解石、黑云母、石英、斜长石、钾长石等。

伏牛山构造带长英质糜棱岩的变形相变化为：自东向西，依次为二长石变形相、石英斜长石变形相、石英变形相等。

(4) 伏牛山构造带的形成环境

1) 变质相

通过岩石的矿物共生组合分析伏牛山构造带变质相：东部为低角闪岩相，往西逐渐转变为高绿片岩相和低绿片岩相。

2) 变质-变形温度

通过变质相、石英动态重结晶型式、石英脉包裹体测温、糜棱岩中的动态重结

晶石英分维数、石英组构分析、斜长石和角闪石地质温度计等多种方法的分析和计算，得出伏牛山构造带的形成温度为中温偏高的条件，东部的温度高于西部。洛栾断裂带形成温度范围为300～550℃，瓦乔断裂带形成温度范围为500～550℃。

3）压力和应变条件

① 糜棱岩的动态重结晶石英分维数计算的洛栾断裂带差异应力为0.32～0.41 GPa，应变速率值为3.92917E－11～3.17713E－16；瓦乔断裂带的差异应力为32.417～33.524 MPa，应变速率值为3.45769E－14～2.14687E－16。两条断裂带的差异应力均表现为自东向西逐渐增大趋势，属于中等应变速率条件。

② 同构造石英脉的石英晶体位错特征显示：洛栾断裂带具有先挤压后叠加较强剪切改造的特征；瓦乔断裂带则表现出先强烈挤压后叠加弱剪切力为辅的特征。根据位错密度计算的差异应力为：0.71～0.87 GPa，应变速率值为：2.34445E－11～4.05872E－11。

③ 利用角闪石全铝压力计获得洛栾断裂带的压力为：0.75～0.95 GPa，瓦乔断裂带的压力为：0.60～0.85 GPa。

④ 利用 Massonne 多硅白云母压力计计算出伏牛山构造带的压力为0.27～0.87 GPa。

通过上述不同方法得出伏牛山构造带岩石的变质-变形的温压条件基本相同，均表现出东部温压条件高于西部。说明东段抬升强，西段抬升弱。

（5）构造带运动学特征

伏牛山构造带两条主要断裂带的岩石有限应变测量结果显示，其运动学特征各自不同：洛栾断裂带单剪作用较强，而瓦乔断裂带以纯剪作用为主。

（6）伏牛山构造带年代学特征

同构造石英脉的ESR测年结果显示：在372.9±30.0 Ma时洛栾断裂带产生剪切走滑作用，瓦乔断裂带韧性剪切走滑的年龄是275.0±20.0 Ma。所测218.0±20.0 Ma、120 Ma、71.6±7.0 Ma的年龄则反映了扬子、华北两大板块印支晚期全面闭合以及燕山期的构造一热事件在北秦岭也产生了一定的影响。北秦岭各构造带在时代上自北向南依次变新，说明是自北向南演化的。

（7）伏牛山构造带岩石变质相与变形相的对应关系

伏牛山构造的岩石变质相和变形相有明显的对应关系：长英质糜棱岩变形相自东向西依次为二长石变形相、石英斜长石变形相、石英变形相。在地壳层次上表现为从中地壳到上地壳层次。矿物共生组合显示出东部岩石的变质相为低角闪岩相，往西逐渐转变为高绿片岩相和低绿片岩相。所以，伏牛山构造的变质-变形条件自东向西是由高到低的。

总之，本书以伏牛山构造带中具有特殊构造作用的洛栾断裂带、瓦乔断裂带和受其影响的宽坪岩块、二郎坪岩块北缘、栾川岩片、陶湾岩片、石人山岩块南缘为切入点，通过分析伏牛山构造带岩石的变形细节和应变特征，确定华北板块南缘的

变形作用、构造型式，恢复其所在岩相带、主压应力方位及作用方式；通过研究伏牛山构造带岩石的变质特点、形成方式、机理、环境，分析断裂带对其周边岩石的变质一变形影响，建立岩石变质相-变形相的耦合关系等，从构造矿物变质-变形过程、形成方式的角度进一步认识秦岭造山带中大型剪切带在造山过程中的应力、应变状态及演化，利用矿物学-岩石学-微观构造地质学的研究内容和方法，建立板块运动与大陆边缘变质-变形模式，为探索大陆造山带的结构、演化和动力学问题，提供可靠的、精细的支撑数据和资料。

任升莲

2013 年 12 月

目　录

第一章
绪 论

第一节 研究现状

造山带是地球表层构造变形最强烈的地区之一，是揭示地球演化史最重要的地方。20世纪80年代以来，国际地科联等三大国际地学组织的合作项目“造山带的性质和演化”、“俯冲带的构造细节”，德国地球科学的重点项目“造山作用过程”，美国岩石圈计划的优选课题“自然实验室”，中国重视的重大前沿研究领域“造山带的结构、过程和动力学”，以及国家自然科学基金委员会的重大项目“秦岭造山带”，使得古板块俯冲和碰撞过程的恢复、古板块演化历史的再造，已经成为当今地球科学研究的最重要科学问题之一（宋述光，2009；Bowman et al，2003；Allen et al，2003；Chardon，2003；Little et al，2002；张国伟等，2001a，2001b；McClelland et al，2000；Richard et al，2000；Bell et al，1999；Teyssier et al，1999；李晓波，1993）。

根据形成大地构造位置或背景，造山带可以划分为板内和板缘造山带两大类型。其中，板块俯冲、碰撞作用形成的大陆造山带是主要类型，并已成为大陆动力学的研究热点。板块边缘地区由于汇聚作用常常产生强烈变形，并最终被卷入造山带中，成为造山带的重要组成部分。因此，它记录了造山带形成和演化的全部过程。所以，研究造山带的变形作用细节不仅可以恢复板块俯冲碰撞作用、反演古板块的汇聚方式和运动学过程，而且对建立大陆造山带的结构、演化和动力学模式也至关重要。因此，古板块俯冲碰撞作用精细的构造物理过程和造山带的变形作用细节研究已成为造山带研究的关键热点问题和重要研究内容，而造山带中构造岩片和剪切带变质-变形作用的精细解析和构造年代学研究，则自然成为造山过程研究的重要研究方法和切入点（万天丰，2011；杨经绥等，2010；Neves et al，2005；Klepeis et al，2004；Chardon，2003；Bowman et al，2003；Allen et al，2003；索书田等，2001；Jiang et al，2001；张国伟等，2001a；许志琴等，2001；Richard et al，2000；李晓波，1993；Sengor et al，1996b）。

古大陆边缘变形作用与板块的汇聚方向和速率密切相关。板块运动过程中的斜向汇聚作用普遍存在，并在变形板块体内发生多种变形作用，导致大陆边缘变形倾向滑动和走向滑动的产生。致使板块的俯冲碰撞、板缘变形走滑和伸展构造等力学性质完全不同的构造现象同存于挤压汇聚型的造山带中，侧向挤出、块体旋转、发散性的冲断和走滑等现象则是非平直板缘边界、非同时对接的真实记录，而边界突出部位往往成为最早对接且强烈变形的地区。造山带前陆大量同向冲断层的产生，基底的卷入和高压变质岩的出露，说明板块运动速度较快；大规模的断层弯曲、双重构造、后退式冲断作用或无序的前进冲断作用，水平汇聚分量增大，发生造山作用等，表明板块俯冲角度较小（Royden，1993）；大陆与岛弧之间俯冲极性、活动大陆边缘变形带的宽度、分带性、复杂性与汇聚板块的规模、形状和性质密切相关。由此可见，板块的运动方向、运动速度和俯冲角度控制着古大陆边缘的俯冲极性、俯冲形式等变形行为；板块的规模、形态和性质控制着大陆边缘的构造样式和变形强度。因此，板块运动方向和速率的研究对认识大陆边缘变形作用细节，探索造山带的成因以及大陆增生等科学问题意义重大。

剪切带是造山带中最重要的变形型式之一，它往往记录了大陆边缘从板块俯冲、碰撞到造山带形成、演化过程中各个阶段的变质变形作用。通常，人们认为挤压过程中产生逆冲，剪切背景下产生走滑。但是，近年来逐渐认识到构造取向和构造样式既受挤压应力控制，又受剪切分量控制。所以，各种动力体制下变形带的构造方位与运动方式关系密切（Krantz，1995）。变形分解作用使得岩石产生纯剪变形和单剪变形，且不受尺度影响。这些不同方位、不同性质的变形组合，形成多种变形分解图案，正是这些图案成为分析和判断大陆边缘剪切变形作用和板块汇聚方式、运动方向的重要标志（Jiang，2001；索书田等，2001；索书田，1991；Vigneresse et al，1990；Bell et al，1986；Bell，1981）。造山带内不同性质、不同类型的构造变形和组合图案是板块汇聚方式在板块边缘变形分解的结果，也是恢复古板块运动方向、碰撞过程中最重要的内容和解析对象，自然也就成为研究大陆造山带结构、过程、运动学和动力学问题的关键。因此，变形分解理论和方法常被用于解析造山带不同尺度变形的许多构造问题（Song et al，2009）。从显微尺度的变斑晶的成核、生长及其变形，面理、线理的形成和置换，到造山带中区域尺度下的线性剪切变形带的交织组合，再到岩石圈尺度下的流变学分层等不同尺度的研究表明：变形分解在大陆边缘和造山带变形研究中发挥着重要的作用。

一直以来，许多地质学家利用多种理论和方法研究古板块运动方向与大陆边缘变形作用，并使其成为造山带形成过程的最重要研究内容之一，成果令人瞩目（Neves et al，2005；Bowman et al，2003；Allen et al，2003；Klepeis et al，2004；Chardon，2003；Little et al，2002；McClelland，1994；Teyssier et al，1999；Neubauer et al，1999；lammerer et al，1998；Linzer et al，1997；Gursoy et al，1997；Piper et al，1996；Tatar et al，1995；Pichon et al，1995；Krantz，1995；Miller，1994；McCaffrey，1992，1994；DeMets et al，1990；Sanderson et al，1984）。Platt（1989）

曾利用多种方位线状指示物与面理交切轴之间的关系，分析了阿尔卑斯造山带西段的上覆岩层运动方向，以此判定挤压缩短的应力状态和斜向汇聚引起的侧向挤出作用；Wallance（1990）研究认为，圣安德烈斯断裂变形分解显示出不同地段的混合式（左阶或右阶）组合和岩体斜向就位方式，是科迪勒拉造山带右行斜向汇聚的结果；Jones（1995）也曾利用显微构造方法分析苏格兰上地壳泥盆系的变形，探索其左行斜向汇聚的特点；Michel（1995）和 Piper（1996，1997）在研究土耳其安纳托利亚地区主要走滑断层图案和运动状态时，认为阿拉伯板块在新生代与欧洲板块斜向汇聚时存在向西挤出的剪切变形分量；Malod（1996）和 Bell（1985，1989）也曾利用美国佛蒙特州东南部多种线状、面理构造研究应力方位，分析了阿巴拉契亚造山带右行斜向汇聚的演化过程；Richard（2000）和 Jiang（2001）认为澳大利亚板块的右行斜向汇聚导致了新西兰 Alpine 断裂带在不同深部的岩石变形及构造叠加；Reutter（1996）在研究智利北部 Chuquicamata 地区断裂样式图案时，证实了平行于岛弧走滑断裂带的存在。另外，苏格兰的 Mid—Devonian 造山带左行斜向汇聚方式（Jones，1995），多米尼加加勒比岛弧的斜向汇聚和变形分解作用（Viruete et al，2006）以及苏门答腊造山带的右行斜向汇聚等现象，都是不同方式板块运动与变形分解作用的典型记录，并得到广泛认同。

目前需要解决的重要科学问题是：汇聚边界带中不同的构造样式和变形类型记录了怎样的板块运动方向和运动速率？不同构造变形反映了板块汇聚过程中不同形状、不同规模块体间怎样的碰撞、对接或叠置方式？不同类型结晶岩石的变质-变形信息提供了怎样的由板块碰撞引起的构造环境和持续时间？可见，采用构造解析方法，利用变形分解理论，分析大陆边缘变形作用细节，恢复古板块俯冲碰撞方式、运动过程和时限，是大陆造山带研究的重要内容和方法。

近 20 年来，我国大陆造山带的研究也取得了丰硕的成果（陈衍景，2010；袁四化等，2009；Windley et al，2007；Wang et al，2002；李三忠等，2002；王涛等，2002；曾佐勋等，2001；宋传中等，2000，2009；许志琴等，1999，2001；索书田等，2001；索书田，1991；张国伟等，1997b，2001；Nelson et al，1996；Grujic et al，1996；袁学诚等，1994），不同形式的大陆边缘变形特点十分明显。张国伟（1996a，1996b），许志琴（1999），索书田（1991）分别通过造山带结构、变形分析和花状构造组合研究，指出秦岭造山带由多块体组成，存在平行造山带的左行平移现象；张进江（2001），王成善（1998）对东喜马拉雅构造结东西两条构造带中的面理、线理构造研究认为：喜马拉雅造山带左行斜向汇聚的同时伴有挤出构造；宋传中（2006，2009）研究了东秦岭北部的变形图案，认为扬子板块以左旋俯冲的方式与华北板块汇聚—拼合；郑亚东（2000）和张长厚（2001）等对燕山地区近东西向右行走滑构造和运动学特征进行了研究，认为与燕山板内造山带平行的走滑断裂是西伯利亚板块与华北板块右行斜向汇聚的结果。Sengor（1996）也认为阿尔泰造山带也存在走滑断裂的活动。这些成果都是古板块汇聚背景下大陆边缘变形作用的真实记录，推动了造山带结构、过程和动力学的研究。

伏牛山构造带是秦岭造山带最重要的组成部分之一，位于华北板块南缘的古二

郎坪弧后盆地与古华北板块之间的汇聚带上，现今构造近东西向延伸（Song et al，2009；张国伟等，1997a；吴正文等，1991）。伏牛山构造带精细构造过程的研究，对深入认识秦岭造山带的形成、演化和动力学有重要的科学意义。伏牛山构造带主要包括古二郎坪岩块北缘、宽坪岩块、栾川岩片、陶湾岩片和石人山岩体南缘等；是扬子、华北两大板块汇聚背景下，主要沿瓦穴子—乔端断裂带、洛南—栾川断裂带拼贴、堆垛在一起而成的复杂构造带；当今主要表现为低绿片岩相—高角闪岩相岩石组合，强烈变形的构造岩块（片）与流变特征十分明显的韧性剪切带相间，并清晰记录了中-深层次环境下有规律的变质-变形特征；同时，伏牛山构造带内构造叠加强烈，虽然主造山期汇聚背景下形成的构造岩石仍然是该构造带主体，但不同时期、不同性质的构造现象共同存在，不同层次的构造变形清晰可辨，为我们精细地研究秦岭造山带的形成、演化和汇聚过程提供了可靠的第一手资料，是揭示古大陆边缘的变形作用与构造过程提供了极好的天然实验室。

现今对伏牛山构造带主要有以下几点认识：

1. 二郎坪岩块的主体是一套基性岩，其构造位置为秦岭古岛弧北侧的古弧后盆地，在扬子板块与华北板块俯冲—碰撞的汇聚过程中，具有同时分别向南、北双向消减的构造特征；

2. 瓦穴子—乔端断裂带为二郎坪岩块与宽坪岩块的分界线，断裂带向北倾，宽坪岩块向南逆冲在二郎坪岩块之上，并发育有大量叠瓦状的逆冲推覆构造；

3. 宽坪岩块主要为绿片岩相变质，原岩以火山岩为主。虽然多期构造变形强烈，但由南向北俯冲于华北板块南缘之下的构造记录保留完整，运动学指向明显，是进行精细构造解析的良好场所；

4. 洛南—栾川断裂带是北秦岭与秦岭北缘的分界线，具有斜向汇聚特征，表现为北秦岭向华北板块之下由南西向北东方向的左旋斜向俯冲；

5. 栾川岩块和陶湾岩块位于洛南—栾川断裂带的北侧，是华北板块南缘两个规模较小的岩块，在二郎坪弧后盆地封闭过程中卷入伏牛山构造带，并参与了秦岭造山带的变质变形作用；

6. 石人山岩体南缘的一套混合岩多被认为属于太华群，在石人山南部呈带状分布，由颜色深浅不一、宽度不等、含不同暗色矿物的长英质条带组成。混合岩的北部为花岗片麻岩和花岗岩体，它们之间为渐变式接触关系，部分暗色条带或团块与浅色条带之间界限清晰。关于这套岩石的成因争议较多（叶会寿等，2008；卢欣祥等，1999，1996；王金贵等，1988）。

综上所述，当今的伏牛山构造带位于特殊的构造部位，是由多个规模不等的构造岩石单元和剪切带组成的强烈构造变形带，作为秦岭造山带的重要组成部分，构造特色鲜明，是难得的大陆造山带动力学研究场所，特别适合古板块汇聚和弧后盆地封闭等构造物理过程细节的研究。因此，对伏牛山构造带的深入研究不仅可以了解两板块的汇聚、碰撞以及进一步的陆内造山的方式、作用过程、年代等详细信息，也对研究华北板块边界在汇聚过程中的变形特征有着极为重要的作用（肖庆辉等，

1995），还对分析古板块碰撞缝合带和研究现代板块的汇聚边界变形有重要意义。

第二节 存在问题及研究内容

岩石圈应力-应变研究是当今地球动力学研究的前沿领域，流变学研究是岩石圈应力-应变研究的重要内容，而结晶岩石的变质-变形研究则是流变学研究的关键和基础。因此，人们迫切希望掌握结晶岩石的变质类型与变形行为二者之间的成因关系，掌握不同温压条件下矿物变形与变形机制的有机联系，从而进一步揭示岩石圈演化过程中的物理化学作用、运动学和动力学特性。所以，近20年来结晶岩石变质作用和变形行为及其二者之间关系的研究一直是地球科学研究的热点问题（刘正宏等，2007；刘祥等，2006；赵中岩等，2005；罗震宇等，2003；周永胜等，2000；王小凤，1993），而大陆造山带也自然成为结晶岩石的变质类型和变形行为研究的天然实验室。

近年来，不同环境条件、不同成分岩石的变形研究已积累了丰富的资料，从早期的对矿物和单矿物岩石的变形实验研究，发展到后期对多矿物岩石的变形研究；研究内容也从早期单纯的岩石力学或流变学研究发展到后来多方面的、多学科的综合性研究。通过对天然岩石与岩石实验的研究，建立和完善了岩石圈的应力状态与流变学结构的统一（刘俊来，1999，2004a，2004b；李昶等，2001；宋传中等，1998，2000a；索书田，1993；金振民，1993）。1976年Nicolas系统地总结了主要造岩矿物的变形机制和变形结构与构造；1977年Sibson对Moine断层带天然变形岩石进行了研究，建立了地壳断层带双层结构模型，并提出了地壳层次的概念，认为不同的地壳层次对应着不同的地质构造样式变化。他认为5 km以上为脆性变形域，5～10 km为脆—韧性过渡域，10～15 km为韧性变形域。我国地质工作者也开展了深地壳变形岩石方面相应的研究。1987年张家声发现了中-浅层次岩石中石英、长石以及角砾状混合岩柔性和脆性并存的现象，提出二相变形的概念；1989年在中国境内发现了中地壳构造岩；1989年何永年对取自于Alps深地壳的变形岩石进行了研究，阐述了深地壳变形岩石的矿物变形特征；1990年马宝林等在中国境内发现下地壳构造岩，并阐述了深层次构造岩的基本特征和层次划分（马宝林，1990a，1990b）；1988、1990年马宝林等通过天然变形和实验变形确定了矿物的变形序列，提出了变形相的概念；1991年赵中岩发表了榴辉岩相构造岩的基本特征。目前，地壳岩石的变形相共划分为三个基本层次和五个变形相，其命名系统是根据变形序列中临界塑性变形矿物或矿物组合来确定的。即中-上地壳、中地壳和下地壳三个基本层次，五个变形相是石英变形相、石英斜长石变形相、二长石变形相、二长角闪石变形相和二辉石变形相（马宝林，1990）。

最新的研究显示：岩石圈不同层次岩石的流变类型、流变强度及流动机制有很

大的变化，其变化受控于变形环境，在不同尺度上既有相似性又有差异性。因此，进一步深入研究不同环境、不同尺度下多相岩石的流变性，尤其对变质类型与变形行为对应关系的研究十分必要（刘俊来，2004a，2004b）。晶体、岩石、岩石圈尺度上的力学性状与流动机制的研究内容主要为：矿物晶内缺陷的形成因素，岩石破裂、微破裂的成核与扩展；剪切带的发生、发展与演化。即在显微或亚微尺度上晶体变形机制或更大尺度上，变形效应的扩展、岩石圈的结构分层与区域不均匀性等方面的研究以及在应变过程中矿物相变化的研究意义重大，这也是近年来的研究热点。

近30年来，虽然有众多地质学家在秦岭造山带做过大量的、精细的研究，在其岩石圈结构、演化和动力学的研究成果丰富（Wang et al，2002；高山等，1999；王涛等，1997；袁学诚，1997；金昕等，1996；张进江等，1996；张国伟等，1996a，1996b，1997b；索书田等，1993，2001；周国藩等，1992；许志琴等，1997）。但他们的研究主要集中在地层、岩浆岩、板块构造演化方面，在变质岩方面多涉及其形成、原岩恢复、地球化学特性和形成年代方面的研究；在岩浆岩方面则以各期次岩浆岩的成分、物质来源、形成年代等及所反映出的板块碰撞的阶段特征为主；而构造方面的研究多从板块构造角度研究秦岭微陆块的形成和演化，扬子与华北两板块的汇聚、碰撞、隆升、造山作用等方面展开，且研究成果丰硕。但在扬子与华北板块汇聚、碰撞后，引起华北板块南缘变形以及由此形成的一系列剪切带方面的研究却很少，特别是对二郎坪弧后盆地封闭过程的基础构造研究仍显不足，尤其是针对板块运动方向与变形作用细节、变形环境及其彼此耦合关系的精细研究涉及甚少。

所以，对位于秦岭造山带中特殊位置的伏牛山构造带，仍存在一些重要的科学问题亟待解决：

① 伏牛山构造带作为二郎坪弧后盆地与华北大陆的拼接带，是由多个块体组成的强构造变形带，各个次级岩块有着怎样精细的汇聚—拼合方式和叠置—就位过程？各个次级岩块内部有着怎样的变形样式？其块体边缘有着怎样的变形规律、运动学指向和构造物理过程？

② 二郎坪弧后盆地北缘是怎样消减的？有什么样的构造变形组合图案？伏牛山构造带是否是华北与扬子板块斜向汇聚的产物？具有什么样的精细构造物理过程和动力学机制？记录了怎样的时空信息？

③ 洛南—栾川断裂带和瓦穴子—乔端断裂带作为伏牛山构造带内两大主要剪切带，形成的时代和时限如何？是否存在差异？两者在二郎坪弧后盆地北缘消减过程中有何控制作用？两大剪切带在变形样式、几何学、运动学特征方面有何差异？

这些问题的解决对于进一步深入认识秦岭造山带十分重要，不仅仅因为伏牛山构造带位于秦岭造山带的北侧，更是因为伏牛山构造带是秦岭造山带和华北板块的结合部位，它的变质变形特征涉及秦岭造山带与华北板块汇聚过程中，华北板块边界变形和碰撞后陆内造山导致的进一步变质变形方式、几何学、运动学和动力学特征。为了解决这些问题，制定研究内容如下：

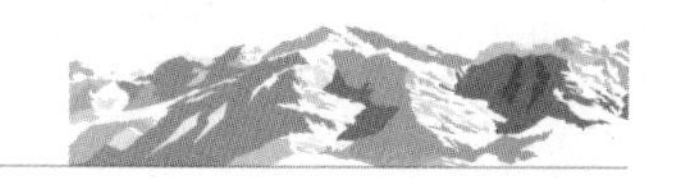

1. 伏牛山构造带岩石学研究

结合宏观、微观和超微尺度的观察和分析，研究构造带变质岩的矿物成分、结构、构造特征，并确定其分布规律，分析变质相与构造带的关系。

2. 伏牛山构造带特征变质矿物学研究

研究两条断裂带及两侧变形岩石中特征变质矿物种类、数量及组合关系，解析变形时期及构造环境。

3. 伏牛山构造带矿物变形与应力研究

根据矿物变形显微构造特征，分析构造岩相带变形的应力、应变状态；估算构造岩相带变形的古差异应力。

4. 伏牛山构造带矿物塑性变形机制研究

通过显微镜和透射电镜观察矿物变形、恢复动态重结晶特点及位错组态亚结构特征，揭示矿物塑性变形机制。

5. 伏牛山构造带岩石的脆—塑性转换变形机制及矿物的塑性变形序列研究

系统研究构造带岩石由脆性向塑性变形的转变机制，脆—塑性转换的显微构造特征及岩石中矿物的变形序列以及影响脆—塑性转换温度、压力、应变速率及流体等因素研究。

6. 伏牛山构造带年代学特征

通过对特征变质矿物的年龄测定，研究伏牛山构造带的变质变形年代，以探讨北秦岭各构造带及岩块就位的时空关系。

7. 伏牛山构造带变质与变形的对应关系研究

通过伏牛山构造带岩石变质相和变形相的研究，认识同一构造背景下与构造带相关的变形-变质对应关系，建立构造带岩石的变质相-变形相的关系模式。

总之，通过变质岩石学、构造矿物学手段研究岩石、矿物的相变；利用构造地质学、显微构造地质学手段研究岩石、矿物的形变。通过对构造带岩石、矿物的形成环境、变形机制的研究，分析构造带形成环境因素的变化，从而阐述伏牛山构造带在秦岭造山带形成过程中的作用及在大陆边缘地质演化中的重要意义。

第三节 研究思路及研究方法

目前，变质类型和变形行为的基本研究思路是对大陆造山带、大型剪切带中不同类型、不同层次天然结晶岩石的组分和结构进行研究，并对二者的时空关系和成因联系进行分析。其核心内容就是研究构造岩石的地球化学组分、矿物组合、位错蠕变特征、变质程度与变形类型；进而探索结晶岩石的形成环境、变形机制和构造物理化学过程。

本次工作依据矿物学、岩石学和构造地质学的基本理论与研究方法，利用室内外观测分析、现代岩矿测试技术等手段，系统研究伏牛山构造带及石人山岩体南缘岩石的变质特点、变形方式、形成的温压条件、变质-变形规律以及二者之间的对应关系；查明洛栾断裂带和瓦乔对两侧岩石矿物组合、结构构造的影响以及对组分活化迁移和构造矿物形成规律的影响；系统研究带内构造矿物的变形相与变质相，掌握伏牛山构造带的形成环境和发展变化，了解其在秦岭造山带和华北大陆南缘变质-变形过程中的作用及构造意义。

即以构造矿物学、变质岩石学和构造地质学为指导，瞄准伏牛山构造带以及与其有关岩石的各种变质变形特征，沿 10 条主要观察剖面（图 1－1），通过重点地区岩石的形变与相变研究、成分分析、矿物微观形貌观察等系统的构造矿物学、岩石学手段；加上构造剖面的绘制、构造解析等常规的构造学研究方法，分析有关的面理、线理组构、运动学矢量；利用运动学涡度分析、有限应变测量、构造年代学等方法，研究其剪切类型、形成时代。

针对制定的研究内容，具体研究思路是：

① 通过对伏牛山构造带的分析，建立其构造变形的几何学以及在横穿构造带、平行构造线方向上的变形规律，研究岩石变形机制和矿物的塑性变形序列。

② 通过变质岩石学、构造矿物学手段研究岩石、矿物的成分变化及与构造变形之间的关系，分析矿物成分变化和新矿物相的形成时代和构造带的关系。

③ 研究构造引起的变质变形关系，建立结晶岩变形相与变质相的对应关系。结合年代地质学，研究确定其主要变质变形年龄。

也即通过变质岩石学、构造矿物学手段研究岩石、矿物的相变；利用构造地质学、显微构造地质学手段研究岩石、矿物的形变。通过对构造带岩石、矿物的形成环境、变形机制的研究，分析构造带形成环境因素的变化，从而阐述伏牛山构造带在秦岭造山带形成过程中的作用及大陆边缘地质演化中的重要意义。

针对上述存在的问题和研究思路，制定了研究目标和研究内容。为了完成这些工作内容，本书拟采取以下的研究方法：

1. 岩石学研究方法

采用矿物学、变质岩石学基本的研究方法，将宏观、微观相结合，分析伏牛山构造带中结晶岩石的矿物组合、结构、构造特征，确定不同变质岩的类型、形成环境；研究各种岩石在构造带的分布规律，它们与构造带的相互关系以及构造带各类结晶岩石形成的过程和发展历史。

2. 构造解析方法

选择留山镇—上关村剖面、南召—王庄地质剖面、北大庄—十里庙剖面、庙子实测剖面、陶湾—红庙剖面等 9 条横穿伏牛山构造带的观察路线和一条沿构造带走向的纵剖面作为主要研究剖面，辅以重点地区大比例尺剖面测制，获取可靠的第一手资料；以中小尺度的构造变形和各类结晶岩石为研究标志，对这些变形进行精细的观察、描述、测定、系统采样和综合分析。在此基础上进行岩石学和变形研究，确定岩石类型和变形方式及其与构造部位之间的关系。

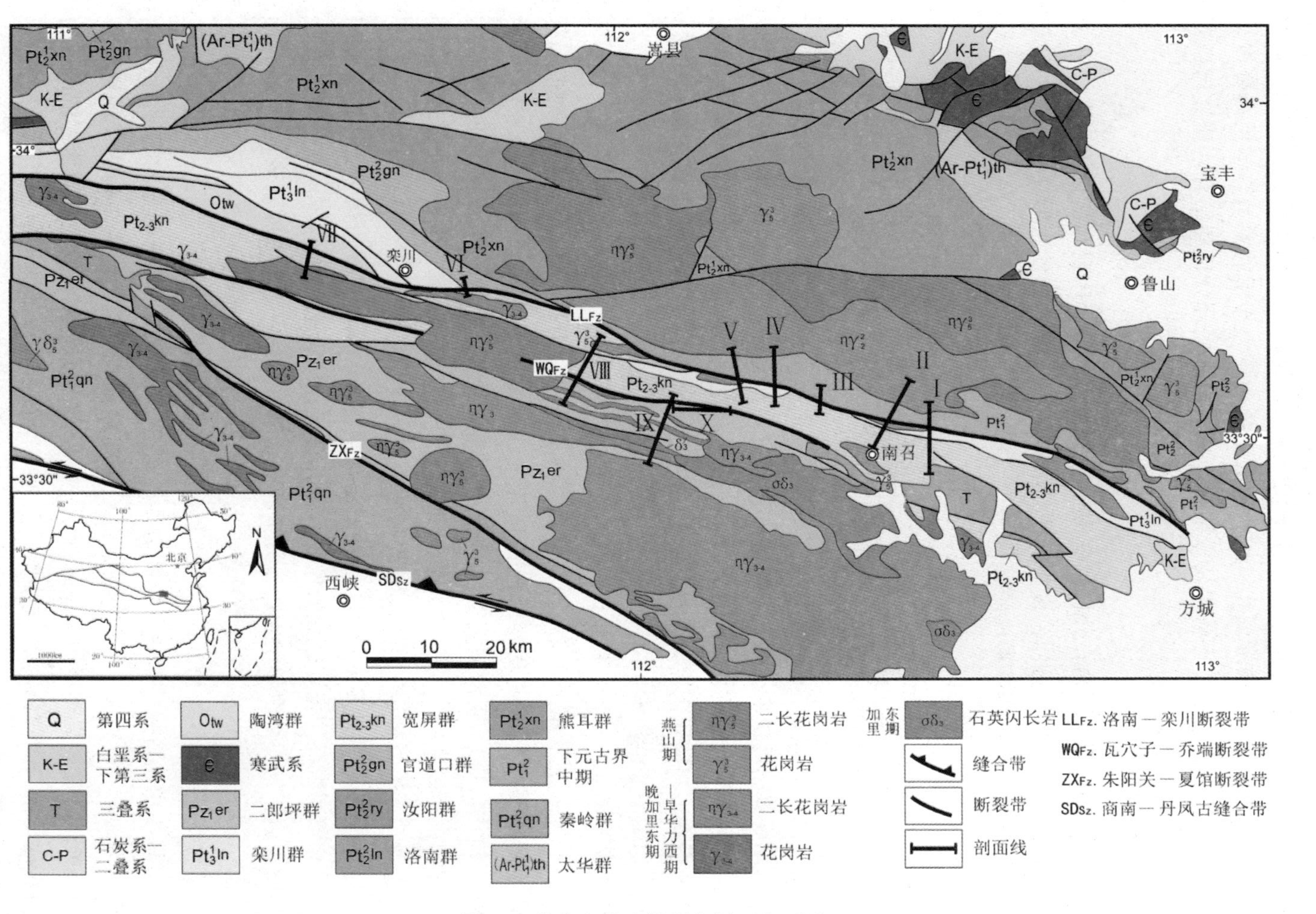

图1-1 伏牛山构造带研究剖面布置图

3. 矿物组分与显微构造分析法

利用电子探针等现代精细分析技术测定矿物成分的变化，分析应变-反应系列矿物，研究应力、应变状态的变化。利用透射电镜观察位错类型及其组合特征等，分析构造动力作用下晶格的形变和结构状态的变化和应力作用的关系。运用高分辨显微技术，研究在压力作用下晶体显微结构，并与电子探针分析相结合，研究超微观形变与相变的关系。

4. 构造年代学方法

通过精细的野外观测，分析伏牛山构造带的构造变形序列和演化历史；对断裂带内糜棱岩中的矿物进行同位素年龄测定，厘定相应地质体发生形变、相变的地质时期，确定伏牛山构造带形成的时代。

第四节　主要成果与认识

本书针对秦岭伏牛山构造带的特点，通过大量阅读相关资料和对前人成果的分析总结，了解区域地质背景和研究现状，分析存在的问题，采取大量野外现象观测、室内分析测试和综合研究，尝试用矿物学与构造地质学相结合的研究思路和宏观、微观、超微观变形技术相结合的研究手段和方法，在变形变质岩石学、构造矿物学、构造地质学和地质一热事件年代学等方面，取得以下创新性研究成果：

1. 洛栾断裂带作为北秦岭与秦岭北缘的界线，宽十几公里，是由一系列近平行韧性的韧性剪切带和夹在其间的构造岩片组成的构造带。总体走向 290°，倾向 NNE，倾角多为 60°，西窄东宽，所有岩片均表现出由北向南逆冲的特征。糜棱岩自东向西由粗粒糜棱岩向中粒糜棱岩-细粒糜棱岩变化，分别对应于中下部地壳的变形、上部地壳的下构造层和上部地壳的中上构造层的变形。

2. 瓦乔断裂带具有由北向南逆冲的运动学特征。该断裂带为伏牛山构造带的南界，是二郎坪岩群与宽坪岩群的界线，宽几公里至十几公里不等，也是由多条韧性剪切带、脆—韧性剪切带组成，各剪切带产状基本一致：走向 290°，倾向 NNE，倾角约 50°。断裂带内广泛发育糜棱岩，超糜棱岩，糜棱岩矿物 σ、δ 残斑，石英脉体形态等特征指示其具有由北向南逆冲兼左行平移的特征。

3. 伏牛山构造带中糜棱岩的矿物共生组合、变形方式具有明显的规律。石英、长石、黑云母、角闪石、方解石等矿物的重结晶型式反映出伏牛山构造带的温压条件东高西低；糜棱岩类型从东部的高温斜长石-钾长石超塑性糜棱岩向西部依次变为中温石英-斜长石塑性糜棱岩和中温石英塑性糜棱岩；东部的构造片岩原为糜棱岩，具有典型的塑性变形特征，而西部则是在脆-韧性条件下形成的半塑性构造岩。

4. 伏牛山构造带中东部的糜棱岩变形机制为中地壳偏深环境下的晶质塑性变形、高温扩散蠕变为主的塑性变形机制；西部为上地壳中下部-地壳上部环境下的低

温扩散蠕变、颗粒边界滑移以及晶质塑性变形控制的塑性变形机制。伏牛山构造带中的矿物塑性变形序列为：方解石→黑云母→石英→斜长石→钾长石。

5. 伏牛山构造的岩石变质相和变形相有明显的对应关系：长英质糜棱岩变形相自东向西依次为二长石变形相、石英斜长石变形相、石英变形相。在地壳层次上表现为从中地壳到上地壳层次。矿物共生组合显示出东部岩石的变质相为低角闪岩相，往西逐渐转变为高绿片岩相和低绿片岩相。从东往西，变质变形条件由高到低。

6. 伏牛山构造带的变质变形条件为中等变质变形条件。通过变质相、石英动态重结晶型式、石英脉包裹体测温、糜棱岩中的动态重结晶石英分维数、石英组构分析、斜长石和角闪石地质温度计等多种方法的分析和计算，洛栾断裂带形成温度范围为 300～550℃；瓦乔断裂带形成温度范围为 500～550℃，显示伏牛山构造带的形成温度为中温偏高的条件，东部的温度高于西部。

全铝压力计获得的洛栾断裂带角闪石压力为：0.75～0.95 GPa；瓦乔断裂带的压力为：0.60～0.85 GPa。多硅白云母压力计计算伏牛山构造带的压力为 0.27～0.87 GPa。

7. 伏牛山构造带内同构造石英脉中石英晶体的超微变形特征显示。位错特征显示远离剪切带位错少，近剪切带位错多，反映出远离剪切带应力较小，近剪切带应力较大。其中洛栾断裂带上样品具有先挤压后被强烈剪切作用改造的特征。而瓦乔断裂带的位错特征表现出其先期以强烈的挤压为主，随后的弱剪切为辅的特征。根据位错密度计算伏牛山构造带的差异应力为：0.71～0.87 GPa，应变速率值为：2.34445E-11～4.05872E-11。

石英脉 H、O 同位素特征显示其物质成分主要来源于围岩，没有幔源深部物质的加入，说明洛栾和瓦乔两断裂带的韧性剪切作用没有切穿地壳。

8. 伏牛山构造带内岩石有限应变测量显示洛栾断裂带单剪作用较强，而瓦乔断裂带纯剪作用为主。洛栾断裂带的付林系数 $K=1.68\sim15.13$，应变椭球体属雪茄状（$X:Y:Z=7:1.5:1$），反映出其以剪切拉伸变形为主，西段强于东段；涡度分析（$W_K>0.75$）显示洛栾断裂带具有简单剪切为主的性质。瓦乔断裂带的付林系数 K 在 0～1 之间，应变椭球体为三轴近扁椭球状（$X:Y:Z=5.7:2.3:1$），属压扁型应变。涡度分析（$W_K<0.75$）显示瓦乔断裂带以纯剪性质为主。

9. 伏牛山构造带内结晶岩石锆石微区 U-Pb 同位素测年显示，带内大量岩石形成于中元古代（1753±14 Ma），其中石英脉中锆石来自于宽坪岩群，在晋宁运动期间遭受了变质作用（600～800 Ma），即宽坪岩群发生区域变质时期。石英脉的 ESR 测年结果显示洛栾和瓦乔断裂带产生剪切变形的时间是 372.9±30.0 Ma 和 275.0±20.0 Ma。之后，北秦岭分别在 218.0±20.0 Ma、120.0 Ma 和 71.6±7.0 Ma 时受到了相应构造-热事件的影响。年代学特征显示北秦岭各构造带自北向南逐渐变新，说明它们自北向南演化。

本书以伏牛山构造带中具有特殊构造作用的洛栾断裂带和瓦乔断裂带以及受其影响的宽坪岩块、二郎坪岩块北缘、栾川岩片、陶湾岩片、石人山岩块南缘为切入

点，通过分析伏牛山构造带岩石的变形细节和应变特征，确定华北板块南缘的变形作用、构造型式，恢复其所在岩相带、主压应力方位及作用方式；通过研究伏牛山构造带岩石的变质特点、形成方式、机理、环境，分析断裂带对其周边岩石的变质-变形影响，建立岩石变质相-变形相的耦合关系等，从构造矿物变质-变形过程、形成方式的角度进一步认识秦岭造山带和大型剪切带在造山过程中的应力、应变状态及演化，通过矿物学—岩石学—微观构造地质学研究内容和方法，建立板块运动与大陆边缘变质-变形模式，为探索大陆造山带的结构、演化和动力学问题，提供可靠的、精细的支撑数据和资料。

第二章
北秦岭区域地质概况

第一节　北秦岭区域地质概况

秦岭作为分隔中国南、北中央造山带的一部分，长期以来一直受到国内外地质专家们的广泛关注。通过广大地学工作者对秦岭造山带不同领域的研究，认识到秦岭造山带是华北板块与扬子板块汇聚、碰撞而形成的造山带，其具有复杂的地壳组成和结构，是经历了长期不同构造体制演化的复合型大陆造山带（河南省地质矿产厅，1997，1989；Zhang Zongqin 等，1997；张本仁等，1996；张国伟等，1995a，1995b；Zhang Guowei et al，1995；张二朋等，1992，1993；许志琴等，1988）。

根据地质、地球化学和地球物理等多方面的综合研究，秦岭造山带的形成和演化过程主要经历三个阶段，分别是：① 新太古代—古中元古代，是造山带古老结晶基底和其上过渡性浅变质基底的形成演化阶段；② 新元古代—中三叠世，是板块构造和板内垂向增生构造复合叠加的主造山期演化阶段；③ 中新生代以后，是陆内造山作用与构造演化阶段（张国伟等，1996a，1996b，1995a，1995b；袁学诚等，1997，1994；周国藩等，1992）。因此，现今横亘在我国中部的秦岭造山带是在古老结晶基底上由主造山碰撞作用和后期强烈的陆内隆升改造而形成的。也即在长期复杂的演化过程中，它在不同时期以不同构造体制、不同造山作用和造山过程等方式复合叠加而形成的（图 2－1）。因此，它具有特殊的岩块、构造和岩浆岩，并保存了大量的地质构造形迹，存储了造山带形成、演化过程中地球动力学的丰富信息（陈衍景，2010；闫全人等，2009；张国伟等，2001a，2001b，1997b，1996a，1996b，1995a，1995b，1991；何建坤等，1998；袁学诚，1997；河南省地质矿产厅，1997，1989；Zhang Zongqin et al，1997；张本仁等，1996；Zhang Guowei et al，1995；许志琴等，1988）。

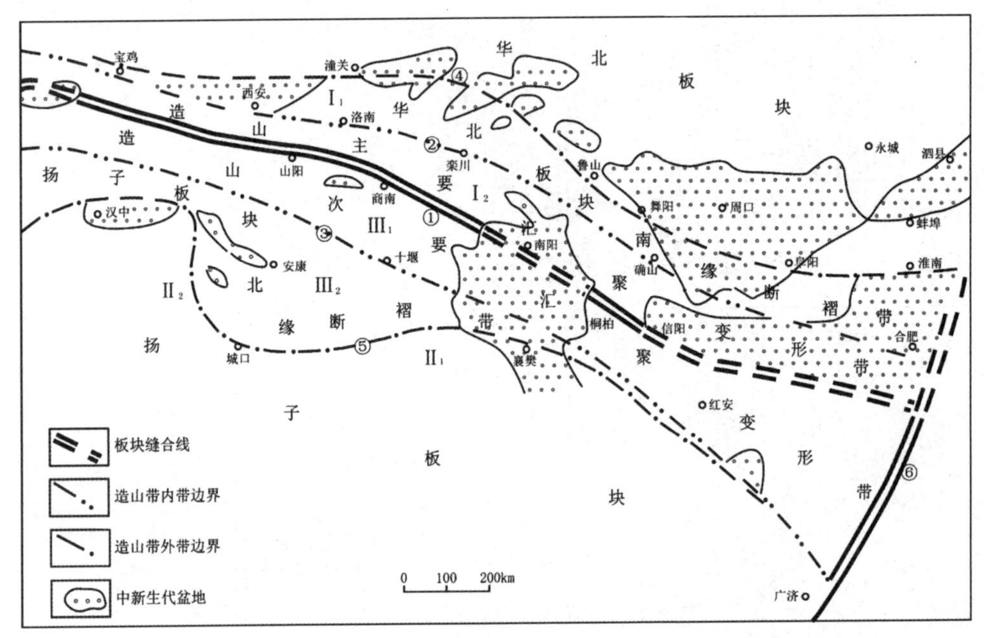

图 2-1　秦岭地区大地构造简图（据张国伟等，1995；张二朋，1992）

I_1北秦岭造山带后陆冲断褶带；I_2北秦岭造山带厚皮迭瓦逆冲带；II_1南秦岭前陆冲断褶带；
II_2巴山南缘巨型推覆前锋逆冲带；III_1南秦岭北部晚古生代裂陷带；III_2南秦岭南部晚古生代隆升带；
①商丹缝合带；②洛南—栾川断裂带；③安康—十堰断裂带；④宜阳—鲁山断裂带；
⑤城口—房县断裂带；⑥郯庐断裂带

秦岭自北向南由 5 条深大断裂带（宜阳—鲁山断裂带、洛南—栾川断裂带、商南—丹凤缝合带、十堰断裂带、城口—房县断裂带）将其分割为 4 个块体（北秦岭造山带后陆冲断褶带（I_1）、北秦岭造山带厚皮迭瓦逆冲带（I_2）、南秦岭北部晚古生代裂陷带（III_1）、南秦岭南部晚古生代隆升带（III_2））。其北侧和南侧分别与秦岭北部华北板块南部和南秦岭前陆冲断褶带相连（图 2-1）。其中北秦岭造山带厚皮迭瓦逆冲带（I_2）通常被称为北秦岭，北秦岭造山带后陆冲断褶带（I_1）被称为秦岭北缘。研究区伏牛山构造带就位于北秦岭与秦岭北缘的结合部位（图 2-2 中蓝色框中），其北界就是洛南—栾川断裂带。其北侧主要出露新太古代的基底太华群和登封群、古元古代的安沟群、中元古代的熊耳群火山岩等；其南侧只出现古元古代以来的岩石，由北向南依次为宽坪岩群、二郎坪岩群、秦岭岩群以及由其中分离出来的松树沟蛇绿岩片和丹凤岩群等岩片，各岩片之间均以断裂为界，相互逆冲叠置（董云鹏等，2003）。

近年来，秦岭造山带的构造研究表明：在北秦岭地区主要发育元古宙地质体，并广泛存在由晋宁期强烈的构造—岩浆地质事件引发的区域变质作用。地质学和地球化学研究也证实北秦岭是新元古代地层形成的古老造山带。北秦岭造山带的前寒武纪基底组成及晋宁期的区域变质作用在整个秦岭造山带的形成和演化过程中起着极其重要的作用。

北秦岭构造属性依托于各时代的构造岩块的形成，以下从北秦岭构造岩块的形

成、发展、演化顺序阐述它们在北秦岭构造演化过程中的作用。

一、新太古代—古中元古代变质基底杂岩和过渡性浅变质基底

这套变质基底主要由新太古代—古中元古代的太华群、晚元古代的秦岭岩群、中元古代晚期的松树沟蛇绿岩岩片、新元古代丹凤岩群等组成。太华群分布在洛栾断裂带北侧的石人山南缘，呈近东西向条带状分布。

太华群下部为英云闪长岩—奥长花岗岩，上部为绿岩带，为科马提岩及沉积岩系。是太古代—古中元古代岩浆活动剧烈形成 TTG 岩系，喷发沉积了绿岩带。太华群在中条运动中形成倒转背斜，奠定了华北陆块基底（林德超等，1998）。

秦岭岩群分布在北秦岭造山带的核心，北以朱阳关—夏馆断裂带与二郎坪岩群相邻，南以商丹缝合带为界与丹凤岩群和武关岩群相邻，是北秦岭造山带中古老的结晶基底（图 2-2）。秦岭岩群形成于古元古代，其经历了长期而复杂的改造，变质程度达角闪岩相，岩石类型有片岩、片麻岩、变粒岩、斜长角闪岩和大理岩等，其中以片麻岩类为主。原岩建造以陆缘碎屑岩夹碳酸盐岩为主，含有大量变质基性岩墙侵位体，现在多为构造透镜体状。秦岭岩群的地球化学研究表明其主要形成于陆缘拉张裂陷构造环境（董云鹏等，2007；裴先治等，1995；刘国惠等，1993；张国伟，1988），在晋宁期（1000～800 Ma）明显受到强烈的区域变质作用改造（裴先治等，1995；刘国惠等，1993），是一套达角闪岩相的变质岩，局部伴有部分重熔和花岗质岩浆侵入，加里东期遭受过强烈的改造。

松树沟蛇绿岩以构造关系叠置于古元古代秦岭岩群之上，其主要有两个部分：一部分是变质橄榄岩和堆晶橄榄岩组成的超镁铁质岩石，岩石为纯橄岩及其形成的纯橄榄质糜棱岩，其次为方辉橄榄岩和中粗粒纯橄岩。另一部分是由斜长角闪岩、眼球状斜长角闪岩及少量角闪岩和榴闪岩等组成的镁铁质岩石，原岩主要为基性火山岩，其地球化学特征表明其为玄武岩，成分类似于 E-MORB 与 OIB，显示松树沟蛇绿岩形成于初始裂谷或小洋盆的构造环境。斜长角闪岩的全岩 Sm-Nd 等时线年龄为 1030 Ma，说明蛇绿岩形成于中元古代晚期。在晋宁期松树沟蛇绿岩也发生了变质变形作用，变质条件介于绿帘角闪岩相和榴辉岩相之间，晚期又退变质到绿帘角闪岩相，并以构造岩片形式叠加在秦岭岩群之上。松树沟蛇绿岩的核部为超镁铁质岩，四周为镁铁质岩，其与秦岭岩群之间为强变形韧性剪切带。

丹凤岩群分布在商丹缝合带中，由变质火山岩夹碎屑岩组成，它是蛇绿岩还是岛弧火山岩一直有争议。原“丹凤群”中包含许多中基性侵入岩和中酸性侵入岩体，它们都产生了强烈的变质、变形。除此以外，剩余的丹凤岩群主要为变质中基性火山岩夹沉积岩建造。变质火山岩的地球化学特征显示其为钙碱系列岛弧玄武岩，少数为岛弧拉斑玄武岩，形成于新元古代俯冲过程中产生的岛弧或洋内岛弧构造环境。基性火山岩的同位素年代显示丹凤岩群主体时代为新元古代 1015～825 Ma（裴先治等，1995；刘国惠等，1993；张国伟，1988；Zhang weiji et al，1988）。

在北秦岭除了上述的古老结晶基底以外，还有一套中元古代的浅变质岩系，

其位于结晶基底之上具有盖层性质，与盖层相比又具有基底的特征，所以称为过渡性基底。这套岩石分布非常广泛，是以火山岩为主的变质沉积-火山岩系，在北秦岭主要有熊耳群、官道口群、洛峪群、宽坪岩群等。它们的共同特征主要有：同位素年龄值集中在中元古代（1.6～1.0 Ga），其中部分岩群起始于古元古代，延续至新元古代（Zhang Zongqing et al，1995，1994）。其中的火山岩具非典型双模式特征（Zhang Zongqin et al，1997，1995；张宗清等，1994；刘国惠等，1993；张寿广等，1991a，1991b），下部发育酸性岩，上部多为基性岩。基性火山岩主要以富 Fe、Mg、富碱性或偏碱性为特征，具有裂谷火山岩的特点。少数基性火山岩（如宽坪岩群、松树沟等）具有大洋或岛弧拉斑玄武岩的特征（裴先治等，1995；刘国惠等，1993；张国伟等，1988a，1988b；Zhang weiji et al，1988）。火山岩性质显示其为伸展机制下复杂大陆扩张裂谷的构造环境，但它们又不全是单一裂谷环境下的产物。

宽坪岩群由绿片岩、云英片岩、斜长角闪岩、少量的石英岩和大理岩组成，原岩主要为拉斑玄武岩、碎屑岩及碳酸盐岩等。火山岩的地球化学特点显示其具有洋脊玄武岩的特征，反映了宽坪岩群是从初始裂谷向过渡性小洋盆方向演化的（韩吟文等，1996；裴先治等，1995；张本仁等，1996；张宗清等，1994；张寿广，1991a，1991b）。宽坪岩群中碎屑岩的地球化学特性和物源都反映其来自北侧的太华群和南部的秦岭群，说明它形成于裂谷构造环境。同时，宽坪岩群火山岩向东、西延伸，逐渐变为以中酸性为主的岩石。说明宽坪岩群形成于大陆裂谷环境，局部地段因扩张较快出现了小洋盆。

这些浅变质火山岩过渡性基底，都经历了多期变形（张国伟等，1988a，1988b）。早期发育的固态流变变形现象形成了紧闭同斜-平卧褶皱，发生了广泛的面理置换；在后期又遭受了不同层次塑性-脆性断裂以及逆冲推覆作用、伸展与走滑作用的叠加改造，成为夹持在秦岭不同构造带中的岩块、岩片，它们多数遭受了绿片岩相（局部达低角闪岩相）的变质作用，之后又被后期动力退变质作用所叠加，局部有迭加进变质作用（刘国惠等，1993；周国藩等，1992）。

综上所述，北秦岭是 2000 Ma 左右在华北板块南侧洋岛基础上发展起来的独立陆块，经历了 2200～1800 Ma 的垂向加积增生和 1400～900 Ma 的侧向加积增生为主要机制的地壳生长。在古元古代洋盆演化基础上，首次在 1600 Ma 左右拼接于华北板块南缘，在 1300～1000 Ma 再次发生扩张裂解，出现宽坪裂谷—洋盆构造环境，于 1000 Ma 左右再次拼贴于华北板块南缘（董云鹏等，2003）。

二、主造山期受板块构造和垂向增生构造控制的相关构造岩片

在新元古代—中三叠世，秦岭地区转入板内构造演化阶段。由于板块俯冲碰撞的惯性作用，南北岩块依然处于相向挤压状态，造成复合垂向增生，形成与之相关的复合垂向增生构造和岩浆活动。此时的秦岭并没有接受扬子型初始盖层的沉积，依然发育着裂谷型的火山岩；大约在晚震旦纪前，秦岭地区才沿商丹一线出现洋盆，

使扬子和华北两大板块分离，使构造演化进入板块演化阶段。

在早古生代秦岭造山带以商丹缝合带为界形成了两套不同的建造组合：扬子板块北缘为被动大陆边缘建造，华北板块南缘为活动大陆边缘建造。华北板块南缘的建造主要发育在商丹带以北的华北板块南缘，以两条镁铁质火山岩为主的火山-沉积岩带为主要特点，二郎坪岩群就是其中的一条，显示了活动大陆边缘特征（董云鹏等，2007；孙勇等，1996；张本仁等，1996；张国伟等，1988a，1988b）。岛弧火山岩和俯冲型花岗岩同位素年龄和古生物证据显示（张国伟等，1988a，1988b）：扬子板块在中奥陶世已经俯冲在华北板块之下了。因此，推断在震旦纪至早奥陶世秦岭洋处于扩张的最大时期；从中奥陶世开始产生俯冲消减，使华北板块南部成为活动大陆边缘（张国伟等，2000，1998，1997，1988）。

二郎坪岩群介于宽坪岩群和秦岭岩群之间，是一套形成于早古生代厚近2000～3000 m的海相火山-沉积建造。二郎坪岩群主要由镁铁-超镁铁质杂岩、层状熔岩及枕状熔岩、石英角斑岩及凝灰岩、含放射虫的硅质岩夹层和巨厚复理石组成（孙勇等，1996；金守文，1994）。二郎坪岩群的下部主要发育有超铁镁质岩、玄武质枕状熔岩、含放射虫的条带状硅质岩和堆晶杂岩等，上部主要为陆源碎屑岩和碳酸盐岩。二郎坪岩群中的海相火山-沉积岩曾被认为是秦岭造山带内的蛇绿岩，但不同学者认为其形成于不同位置。胡受奚等（1988）和张国伟等（1988）认为是边缘海型蛇绿岩，贾承造等（1988）和孙勇等（1996）则认为是大洋型蛇绿岩。陆松年等（2003）对二郎坪岩群枕状熔岩的年代学和地球化学研究认为其形成于岛弧环境；孙勇等（1996）根据二郎坪岩群镁铁质火山岩具有N-MORB的性质认为其形成于弧后盆地（张国伟等，1996a，1996b）。二郎坪岩群曾遭受到绿片岩-低角闪岩相的变质作用，变质程度由西向东逐渐加强（欧阳建平等，1996；欧阳建平，1989）。

在晚古生代—中三叠世，秦岭地区已经由早古生代的扬子、华北两板块沿商丹带相互作用转变为三个板块（华北板块、扬子板块和秦岭微板块）之间的相互作用，形成了沿商缝合丹和勉略缝合带俯冲碰撞的新板块构造格局，同时还叠加着深部地质背景下的垂向构造作用。勉略洋和秦岭洋两个洋盆形成了各具特色的陆缘沉积。从泥盆纪开始秦岭洋已经变为秦岭和华北板块间的俯冲残余洋盆，至石炭纪—中三叠世逐渐消亡成为残余海盆，形成了刘岭群、二峪河群和商丹带南缘的弧前沉积岩系（张国伟等，1995a，1995b，1988a，1988b）。在上述两个洋盆之间的秦岭微板块，在晚古生代—中三叠世期间广泛发育了板内陆表海沉积。而北秦岭二郎坪蛇绿岩系之上发育很厚的泥盆-早石炭世碎屑岩沉积（裴放，1995），反映了在晚泥盆世时，二郎坪沿线的弧后海盆已开始陆弧闭合；洛南的二叠系典型磨拉石堆积、晚三叠世—早侏罗世的山间盆地堆积等也说明该地在早三叠世时就开始隆升，并在中—晚三叠世期间北秦岭造山带发生过塌陷，反映出北秦岭最后在陆内产生了强烈的造山作用。

三、中新生代后造山期在陆内沉积及花岗岩活动形成的构造岩石单元

北秦岭作为秦岭造山带的一部分也在中三叠世进入了主造山峰期，华北和扬子两板块全面碰撞拼合为统一的中国大陆，此后北秦岭进入陆内构造演化阶段。中、新生代的沉积建造和燕山期强烈的岩浆活动等记录了陆内造山作用。

中新生代，北秦岭与南秦岭一起接受了受断陷控制的 T_3—J_{1-2}、J_3—K_1、K_2—E、N—Q 不同类型的红色陆相沉积。其中，J_3－K_1时期形成的岩系在大的断裂附近发生了动力变质作用，并产生变形。

由此可见，燕山早期陆相山间盆地堆积是在秦岭主造山期板块运动尚未结束的情况下产生的，即主造山期后的惯性隆升以及由此发生的一系列断块和塌陷形成了红盆沉积。与此同时，斜向俯冲的水平分量导致了左行平移断裂和拉分盆地的形成，并形成了大量的山间磨拉石堆积。燕山晚期（100 Ma 左右）秦岭发生了强烈的伸展和急剧的隆升作用，这是秦岭在其深部背景下受到强烈构造-热事件作用的结果。晚白垩世以后，特别是新生代以来，SN 和 NNE 向两个重力梯度带横穿秦岭地区，出现了一系列伸展剥离构造和 SN—NE 向的断陷盆地。致使秦岭造山带在这些地区发生了裂解，分解成大别—桐柏、东秦岭和西秦岭三个构造块体，它们的抬升速率、剥蚀深度和构造层次等也各不相同。

第二节　北秦岭主要构造界线

秦岭以商丹缝合带为界向北至洛南—栾川断裂带（以下简称洛栾断裂带）为北秦岭，也即北秦岭造山带的厚皮迭瓦逆冲带（Ⅰ$_1$），再向北至宜阳—鲁山断裂带为秦岭北缘，也称之为北秦岭造山带后陆冲断褶带。北秦岭发育有多条断裂构造，为多期、多类型的强变形带或韧性剪切带，主要有瓦穴子—乔端断裂带（以下简称瓦乔断裂带）和朱阳关—夏馆断裂带，以它们为界线将北秦岭划分成若干个构造岩块，自北向南分别为宽坪岩群、二郎坪岩群、秦岭岩群等（图 2－2）。各岩块之间以构造关系相叠置，并且强烈地改造了早期的构造（何建坤等，1998；杜远生等，1997；高山等，1995，1990；裴先治等，1995；贾承造等，1988；黄汲清等，1987）。伏牛山构造带就位于北秦岭北部，是一系列由北向南逆冲的推覆构造带组合而成，也称其为秦岭北缘逆冲推覆构造系（张国伟等，2001）。

伏牛山构造带由多条近平行的断裂带和夹持其间的变形岩片组成，洛栾断裂带和瓦乔断裂带为其中的两条主要断裂带。该构造带虽遭受多期强烈构造活动，但至今主造山期的构造特征仍然保存完好，表现为中深层次的韧性剪切变形，形成了典型的糜棱岩和同构造期石英脉（宋传中等，2009，2000，1998；任升莲等，2011，2010）。

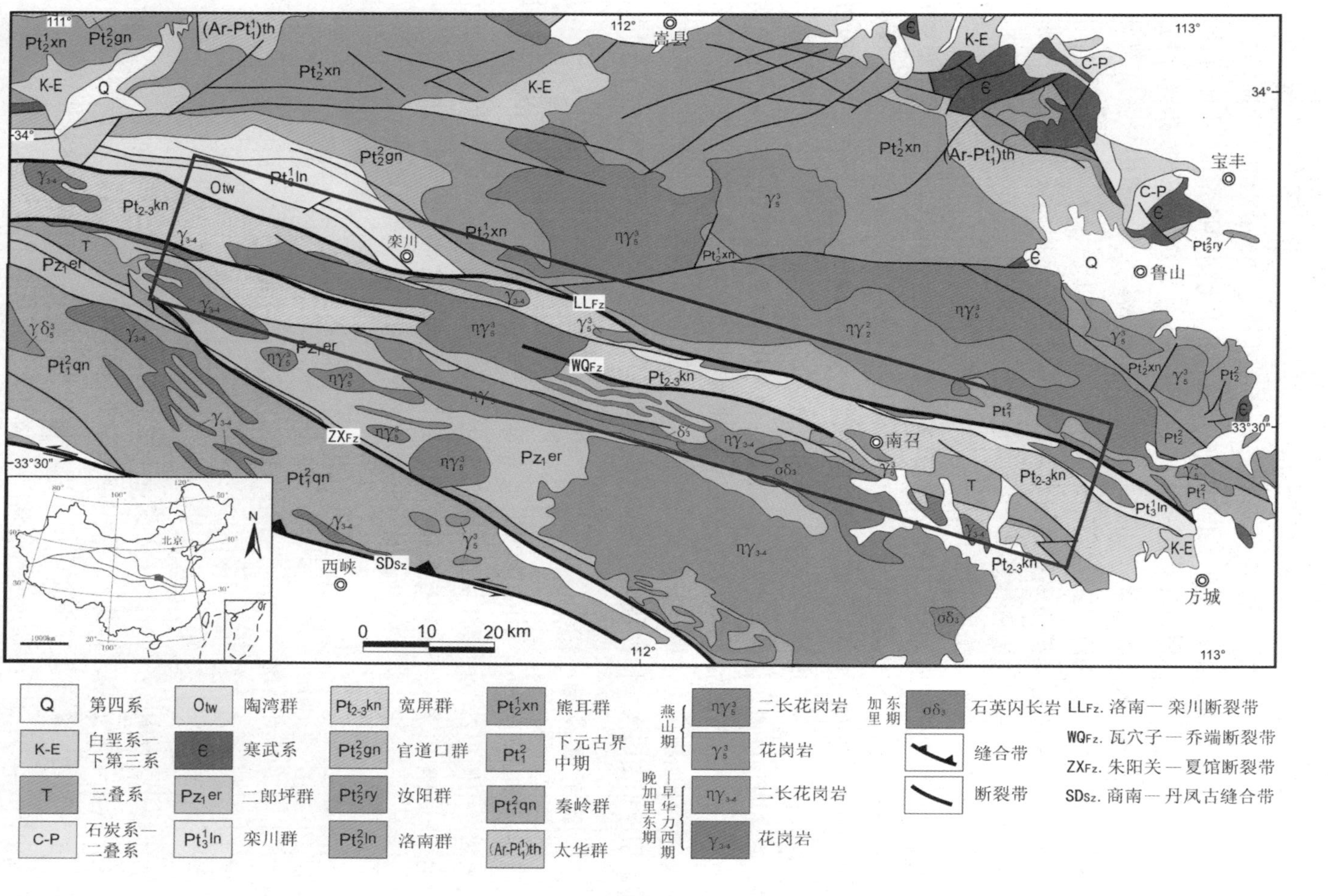

图2-2　伏牛山构造带及邻区构造图

一、洛栾断裂带

伏牛山构造带北界洛栾断裂带（图 2－2 中的 LL_{fz}）是华北板块和北秦岭构造带不同物质建造的界线，也是一条强烈的构造-岩浆活动带，由一套近东西向断续发育的多条近平行的剪切带组合而成，走向 290°，主要包括洛南剪切带、马超营剪切带、栾川剪切带、方城剪切带和罗山—肥西剪切带等。洛栾断裂带是一条具有韧性一脆韧性一脆性多层次以及逆冲—走滑—伸展多种运动学型式特征的复杂断裂带。断裂带发育绿片岩、斜长角闪岩、云母石英片岩、混合片麻岩、石英岩、少量大理岩夹层及由它们形成的糜棱岩。构造解析揭示该带经历了长期而复杂的构造变形，是在继承前寒武纪基本构造格架基础上叠加了显生宙以来的构造作用，形成了复杂变形的构造变形体（董云鹏等，2003）。

大量的地球化学研究表明，沿洛栾断裂存在明显的地球化学边界（张本仁等，1996；欧阳建平等，1996；李曙光等，1989）。北秦岭块体具有高 Pb 同位素比值和很高的初始 $\varepsilon_{Nd(t)}$ 值（+7.6～+6.3），明显区别于华北板块的低 Pb 同位素比值和初始 $\varepsilon_{Nd(t)}$ 值（+3 左右）地球化学特征（李曙光等，1989）。也即在华北板块与北秦岭之间存在着明显的地球化学边界，这可能是古元古代洋、陆地幔的分界线。北秦岭亏损的 MORB 源区、高的初始 $\varepsilon_{Nd(t)}$ 值说明北秦岭是在先期洋幔基础上发育、演化而形成的。华北板块南缘由于长期处于稳定的陆块演化过程中，同位素特征显示其具有长期而稳定的大陆地幔特征。所以，二者必然存在同位素系统差别。

二、瓦乔断裂带

瓦乔断裂带（图 2－2 中的 WQ_{fz}）是北秦岭一条重要的构造界线，北侧与宽坪岩群相邻，南侧与二郎坪岩群相连。走向 290°，南北两侧沉积建造、岩浆活动、地球物理场、地球化学场特征均有明显不同。是二郎坪弧后盆地向宽坪岩群之下俯冲消亡、隆起成山过程中处在南北向挤压状态下形成的产状近一致的系列剪切带。

第三节　北秦岭的构造演化

北秦岭作为秦岭的一部分，它的演化与之息息相关但又具有自己的特点。北秦岭地壳是以元古宙变质岩石为主，在遭受晋宁期区域变质作用以后，又经历了晚加里东—早海西期、晚海西—印支期的构造地质作用。前人通过对北秦岭构造岩石、地球化学特征、原岩恢复、同位素年代学、变质变形作用及大地构造背景等方面的研究（董云鹏等，2003；张国伟等，1996a，1996b，1995a，1995b；裴先治等，1995；张本仁等，1996；张宗清等，1994；张寿广，1991a，1991b；金守文，1976，1985）认为：在古元古代，秦岭岩群的杂岩形成了北秦岭古老的结晶基底，过渡性

基底宽坪岩群、武关岩群则是中元古代时期大陆裂谷体制下形成的构造岩石组合，在中元古代晚期出现古秦岭小洋盆，并形成松树沟蛇绿岩。在新元古代初期古秦岭小洋盆向北发生俯冲、碰撞和造山作用，形成了岛弧型火山岩系的丹凤岩群和二郎坪岩群下部弧后拉张盆地型基性火山岩系等。北秦岭的地层在元古代发生了全面的区域变质作用和强烈的构造变形作用，说明北秦岭在晋宁期已从大陆拉张裂谷构造体制转换成板块构造体制，产生自南向北的深层次俯冲，并发育沟弧盆系活动大陆边缘。在早古生代，华北、扬子两大板块之间的秦岭洋逐渐缩小，秦岭洋北部形成活动性大陆边缘，而南部则是被动性大陆边缘。华北板块南缘在拉张机制作用下在洛南—栾川一带形成一条裂陷海槽，沉积了一套由海底火山岩—深水碳酸盐岩—碎屑岩组成的海相沉积建造。秦岭洋在加里东晚期由拉张状态转为消减状态，其洋壳向华北板块下俯冲，一直持续到印支期秦岭洋才闭合。因此，华北、扬子两大板块最终在商丹—信阳一带对接碰撞，形成商丹缝合带。燕山晚期转为陆陆碰撞，扬子板块向北俯冲，华北板块向南仰冲，秦岭—大别褶皱成山。在喜马拉雅时期，由于太平洋板块向西对欧亚板块的俯冲作用，导致地幔上隆，地壳表层被拉张，产生EW向挤压、南北向拉张的应力状态，对秦岭造山带产生了改造，形成了现今的秦岭（李文勇等，2004；董云鹏等，2003；Jiang D et al，2001；裴先治等，1999，1998，1995；Royden L H，1993；McCaffrey R，1992；王鸿帧等，1982）。

伏牛山构造带是北秦岭的重要组成之一。所以，在其演化过程中，深受多期构造活动的影响。洛南—栾川—铁炉子裂陷海槽自形成以来，其南侧的宽坪小洋盆逐渐由南向北俯冲与华北板块之下，并最终消失形成片理化带（早期的洛栾断裂带），并在早海西期发生大规模左行走滑型韧性剪切变形（宋传中等，2006，2002）。稍后，二郎坪海盆也向北俯冲下插在宽坪岩群之下，最终消失形成早期的瓦乔断裂带。中新生代它们都发生了浅层次脆性逆冲、走滑、断裂活动（袁四化等，2009；曾佐勋等，2001；许志琴等，1999，1996；Woodcock N H，1997；吴正文等，1991；王作勋等，1990）。伏牛山构造带的形成、发展体现了大陆边缘的俯冲、碰撞、造山作用，记录了造山带形成和演化的全部过程。其变形作用细节可以恢复板块俯冲碰撞作用、反演古板块的汇聚方式和运动学过程，对建立大陆造山带的结构、演化和动力学模式有着极其重要的意义。

第三章

洛栾断裂带的宏观变形特征

洛栾是东秦岭造山带中一条著名的断裂带（图 3-1），它不仅是伏牛山构造带的北界，也是华北板块与北秦岭的分界线。其南北两侧的沉积建造、岩浆活动、地球物理场和地球化学场等方面都明显不同，显示出非常明显的线性特征（河南省地质矿产厅，1997，1989；张国伟等，1996，1995；张本仁等，1996；袁学诚等，1994；张二朋等，1993；周国藩等，1992；许志琴等，1988）。该断裂带由多条近平行的剪切带和夹持其间的变形岩块组成，剪切带宽度 80～200 m 不等。

洛栾断裂带北侧为太华群、栾川群、陶湾群和石人山岩体，南侧为宽坪岩群（裴先治等，1995；刘国惠等，1993）。该带在石人山南部的产状为 320°～355°∠67°～80°，在石人山西南部的产状为 8°～21°∠71°～74°，具有左旋斜向汇聚特征，经历多期构造活动，变形强烈。它不是宽坪岩群与栾川群的严格界线，而是在先期形成的深大断裂带基础上，又多次活动的构造带（董云鹏等，2003；张国伟等，1996，1995）。强烈的剪切活动导致两侧的岩石卷入其中，形成一系列糜棱岩，至今仍保存完好（宋传中等，2009，1999）。通过对这期糜棱岩的深入研究，可以解译引起该期强烈糜棱岩化构造活动的条件及演化过程。

洛栾断裂带具有大型剪切带的性质。该断裂带总体走向 290°，向北倾（局部因后期构造作用的影响而出现少量向南倾的现象）。该带在西段（栾川县境内）发育为宽约 500 m 的大型破碎带，其构造岩为陶湾群的大理岩、栾川群的石英岩、宽坪岩群的黑云石英片岩、斜长角闪岩、角闪石片岩等形成的系列糜棱岩（栾川县庙子镇南）。断裂带受后期脆性断裂活动的影响，碎裂岩系发育，破劈理、断层泥成带状分布，劈理产状不稳定，倾向多为 10°～28°，局部为 64°，倾角 56°～80°或近直立；在东段（南召县境内）该断裂带主要表现为以韧性变形为特征的糜棱岩，并表现出由北向南逆冲的性质。总体来说，洛栾断裂带为一条多期活动的断裂带，以糜棱岩化构造活动为主，剪切带中心发育糜棱岩，在栾川县的庙子、南召县的马市坪、云阳一带均有分布，规模较大。自西向东表现出由脆性—韧性变形向韧性变形过渡的特征（图 3-1），并且由北向南逆冲推覆的特征自西向东也逐渐增强。

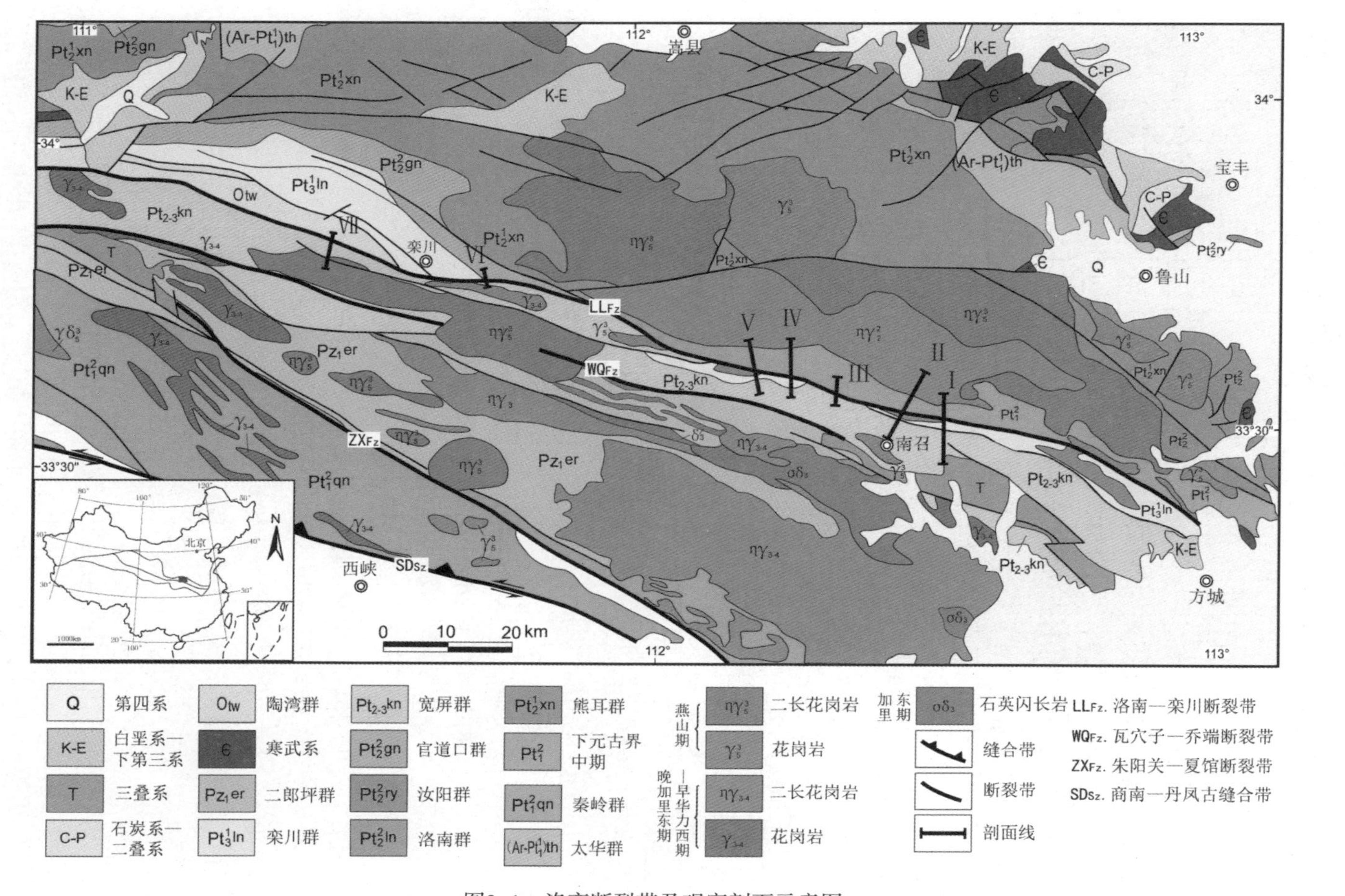

图3-1　洛栾断裂带及观察剖面示意图

Ⅰ留山镇—上关村构造剖面；Ⅱ 南召—王庄构造剖面；Ⅲ北大庄—十里庙构造剖面；Ⅳ龙头沟构造剖面；Ⅴ马市坪—焦园村构造剖面；Ⅵ庙子实测构造剖面；Ⅶ陶湾—红庙构造剖面

第一节　留山镇—上关村构造剖面（剖面Ⅰ）

留山镇—上关村构造剖面位于伏牛山构造带的东段，南召县城东留山镇一带。该剖面南起留山，北至石人山，横穿洛栾断裂带（图 3 - 2）。该带主要卷入的岩性有：花岗岩、夹基性条带的花岗岩、花岗片麻岩、石英岩、白云母片岩、黑云石英片岩、千枚岩等。栾川群白云石英片岩受断裂带影响强烈，片理揉皱明显（图 3 - 3a），并指示由 N 向 S 逆冲的运动学特征，岩中石英脉发育，成透镜状、长条带状，宽 1～3 cm，顺层产出。断裂带北侧的黑云石英片岩，变形、揉皱强烈（图 3 - 3b），其中石英脉含量非常多，变形强烈，且为乳白色，厚达 10～30 cm。往南岩石渐变为千枚岩（图 3 - 3c），偶见方解石脉，石英脉逐渐减少，说明受洛栾断裂带影响渐小。

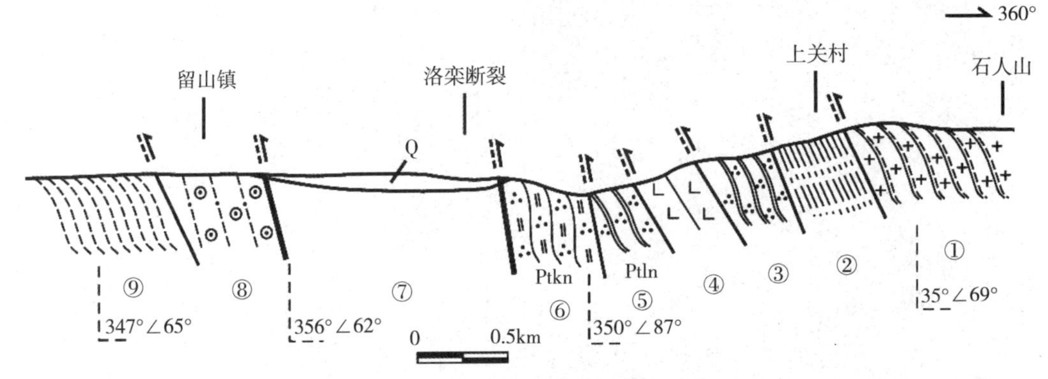

图 3 - 2　留山镇—上关村地质剖面图（剖面Ⅰ）

①花岗片麻岩；②糜棱岩；③ 石英岩；④ 变质火山岩；⑤ 石英岩；
⑥ 白云石英片岩；⑦第四系；⑧ 黑云石英片岩；⑨千枚岩

石人山岩体南侧出现花岗岩、基性岩条带和花岗片麻岩相混杂的现象（图 3 - 3e、f），可能是受洛栾断裂带构造活动的影响而形成的混杂岩带。

偶尔在断裂带北侧可见宽坪岩群千枚岩，而断裂带的南侧可见栾川群的石英岩，应为由北向南逆冲叠置的结果（宋传中等，1999）。

第二节　南召—王庄构造剖面（剖面Ⅱ）

该剖面从南召县城开始，往北先是宽坪岩群的绿片岩，然后穿过洛栾断裂带的糜棱岩带（为一开阔的谷地，为第四系所覆盖），可以看到构造角砾岩和栾川群石英岩夹片岩，再往北就见到石人山岩块南部的混合岩。其中片岩与糜棱岩、构造角砾

图 3-3　留山镇—上关村构造剖面中岩石变形照片

a——揉皱强烈的白云石英片岩；b——黑云石英片岩揉皱指示由 N 向 S 逆冲；c——千枚岩；
d——基性条带-花岗片麻岩；e——花岗岩-花岗片麻岩

岩之间为断层接触，面理与断层产状一致，为 15°∠65°。北部的混合岩呈带状分布，由颜色深浅不一、宽度不等、含不同暗色矿物的长英质条带组成。混合岩的北部为黑云斜长片麻岩和花岗岩体。混合岩和黑云斜长片麻岩、花岗岩体之间为渐变式接触关系，部分暗色条带或团块与浅色条带之间界限清晰，但大多数为渐变关系，且越往北各条带之间的界线越不明显、条带也越细小，逐渐过渡到花岗岩。该剖面从南向北出露的岩石主要有：绿片岩、构造角砾岩、栾川群石英岩夹片岩、混合岩、黑云斜长片麻岩、花岗片麻岩、花岗岩等（任升莲等，2010）（图 3-4）。

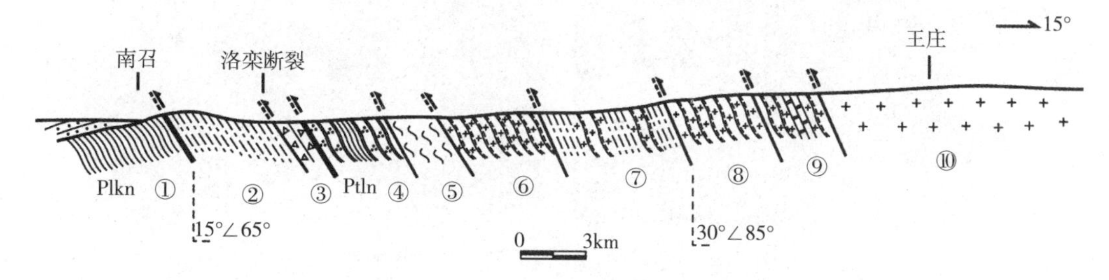

图 3-4　南召—王庄构造剖面图（剖面Ⅱ）

①绿片岩；② 糜棱岩；③ 角砾岩；④ 石英岩夹片岩；⑤ 混合岩；⑥黑云斜长片麻岩；
⑦片麻岩夹糜棱岩；⑧ 花岗片麻岩；⑨ 片麻岩夹大理岩；⑩ 花岗岩

值得注意的是：洛栾断裂带北侧发育这套混合岩，具有如下特征：① 发育在石人山花岗岩体南部边缘，为一套长英质的混合岩，混合岩与黑云斜长片麻岩互层。混合岩揉皱强烈，基性岩条带、团块非常发育，在仓房村附近暗色条带和团块粗大，条带最宽者可达 1 m 左右（图 3-5）。向南、北两侧基性岩条带和团块逐渐变少、变窄直至 1～2 mm，向北过渡到没有暗色条带的花岗岩，其间为渐变接触关系。向南逐渐过渡到黑云斜长片麻岩中；②岩石中的面理由仓房村开始反转，向南面理倾向 SSW，向北倾向 NNE。向南矿物生长线理由强烈褶皱逐渐定向，向北由强烈褶皱逐渐定向，再逐渐由定向到随机分布。③岩石的变质程度由南向北逐渐变浅，深色矿物、含水矿物逐渐变少。

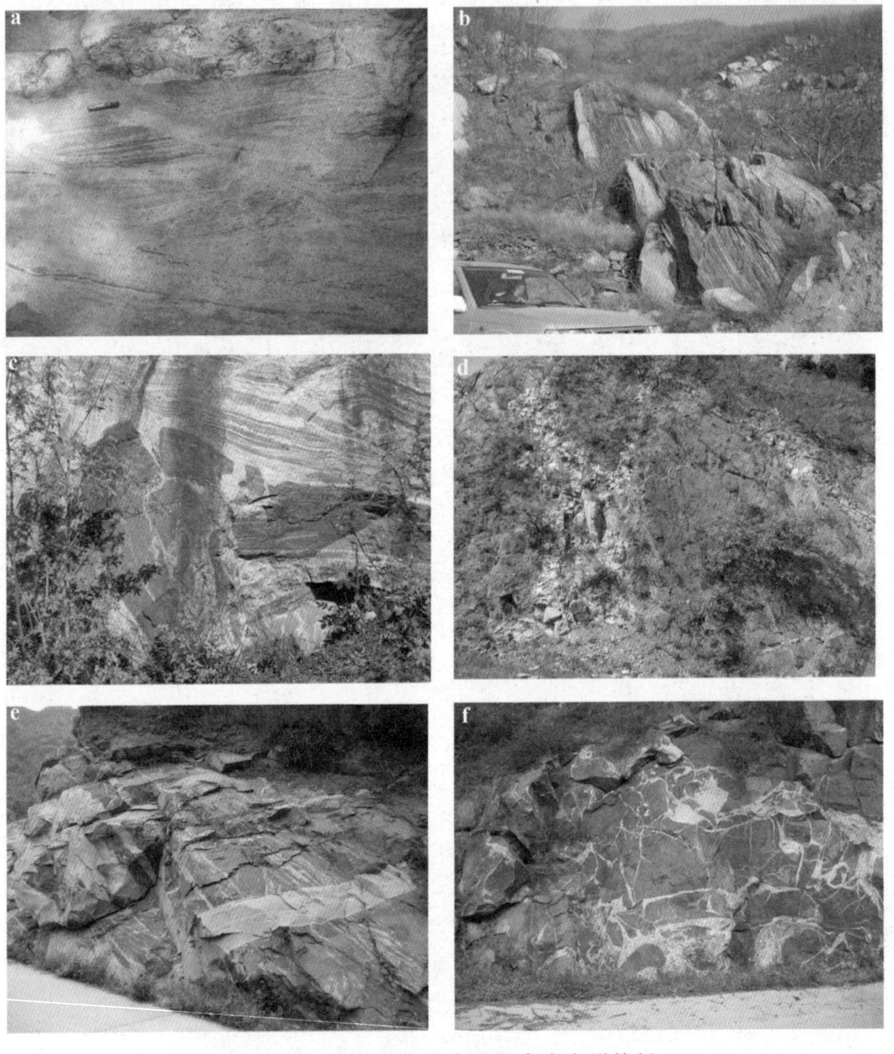

图 3-5　石人山岩块内的混合岩变形特征

a——细条带状混合岩；b——黑云斜长片麻岩中的混合岩；c——粗细条带相间的混合岩；d——混合岩中的基性团块；e——混合岩中的超宽暗色条带；f——角砾状混合岩基性岩角砾

这些特征说明石人山岩块南部岩石的变质-变形强度比石人山岩块强，且由北向南变质变形强度呈逐渐增加趋势，在仓房村附近最强。

第三节 北大庄—十里庙构造剖面（剖面Ⅲ）

剖面位于石人山岩体南部十里庙一带，山势险峻，沟壑深邃，风景秀丽（图 3 - 7a）。因修公路使洛栾断裂带完整地出露（图 3 - 7b）。该山体的岩性为黑云斜长片麻岩，剖面宽度约 150 m。片麻岩面理为 14°∠63°，线理较水平，深色矿物成细条带状（图 3 - 7c），深浅条带分异清晰，流动现象明显，呈现不对称小褶皱。片麻岩中发育一系列平行的小剪切带，剪切带产状 26°∠66°，指示左旋剪切，这正是洛栾断裂带。该带在黑云斜长片麻岩中由许多次级韧性剪切带组成，断裂带中含基性岩条带、深色呈团块状、角砾状、透镜状和条带状，界限清晰，岩性为辉石角闪岩。断裂带中心向两侧辉石、角闪岩逐渐减少，厚度也逐渐变小（图 3 - 6）。黑云斜长片麻岩中的暗色矿物也由中心向两侧逐渐变少。面理更水平，36°∠17°。

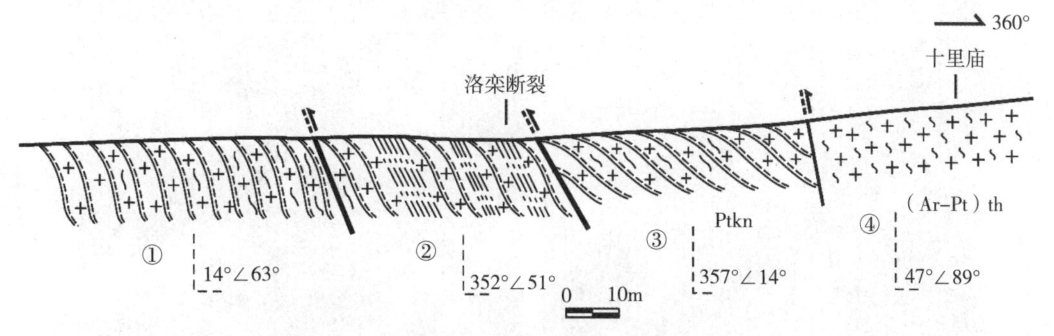

图 3 - 6 石庙湾洛栾断裂带实测剖面图（剖面Ⅲ）

①黑云斜长片麻岩；②片麻状花岗岩；③糜棱岩；④基性条带

a

b

图 3-7　石庙湾洛栾断裂带变形特征照片（FD21）

a——石人山花岗岩地貌；b——洛栾断裂带剖面；c——第一期面理化花岗片麻岩；

d～e——第二期构造运动形成的糜棱岩（由剪切带边部至中心）；

f～h——糜棱岩中基性条带和团块；i、j——第三期构造运动形成的糜棱岩

该剖面中，可以清楚地看到洛栾断裂带的四期构造变形形迹。断裂带北侧太华群黑云斜长片麻岩和南侧宽坪岩群岩石均发育北西西走向的片理（图3-7a），它们是在较深层次受近南北向挤压应力的作用下形成的，产状为：44°～55°∠65°～73°。强烈的糜棱岩化应为第二期，糜棱面理5°～20°∠87°～74°，拉伸线理产状300°∠20°，S—C组构发育，S—C面理夹角由中心10°到边缘30°逐渐变化。σ型旋转碎斑指示左旋剪切（图3-7b—f），具走滑性质。第三期变形也为糜棱岩化，相对第二期要弱很多，方向与第二期近于垂直，糜棱面理产状为150°～165°∠65°～76°，拉伸线理产状为：110°～135°∠45°～54°，S－C组构和σ残斑拖尾显示向南东滑脱（图3-7g、h）。第四期构造形迹为叠加于第三期构造形迹之上的一系列叠瓦状脆性断裂，指示由北向南逆冲，产状为47°∠89°。

洛栾断裂带是先期已经形成的深大断裂，后期又多次活动的构造带，变形最强烈的活动为第二期的糜棱岩化，其剪切活动使两侧的岩石卷入其中，形成不同类型的糜棱岩，且遭后期破坏不强，塑性变形现象依然保留完好，为进一步探讨该期构造活动的形成条件及环境留下了很好的研究素材。

第四节　龙头沟构造剖面（剖面Ⅳ）

自最北的花岗岩往南，依次可见花岗岩、片麻岩及其糜棱岩、构造混杂岩、辉绿岩等，一直到宽坪岩群绿片岩（图3-8）。花岗岩和黑云斜长片麻岩中见初糜棱岩、糜棱岩条带强弱相间，同时出露。在黑云斜长片麻岩内的糜棱岩中，同时见大理岩糜棱岩与长英质糜棱岩互层，交叉出露，可能是构造作用卷入了北侧陶湾群所致。河床底部可见大量的辉绿岩条带或透镜体（图3-9）。混杂岩带各种岩石混杂堆积，塑性流动特征明显，夹有大小不等的透镜体，变质分异条带较多，该构造混杂带位于宽坪岩群与栾川群之间。在这个剖面中洛栾断裂带表现为糜棱岩与其他岩石混杂堆积的混杂带。

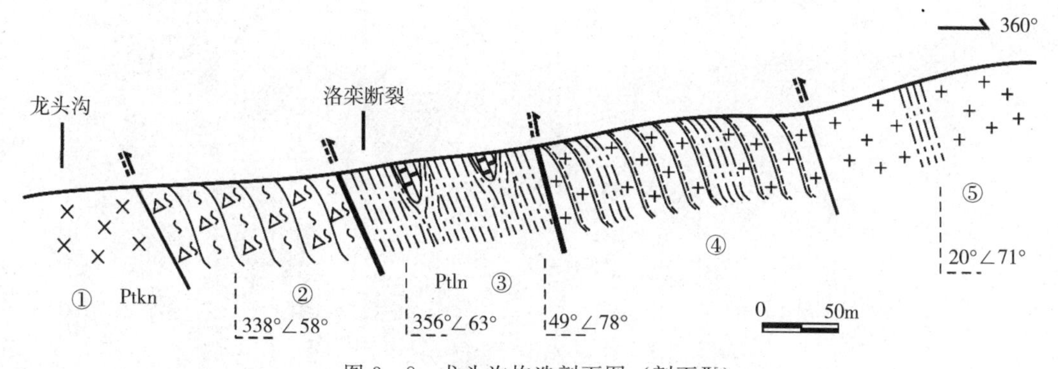

图3-8　龙头沟构造剖面图（剖面Ⅳ）

①花岗岩；②辉绿岩；③糜棱岩；④片麻岩；⑤混杂岩；⑥透镜状大理岩

第五节 马市坪—焦园村构造剖面（剖面Ⅴ）

从马市坪往西北，沿河可见宽坪岩群绿片岩和侏罗纪—白垩纪的砾岩，在竹园寺村可见糜棱岩化花岗片麻岩（图3-10），面理为213°∠77°，矿物生长线理为22°E。片麻岩中可见深浅相间的糜棱岩条带，深色条带有的地方多，有的地方少（图3-11a、b）。沿河可见河床出露的基性条带增多（图3-11c），为辉绿岩和角闪片岩条带，面理为219°∠36°，其中含有钾长石和石英脉。

图3-9 龙头沟地质剖面中辉绿岩构造透镜体照片

本剖面最北观察点焦园村以北为花岗岩岩体，自北向南观察可见花岗岩中发育有宽坪岩群角闪片岩岩片，岩片中有顺层石英脉及斜穿层面的花岗岩，此岩片可能是宽坪岩群的捕掳体。往南在瓦窑坪村可见片麻理化花岗岩，后期脆性破碎，石英有定向，面理为210°∠54°，见大量钾长石斑晶（图3-11d），斑晶较大，直径可达4～5 cm，钾长石化现象明显，暗色矿物局部绿泥石化。在二道坪村见到侏罗—白垩纪砾岩（图3-11e），层面产状为345°∠49°，砾石成分为玄武岩、片麻状花岗岩、硅质岩、辉长岩等，灰黑色，次棱角—次圆状，分选差，磨圆也较差。在马市坪的公路边见到互层的三叠纪砂砾岩夹薄层泥岩，层面产状为22°∠63°，砾石大小为几个厘米至十几厘米，成分单一，为砂岩成分。局部可见三叠纪灰黄色钙质泥岩夹粉砂质灰岩（图3-11f），无变质，含炭质。此处有一断裂带，产状为33°∠73°，其与南侧的宽坪岩群的绿片岩以断裂接触。

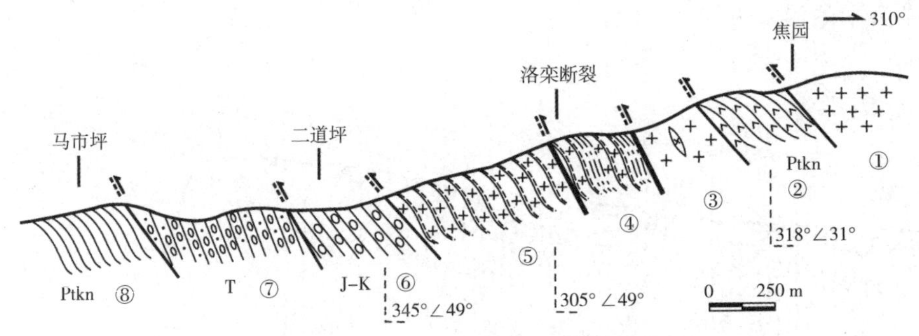

图3-10 马市坪—焦园村剖面（剖面Ⅴ）

①花岗岩；②角闪片岩；③含基性岩脉花岗岩；④糜棱岩化花岗片麻岩；⑤花岗片麻岩；⑥侏罗系—白垩系砾岩；⑦砂砾岩；⑧绿片岩

图 3-11 马市坪—焦园村构造剖面照片

a——片麻岩与花岗岩；b——片麻岩夹糜棱岩；c——片麻岩中基性条带；d——片麻理化花岗岩大量钾长石斑晶；e——侏罗—白垩纪砾岩；f——三叠纪灰黄色钙质泥岩夹粉砂质灰岩

该剖面所见的洛栾断裂穿过带北侧的片麻状花岗岩，使相对均一的片麻状花岗岩形成含基性条带的条带状片麻岩，条带状片麻岩、花岗岩、片麻岩、糜棱岩等几种长英质岩石相间、交互出露，显示出变形强弱相间。长英质岩石中夹有一定的大理岩等变质沉积岩，形成构造混杂带。构造混杂带中因变质分异，形成颜色深浅不一的条带，塑性流动非常明显，其间夹有一些大小不等的辉绿岩岩墙或透镜体。构造混杂带是宽坪岩群与栾川群的界线，洛栾断裂带在本剖面的产状为 336°～20°∠63°～71°不等，主要是北倾，角度较大。线理主要为 330°～300°∠3°～7°，北西

倾，近水平。以上特征显示洛栾断裂带在该剖面主要以含糜棱岩、大理岩、辉绿岩岩墙或透镜体的构造混杂带出现，具有左旋平移的特征。

第六节 庙子实测构造剖面（剖面VI）

洛栾断裂带在栾川县庙子镇出露得很完整，成为该带的经典横剖面，并被列为世界地质公园经典剖面（图 3－12）。该剖面岩石组成非常复杂，是北侧栾川群、陶湾群和南侧宽屏岩群以及各种构造岩的岩石混杂堆积带，是受洛栾断裂带构造活动的影响挤压、堆积、叠置在一起的。

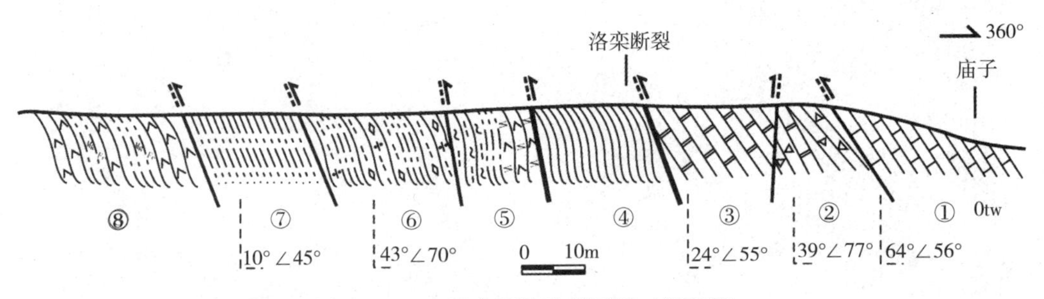

图 3－12 庙子实测构造剖面图（剖面Ⅵ）

①灰岩；②脆性断层破碎带；③大理岩；④夹方解石脉构造片岩；⑤绿泥黑云片岩、斜长角闪片岩夹糜棱岩；⑥透闪方解云母片岩；⑦基性糜棱岩；⑧角闪片岩夹基性糜棱岩

为了精细分析洛栾断裂带的构造特征，本次对该剖面进行野外实测，由北向南，主要特征如下：

剖面最北为陶湾群灰岩，最南为宽坪岩群片岩，从北向南依次出露灰岩-构造角砾岩-含方解石的宽坪岩群构造片岩-糜棱岩-宽坪岩群绿泥黑云片岩、斜长角闪片岩夹长英质糜棱岩，并呈互层状，面理为 28°∠69°。

从最北侧没有变形的陶湾群灰岩（①层）往南，出现弱变质的条带状大理岩（③层），厚约 30 m。大理岩中发育一条脆性断层破碎带（②层），带宽约 12 m（图 3－13a），带两侧产状分别为 64°∠56°和 39°∠77°，破碎带中含黄铁矿和结晶较好的方解石。

再往南为宽坪岩群构造片岩（④层）夹方解石脉，含条带状石英脉，片理化及变形强烈，运动学指向为由北向南逆冲，后期破碎强烈，地形逐渐低洼（图 3－13b）。其中含一层长英质的初糜棱岩，厚约 50 m（图 3－13c）。

其南侧为宽坪岩群绿泥黑云片岩、斜长角闪片岩夹糜棱岩（⑤层），290°走向，近直立，宽约 90 m。岩石强烈紧闭褶皱，轴面北顷，反映出由北向南的逆冲推覆挤压作用（图 3－13e）。糜棱岩致密坚硬，反映其遭受强烈的挤压作用（图 3－13d）。

再往南发育透闪方解云母片岩（⑥层）夹基性糜棱岩（第⑦层），糜棱岩中深浅条带相间排列（图 3－13f），糜棱岩产状为 43°∠70°，10°∠4°。岩石透镜体发育，显

示由北向南的逆冲推覆现象。

图 3－13　庙子实测地质剖面的多种构造现象

a——大理岩中发育的脆性断层破碎带；b——宽坪岩群构造片岩；c——宽坪岩群绿泥黑云片岩、斜长角闪片岩夹基性糜棱岩；d——透闪方解云母片岩夹基性糜棱岩；e、f——角闪片岩夹基性糜棱岩；g——宽坪岩群内的大型脉体

第⑧层为角闪片岩夹基性糜棱岩，原岩为宽坪岩群绿泥黑云片岩，其中有较大型的脉体，成分以方解石为主，其次为石英。脉体发育的形态显示由北向南的逆冲推覆现象（图 3－13g）。

在庙子地区，整个洛栾断裂带在此处宽 200～250 m，破碎强烈，构造片岩及糜棱岩广泛发育，构造岩的原岩以宽坪岩群为主，少量北侧陶湾群灰岩。宽坪岩群的绿泥黑云片岩、透闪方解云母片岩和斜长角闪片岩在变形过程中都因挤压剪切形成糜棱岩，面理 200°∠86°，线理近水平（10 W）。变形强弱相间，强变形呈现出劈理化形成无根紧闭褶皱；弱变形为大型透镜体，褶皱轴面产状和透镜体拖尾指示由 N

向S逆冲的运动学特点。整个剖面的岩石在变形过程中都分异出条带状石英脉，厚度一般都小于10 cm，有的地段可见大型方解石脉发育（图3-13h）。北侧陶湾群灰岩在洛栾断裂带剪切变形过程中也受到一定的影响，形成了灰岩糜棱岩和大理岩的糜棱岩，但相对宽坪岩群而言变形相对较弱，变形岩石的厚度也很小。可见在该剖面中，洛栾断裂带的影响主要产生在宽坪岩群中。

总之，在该剖面可见构造片岩和糜棱岩广泛发育，显示了在此处有强烈的挤压和剪切作用，带中的面理、线理、透镜体和矿物残斑以及S—C面理特征，都显示出该断裂具有北盘上升、南盘下降的逆冲特征。

第七节　陶湾—红庙构造剖面（剖面Ⅶ）

在栾川县城以西，自红庙的协心村由南向北观察该剖面（图3-14）。在协心村边的河沟里，宽坪岩群长石云母片岩产生了强烈变形，形成了长英质糜棱岩，褶皱形态与同变形石英脉的拖尾指示洛栾断裂带具有左行剪切特点（图3-15a、b）。自协心村往北，宽坪岩群岩石的变形逐渐减弱。但在陶湾镇北侧的公路边，又可以看到宽坪岩群岩石变形更加强烈（图3-15c），岩石褶皱成箱状，表现出由北向南逆冲的特点，岩石中具有极好的S—C组构（图3-15d）。再往北约1 km，在郭陶线土桥的南侧，可见大型箱状褶皱的宽坪岩群（图3-15e），同样表现出由北向南逆冲的特点。由此可见，北侧的宽坪岩群褶皱较大，而南部的相对较小，说明箱状褶皱形成的推覆力来自于北方。以该河沟为界，南侧为宽坪岩群片岩和糜棱岩，北侧为陶湾群糜棱岩化大理岩。在河沟以南的2～3 km范围内，可见宽坪岩群的片岩强烈褶皱和弱变形相间排列，说明宽坪岩群受洛栾断裂带的强变形影响范围呈条带状，反映了洛栾断裂带不是单一的剪切带，而是由多条强变形带组成的变形带；洛栾断裂带北侧的陶湾群大理岩产生了强烈的变形，形成碳酸盐质糜棱岩（图3-15f）。由此可见，洛栾断裂带的剪切活动引起两侧岩石强烈变形，形成了多种糜棱岩。

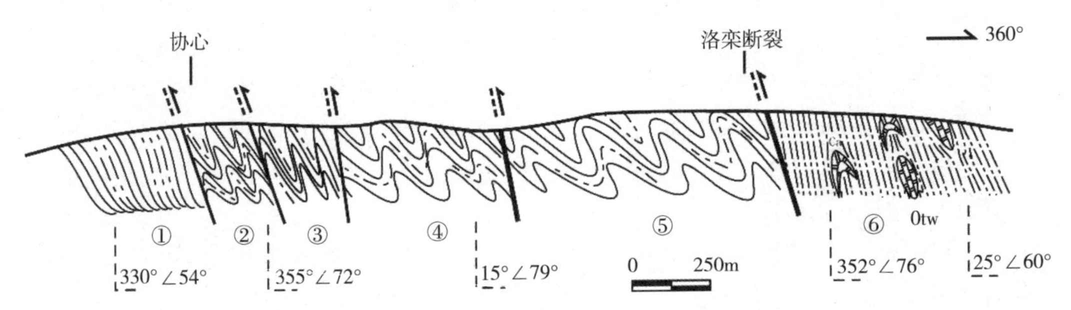

图3-14　陶湾—红庙构造剖面图（剖面Ⅶ）

①宽坪岩群绿片岩；②长英质糜棱岩；③长石云母片岩；④片岩；⑤云母石英片岩；⑥大理岩糜棱岩

图 3-15　陶湾—红庙构造变形照片

a——褶皱的拖尾指示洛栾断裂带具有左行剪切性质；b——拖尾石英脉显示的左行剪切特点；
c——宽坪岩群岩石小型箱状褶皱；d——宽坪岩群岩石中 S—C 组构；
e——宽坪岩群岩石大型箱状褶皱；f——陶湾群碳酸盐质糜棱岩

第八节　线理、面理特征

通过大量的野外观察，发现洛栾断裂带及其附近的岩石面理、线理极其发育，主要为片理、片麻理、糜棱面理及劈理等。对野外测量的大量面理数据进行赤平投影（图 3－16），结果显示洛栾断裂带走向为 280°～300°，面理产状稳定，总体向北东倾，倾角 45°～80°。

线理是构造运动学的重要标志，能够指示构造变形岩石中物质的运动方向，具有重要的构造意义。线理的类型较多，就其与变形过程中物质的运动方向及其与应变主轴的关系可归为两类：一类与物质运动方向平行，称作 a 型线理，若与最大主应变轴一致的，为 A 型线理；另一类与物质运动方向垂直，一般平行于应变椭球的中间应变轴，称作 b 型线理或 B 型线理。

野外观察发现洛栾断裂带发育多种线理，主要有拉伸线理、矿物生长线理、皱纹线理和交面线理等。统计结果显示（图 4－17），断裂带内线理多为小倾伏角的水平线理或近水平线理，倾伏角 0°～20°居多，倾伏向 NW 或 SE。同时，也可见倾伏向 NE 或 NW 的倾向线理和斜向线理。洛栾断裂带西部 NE 向矿物生长线理显示其南部宽坪岩群自 SSW 向 NNE 的俯冲特征，在东部水平线理保留得较好，反映出洛栾断裂带东部较深层次的水平走滑特点。

第九节　小　结

通过对以上七条横剖面的勘察、分析和研究，认为洛栾断裂带的宏观变形特征如下：

一、构造特征

洛栾断裂带作为秦岭造山带中一条著名的断裂带，不仅是伏牛山构造带的北界，也是华北板块与秦岭褶皱系的界线。其南北两侧的沉积建造、岩浆活动、地球物理场和地球化学场等方面特征有显著差异，具有明显的线性特征（任升莲等，2011，2010；宋传中等，2009，2000，1998；张国伟等，2001；高山等，1995，1990；裴先治等，1995；裴放，1995；贾承造等，1988）。该断裂带由多条近平行的剪切带和夹持其间的变形岩块组成，剪切带宽度 80～200 m 不等。

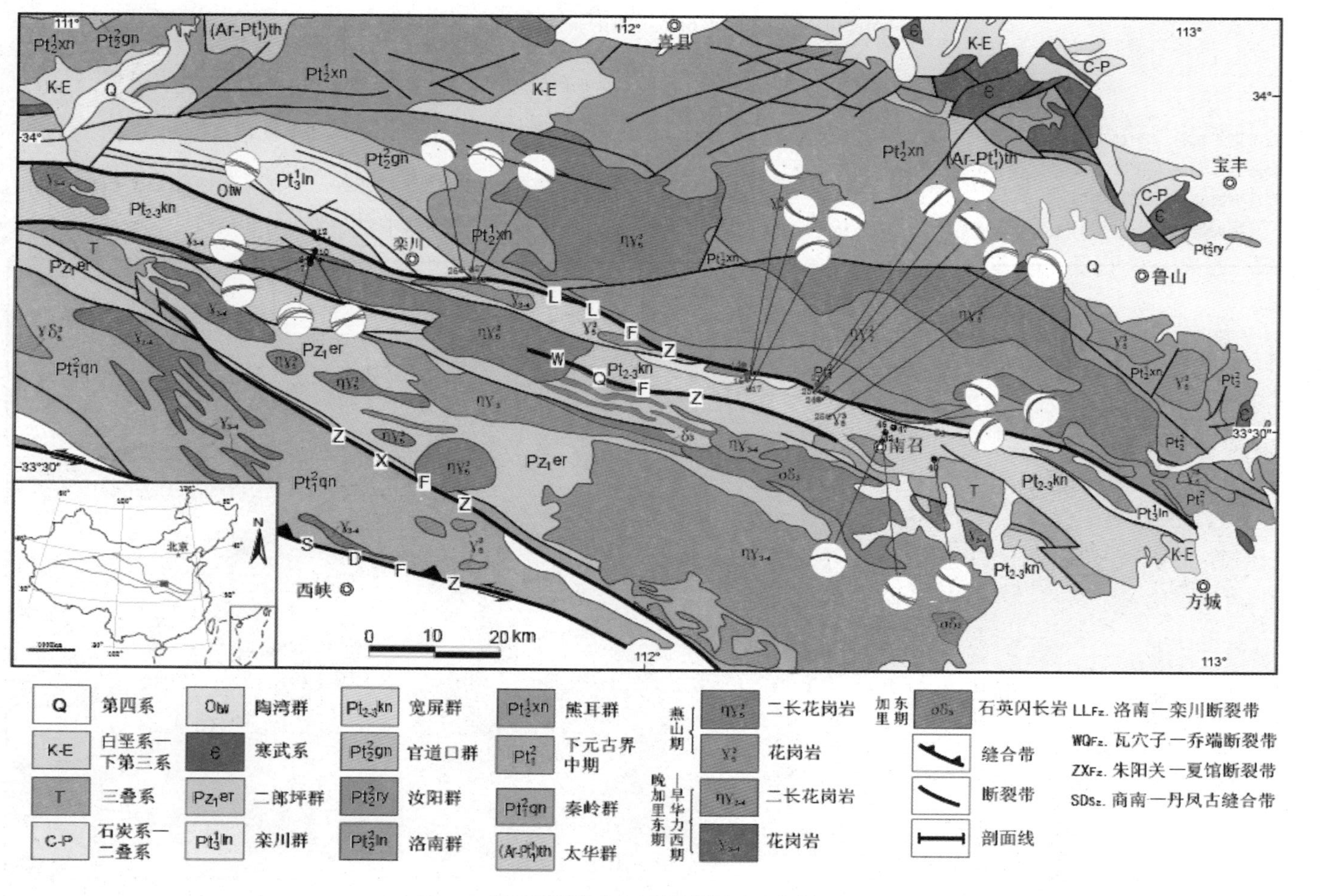

图3-16　洛栾断裂带面理赤平投影图（下半球投影）

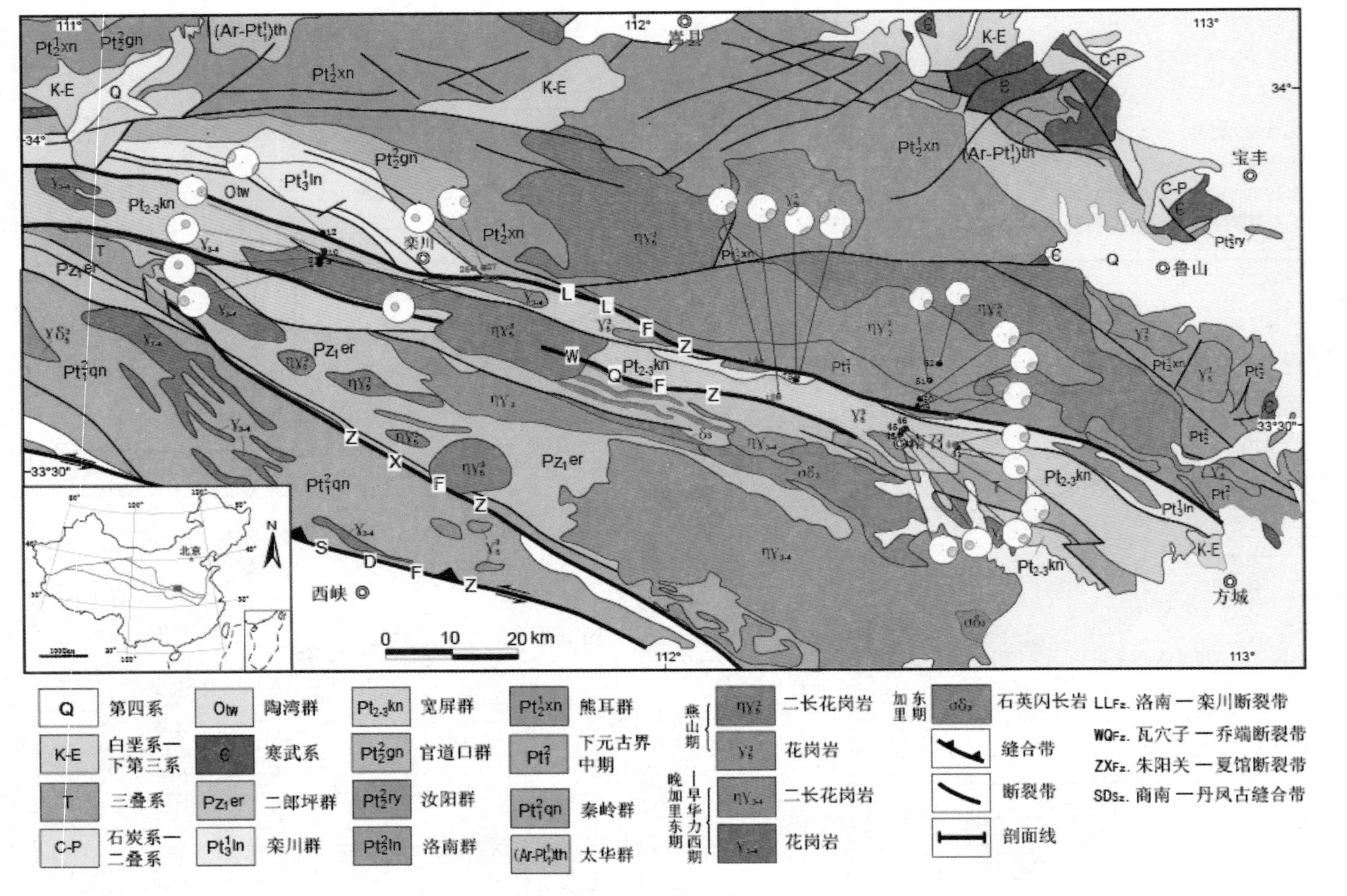

图3-17 洛栾断裂带线理赤平投影图（下半球投影）

洛栾断裂带北侧为太华群、栾川群、陶湾群和石人山岩体，南侧为宽坪岩群（宋传中等，1999，2009）。该带在石人山南部的产状为320°～355°∠67°～80°，在石人山西南部的产状为8°～21°∠71°～74°，具有左旋斜向汇聚特征，经历多期构造活动，变形强烈。它不是宽坪岩群与栾川群的严格界线，而是在先期形成的深大断裂带基础上，又多次活动的构造带（裴先治等，1995；裴放，1995）。但是，强烈的剪切活动导致的韧性变形只有一期，并使两侧的岩石卷入其中，形成一系列糜棱岩（任升莲等，2011，2010；宋传中等，1999，2009），至今仍保存完好。通过对这期糜棱岩的深入研究，可以解译引起该期强烈糜棱岩化构造活动的条件及演化过程。

洛栾断裂带具有大型剪切带的性质。该断裂总体走向290°，向北倾（局部因后期构造的影响出现少量倾向南的现象）。该带在西段（栾川县境内）发育宽约500 m的大型破碎带，其构造岩为陶湾群的大理岩、栾川群的石英岩、宽坪岩群的黑云石英片岩、斜长角闪岩、角闪石片岩等形成的系列糜棱岩（栾川县庙子镇南）。断裂带受后期脆性断裂活动的影响，碎裂岩系发育，破劈理、断层泥成带状分布，劈理产状不稳定，倾向多为10°～28°，局部为64°，倾角56°～80°或近直立；在东段（南召县境内）该断裂带主要表现为以韧性变形为特征的糜棱岩，并表现出由北向南逆冲的性质。总体来说，洛栾断裂带为一条多期活动的断裂带，以糜棱岩化构造活动为主，剪切带中心发育糜棱岩，在栾川县的庙子、南召县的马市坪、云阳一带均有分布，规模较大。自西向东表现出由脆性—韧性变形向韧性变形过渡的特征，由北向南逆冲推覆的特征自西向东也逐渐增强。

二、岩石学特征

带内岩石主要由南侧中、新元古界宽坪岩群（$Pt_{2-3}k$）的绿片岩和云母石英片岩，北侧陶湾群薄层黑云母大理岩及云母石英大理岩、栾川群（Pt_3l）石英岩等以及卷入剪切带内的石人山花岗岩体组成（任升莲等，2011，2010；宋传中等，1998），带内岩石产生强烈的糜棱岩化和片理化。岩石宏观构造特征具有明显的规律性，由南向北的横剖面上岩石依次为：绿片岩、糜棱岩、片岩、片麻岩（混合岩）、变余花岗岩，各类岩石的矿物组合、结构、构造等岩石学特征都与其所在的构造部位密切相关（刘正宏等，2007），反映出构造岩石的类型、结构、构造特征受到了洛栾断裂带的影响。

研究区内，洛栾断裂带上的岩石不仅受构造影响产生强烈变形，同时也发生了不同程度的变质作用，西部以低绿片岩相浅变质为主，东部的变质程度却较高，以高绿片岩相为主，部分局部地区达到低角闪岩相的变质。洛栾断裂带上的糜棱岩带由若干条平行的糜棱岩、初糜棱岩和糜棱化岩石以及夹于其间的构造岩片相间排列组成，单一糜棱岩带宽变化较大，由几个厘米至上百米不等。糜棱岩产状一般为17°～25°∠50°～68°。总的来说，东部的糜棱岩带较宽，150 m左右；西部糜棱岩带较窄，几十米宽。

由于原岩成分不同，在洛栾断裂带内及两侧出现了长英质、云英质、碳酸质、绿帘角闪质等四种成分的初糜棱岩和糜棱岩（孙岩等，2001；刘正宏等，2007；胡玲，1998；刘瑞珣，1988），野外没有见到超糜棱岩。糜棱岩的粒度变化较大，根据甘盛飞（1994）的糜棱岩描述性分类可以分为以下三种：

1. 细粒糜棱岩：多出现在低级变质岩区中。主要为绿片岩和斜长角闪岩形成的糜棱岩。呈狭窄带状分布，宽数厘米至数米，多形成于上部地壳的中上构造层。岩石中基质所占体积显著大于碎斑。基质中矿物的粒度很细，一般小于 0.2 mm，细粒状结构，可见少量矿物塑性变形构成的微细条带，具不明显的片状构造。

2. 中粒糜棱岩：多出现在中低级变质岩区。呈长条带状分布，宽数米、数十米至数百米，主要形成于上部地壳的中下构造层。岩石中基质所占体积大于碎斑，基质中矿物的粒度一般较细，多为 0.2～1.5 mm，少数矿物的粒度可大于 1.5 mm，可见石英等矿物塑性拉长构成的条带，具明显的片状构造。本区主要为长英质糜棱岩。

3. 粗粒糜棱岩：多出现在中高级变质岩区。呈长条带状分布，宽数米、数十米至数百米，主要形成于上部地壳的下构造层和中下部地壳。岩石中基质一般多于碎斑，但碎斑可能占有较大比例，基质矿物的粒度较粗，一般大于 1.5～2 mm，中粗粒状结构，具明显的片状、片麻状构造。这类糜棱岩野外很容易被当作花岗片麻岩。

糜棱岩的宏观变形特征显示出东部糜棱岩形成于上部地壳的下构造层和中下部地壳，而西部糜棱岩形成于上部地壳的中上构造层。不同层次的糜棱岩出现在同一条剪切带，说明研究区东部地区后期的抬升高于西部，致使东部深层次岩石出露地表。

三、运动学特征

洛栾断裂带上至少可以观察到四期构造活动（裴放，1995）。第一期是由南北向挤压力而形成的片理化带，面理产状为 44°～55°∠65°～73°。第二期变形是强烈的糜棱岩化作用，主要在洛栾断裂带及其两侧产生四种类型的糜棱岩，糜棱面理产状为 5°～20°∠87°～74°。这一期构造活动形成的糜棱岩在其北侧的长英质岩石中尤为明显，糜棱岩带宽超过了 100 m，糜棱岩带中心有宽大的深色条带和团块，向两侧深色条带逐渐变少、变细，暗色构造透镜体直径也由 1～3 m 逐渐变为十几厘米，这一期造成糜棱岩化的左行剪切作用是该带最重要的构造活动。第三期变形也是糜棱岩化作用，它对第二期糜棱岩进行了改造，其糜棱面理产状为 150°～165°∠65°～76°，显示向南滑脱形成左旋韧性剪切。最后一期是在中层次上部形成的由北向南的逆冲，叠加在第三期的 S—C 组构之上。也即洛栾断裂带在先形成近垂直的面理带后，产生了一起左行走滑，随后又产生向南韧性滑塌，最后产生由北向南的逆冲推覆。

洛栾断裂带面理产状基本稳定，总体走向为 280°～300°，倾向北东，倾角 45°～80°，反映出近南北向挤压的存在。洛栾断裂带岩石线理主要有拉伸线理、

矿物生长线理、皱纹线理和交面线理等，断裂带内线理多为小倾伏角的水平线理或近水平线理，倾伏角0°～20°居多，倾伏向NE或NW的倾向线理和斜向线理，反映出断裂带的近水平运动和NE向俯冲特征。同时，糜棱岩带内的岩石透镜体的拖尾及矿物σ、δ残斑，石英脉体形态等特征均指示其具有左行平移的特征。所以，洛栾断裂带早期具有近南北向挤压特征，之后又叠加其上的左行平移的主要运动特征。

第四章

洛栾断裂带的显微构造特征

由于不同种类的糜棱岩形成构造环境不同，温压条件自然不同。因此，根据野外和显微镜下对糜棱岩的矿物成分、结构、构造、变形特征、重结晶特点等特征进行系统地观察、分析，从而判断糜棱岩形成的温压条件等深部环境，这也是韧性剪切带研究的重要手段。

洛栾断裂带中断层岩主要有糜棱岩、构造片岩等。其中糜棱岩按变质变形程度又可分为糜棱岩、变余糜棱岩、千枚糜棱岩、变晶糜棱岩、片麻糜棱岩等（孙岩等，1986；刘正宏等，2007；徐仲元等，1996；甘盛飞等，1994；钟增球，1994；Barker A T. 1990；宋鸿林等，1986）。

按原岩成分的不同，洛栾断裂带内糜棱岩分为以下三种：长英质糜棱岩、碳酸盐质糜棱岩、基性糜棱岩。

1. 长英质糜棱岩

主要矿物为长石、石英，次要矿物为角闪石、黑云母、白云母等，偶见石榴石。残斑主要为石英、长石，多为眼球状、条带状，具有压力影，甚至雪球构造。基质为细粒的石英、长石、角闪石、黑云母、白云母等。石英多产生波状消光、变形纹、动态重结晶等不同形式的塑性变形；长石多形成钠长石和绢云母，有的产生波状消光、机械双晶、变形纹、动态重结晶等不同形式的塑性变形；角闪石多退变为黑云母或绿帘石、绿泥石等；黑云母多产生退变质作用，形成绿泥石；白云母多为新生，呈细小条片状。糜棱结构，片状构造。

2. 碳酸盐质糜棱岩

原岩是陶湾群大理岩。主要矿物为方解石、透闪石、黑云母，次要矿物为石英、绿泥石。残斑主要为方解石和石英。方解石残斑呈眼球状或条带状，新晶方解石重结晶较好，呈浑圆状；透闪石单晶为片状，集合体为放射状；黑云母与绿泥石呈条片状，与面理方向一致。糜棱结构，片状构造。

3. 基性糜棱岩

主要矿物为角闪石、斜长石、绿帘石。次要矿物为石英、绿泥石等。角闪石残

斑为眼球状，发育两组解理，棕黄－棕黄绿色，环带状消光；角闪石新晶为条片状，自形，发育一组解理，绿色－蓝绿色，定向强烈；绿帘石晶体自形程度高，多分布在角闪石周边或基质条带中，定向排列；千枚糜棱结构，片状构造。

第一节 长英质糜棱岩的显微变形特征

长英质糜棱岩是分布最广、研究程度最高的一类糜棱岩。诸多学者对世界各地的不同类型的长英质糜棱岩进行了系统研究，类型划分也很多（如刘俊来，2004，1999；刘正宏等，1999；甘盛飞等，1994；嵇少丞等，1989）。针对本文的研究工作，认为甘盛飞1994年提出的成因分类（表4－1）比较适合本工作区糜棱岩中各种矿物变形特征描述，也利于分析其变形环境。

表4－1 糜棱岩的成因分类（据甘盛飞，1994）

<table>
<tr><th>类型</th><th>亚类</th><th>岩石结构</th><th>矿物变形</th><th>重结晶因素</th><th>变形条件</th></tr>
<tr><td>低温糜棱岩</td><td>低温石英脆—塑性糜棱岩</td><td>碎斑结构，初步细粒化。有脆性，微裂隙发育</td><td>石英波状消光，或出现少量亚颗粒、变形纹。斜长石表现为脆性变形，出现脆裂</td><td>由应变动能引起少量矿物发生动态重结晶、温度不引起静态重结晶发生。
（重结晶速率≤应变速率）</td><td>低绿片岩相</td></tr>
<tr><td rowspan="2">中温糜棱岩</td><td>中温石英塑性糜棱岩</td><td rowspan="2">具典型的糜棱结构，动态重结晶亚颗粒发育，明显细粒化，核幔构造</td><td rowspan="2">石英带状消光、动态重结晶明显，出现带状石英。斜长石出现波状消光、显微脆性破裂。钾长石主要呈脆性</td><td rowspan="2">应变动能引起变形矿物发生动态重结晶，温度对重结晶作用有少量影响
重结晶速率＝应变速率</td><td rowspan="2">高绿片岩相-低角闪岩相</td></tr>
<tr><td>中温石英-斜长石塑性糜棱岩</td></tr>
<tr><td rowspan="3">高温糜棱岩</td><td>高温斜长石-钾长石超塑性糜棱岩</td><td rowspan="3">矿物全部重结晶，粒度较粗、无细粒化。石英无核幔构造，长石、辉石出现核幔构造</td><td rowspan="3">带状石英发育，斜长石、钾长石出现机械双晶、晶面弯曲、核幔构造，辉石出现亚颗粒、扭折带</td><td rowspan="3">应变动能引起的动态重结晶与高温热能引起的静态重结晶同时发生
重结晶速率≥应变速率</td><td rowspan="3">高角闪岩相-麻粒岩相</td></tr>
<tr><td>高温钾长石-辉石超塑性糜棱岩</td></tr>
<tr><td>高温辉石-橄榄石超塑性糜棱岩</td></tr>
</table>

洛栾断裂带长英质糜棱岩主要为北侧石人山花岗岩岩体以及黑云斜长片麻岩被糜棱岩化作用后形成的系列糜棱岩，以糜棱岩为主，初糜棱岩为辅。洛栾断裂带糜棱岩的分布如图 4-1 所示。为了对洛栾断裂带上的糜棱岩进行系统研究，针对洛栾断裂带七个观察剖面上的长英质糜棱岩进行了矿物成分及显微变形分析。

一、留山镇—上关村地区的长英质糜棱岩

留山镇—上关村地区（剖面 I）长英质糜棱岩出露完好，其中的石英为不规则长眼球状、条带状，全部细粒化。条带状石英发育亚颗粒-边界迁移式重结晶。长石为不规则长眼球状，细密平直的双晶纹发育，晶面弯曲、边部膨凸重结晶形成早期的核幔构造（图 4-3a）。黑云母浅棕—棕红色，半自形细小的片状。变晶结构，片麻状构造。其变形特征显示其为高温斜长石-钾长石超塑性糜棱岩，变形环境属高角闪岩相（刘祥等，2006；刘正宏等，1999；胡玲，1998；刘德良等，1996；甘盛飞等，1994；嵇少丞等，1989；何永年等，1989，1988；靳是琴等，1986；马琳吉，1986）。

二、南召—王庄地区的长英质糜棱岩

出露在石人山花岗岩岩块南部边缘（剖面 II），为一套长英质的糜棱岩，揉皱强烈，基性岩条带、团块十分清晰。这套岩石通过镜下观察，矿物组合、结构、构造特征有很好的规律。糜棱岩特征十分典型，呈眼球状；基质较细，定向好，主要为重结晶石英和角闪石。糜棱结构，片状—片麻状构造。岩石中矿物成分及变形特征（表 4-2）。

石英以基质及残斑形式存在，多出现核幔构造和亚颗粒，部分残斑有蠕英结构，重结晶型式为高温边界迁移式重结晶。基质石英条带状，重结晶强烈，重结晶的石英为缝合粒状变晶结构，为亚颗粒重结晶型式和边界迁移式重结晶型式（图 4-3b）。

长石多出现塑性变形特征，亚颗粒化明显，部分残斑出现核幔构造，表现出较强的变质-变形特征（表 4-2）。暗色矿物主要为黑云母和角闪石，黑云母比角闪石自形程度高，显示其结晶较迟。岩石为粒状变晶结构，片麻状构造，属高角闪岩相下的高温斜长石-钾长石超塑性糜棱岩，可称之为构造片麻岩（甘盛飞，1994），刘正宏等，2007），反映出很高温度的形成环境（戚学祥等，2003；Cesare B et al，2002；刘正宏等，1999；胡玲，1998；刘顺等，1997；许志琴等，1994；张伯友等，1992；岳石等，1990；嵇少丞等，1989；何永年等，1989，1988；Dell’Angelo L N et al，1988）。

区内长英质糜棱岩具有如下变质-变形特征：

1. 从洛栾断裂带向北，糜棱岩类型从中温石英塑性糜棱岩—中温石英—斜长石塑性糜棱岩—高温斜长石—钾长石超塑性糜棱岩，表现为温度逐渐升高的趋势。

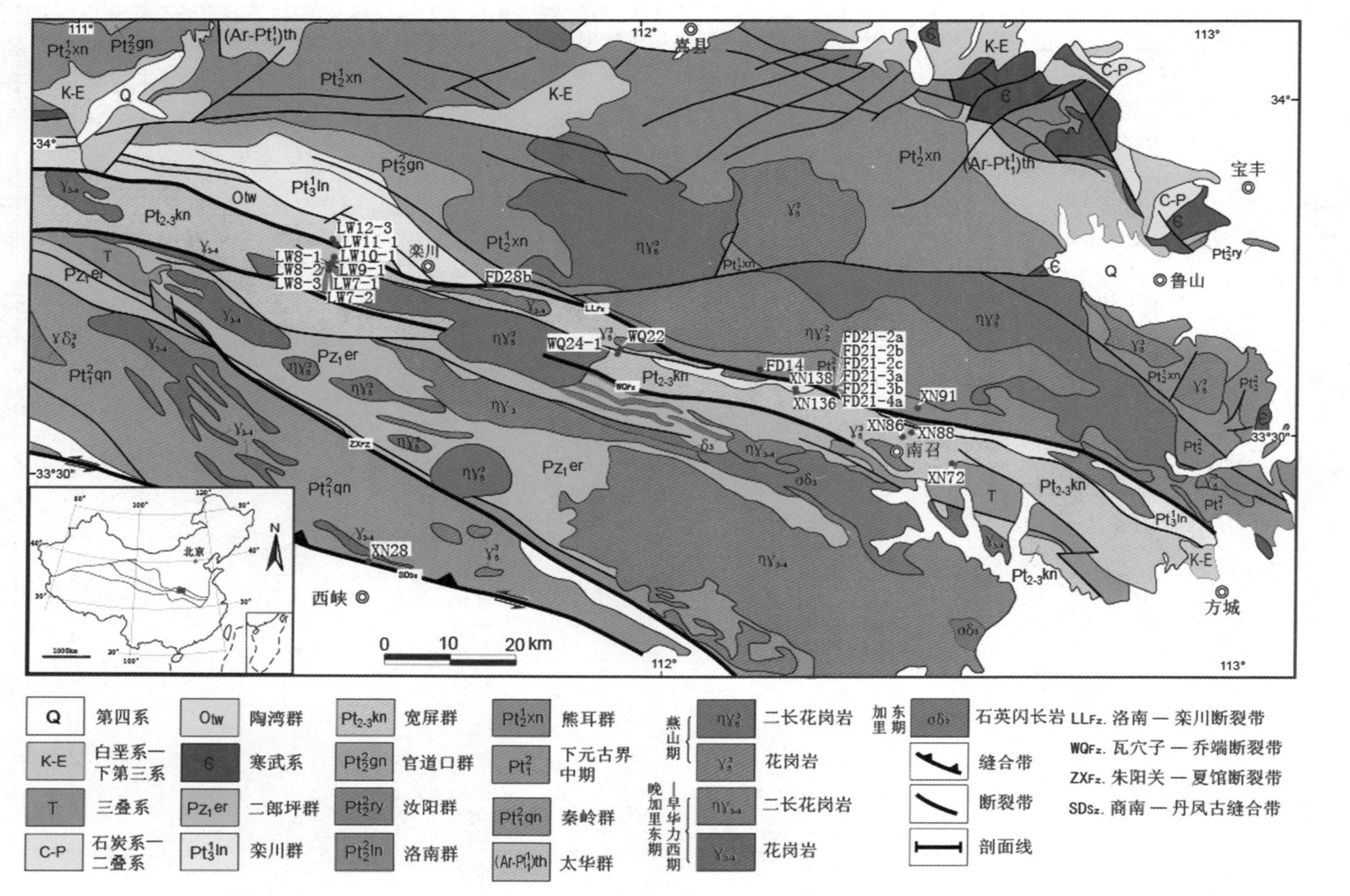

图4-1　洛栾断裂带糜棱岩的分布图

2. 岩石中矿物的粒度由细粒化、长条状、定向极强向粗粒状、半定向变化，逐渐过渡到花岗原岩。片状矿物离洛栾断裂带越远越少，且自形程度呈下降趋势。这些特征说明岩石中片状矿物的形成受洛栾断裂带构造活动的影响，应是在岩石变质变形过程中新生的。

3. 石英的波状消光、缎带构造、动态重结晶和核幔构造普遍发育，局部出现蠕石英。从南向北，石英由长条带状向粒状变化，重结晶型式由亚颗粒至边界迁移式。长石则由眼球状、破碎、应力条纹多、白云母化蚀变，逐渐变为亚颗粒化、核幔构造、钾长石化（表 4－2）。这些特征说明从南向北应变由强到弱（图 4－2）。

这些变质-变形特征规律显示不同糜棱岩的分布位置与洛栾断裂带关系密切，显示这些糜棱岩形成于该断裂带的构造活动。

表 4－2　剖面Ⅱ中长英质糜棱岩矿物学特征

编号	岩石类型	矿物组合（基质）	石英变形特征	长石变形特征	暗色矿物变形特征
NX1	中温石英塑性糜棱岩	角闪石、石英、长石、绿泥石	含量较少，长枣核状，细粒化，边界弯曲，波状、带状消光	长眼球状－长条带状，多碎裂，绢云母化	角闪石自形，变形不强。绿泥石长条状未变形
NX2	中温石英塑性糜棱岩（图 4－2a）	角闪石、长石、石英、绿泥石、绿帘石	长条状－长枣核状单晶条带，呈竹节状，波状消光，边界港湾状－平直	长眼球状－枣核状，蚀变强烈，细粒化明显	角闪石呈残斑，绿帘石化强烈。绿泥石长条状不变形
NX3	中温石英塑性糜棱岩	白云母、角闪石、石英、绿泥石	长条状单晶、多晶条带，静态恢复明显，边界平直，波状消光		白云母自形条片状，定向强烈，具有很好的S－C组构
NX4	中温石英塑性糜棱岩	白云母、角闪石、石英、方解石	多晶条带，静态恢复一般，少数具有三联晶，大多数边界弯曲		白云母自形条片状，定向强烈，有弯曲变形现象，很好的S－C组构
NX7	中温石英－斜长石塑性糜棱岩～高温斜长石－钾长石超塑性糜棱岩（图 4－2b）	白云母、长石、石英	残斑已经边界迁移式重结晶，基质中石英呈弯曲条带状，具有亚颗粒式重结晶，边界港湾状	眼球状残斑，具有核幔构造，长石残斑裂纹发育，高岭石化明显。有的有乳英结构	白云母为细小片状分布在残斑边界
NX8	中温石英－斜长石塑性糜棱岩～高温斜长石－钾长石超塑性糜棱岩	白云母、长石、石英	残斑已经边界迁移式重结晶，基质中石英呈弯曲条带状，具有亚颗粒式重结晶，边界港湾状	眼球状残斑，具有核幔构造，长石残斑裂纹发育，高岭石化明显，有乳英结构	白云母为细小片状分布在残斑边界
NX9	中温石英－斜长石塑性糜棱岩	黑云母、长石、角闪石、石英	亚颗粒式重结晶，波状消光、裂纹多、颗粒破碎	残斑近眼球状，裂纹发育	有二组节理的角闪石为眼球状，有碎裂，条片状的没有碎裂、弯曲现象

（续表）

编号	岩石类型	矿物组合（基质）	石英变形特征	长石变形特征	暗色矿物变形特征
NX10	高温斜长石－钾长石超塑性糜棱岩（图4-2c）	角闪石、石英、黑云母	残斑为不规则长条状，亚颗粒－边界迁移式重结晶，波状消光，裂纹、变形纹较多	不规则眼球状，具核幔构造，残斑边界及解理缝处有钠长石化现象	角闪石、黑云母极少，分布在残斑边部，有绿泥石化现象
NX11	高温斜长石－钾长石超塑性糜棱岩	黑云母、长石、石英	不规则长条状残斑，亚颗粒－边界迁移式重结晶，波状消光、格状消光，变形纹较多	不规则眼球状，边部有少量膨凸式重结晶，裂纹较多	黑云母条片状，边部及解理缝绿泥石化明显
NX12	中温石英－斜长石塑性糜棱岩	长石、石英	为条带状，边界迁移式重结晶，波状消光、塑性变形强烈	不规则眼球状残斑，边部有钠长石化，中间高岭石化、绢云母化强烈	
NX13	中温石英－斜长石塑性糜棱岩	长石、石英、黑云母	为条带状，亚颗粒－边界迁移式重结晶，波状消光	残斑为长眼球状，边部有钠长石化现象	黑云母片状，较自形，有两个方向的定向
NX14	高温斜长石－钾长石超塑性糜棱岩	石英、黑云母	不规则眼球状残斑，亚颗粒－边界迁移式重结晶，波状消光	残斑为不规则－长眼球状	黑云母片状，较自形
NX15	高温斜长石－钾长石超塑性糜棱岩	长石、石英	不规则眼球状，波状、带状消光，颗粒多呈碎裂，裂纹较多	不规则眼球状，裂纹多、有部分核幔构造	黑云母片状，轻微弯曲
NX16	高温斜长石－钾长石超塑性糜棱岩（图4-2d）	长石、石英、黑云母	肠状条带－长眼球状，边界迁移式重结晶，可见棋盘格状消光	不规则－眼球状，有膨凸式重结晶	黑云母为棕红色片状，有的有绿泥石化现象
NX17	高温斜长石－钾长石超塑性糜棱岩	长石、石英、白云母	条带－长眼球状，边界迁移式重结晶，后期又脆性碎裂叠加，致使矿物碎裂严重	不规则－眼球状，边部有细粒化现象，形成核幔构造	白云母为15%左右，为长条片，轻微弯曲
NX18	高温斜长石－钾长石超塑性糜棱岩	长石、石英、黑云母	不规则眼球状，波状、带状消光，颗粒多呈碎裂，裂纹较多	不规则眼球状，裂纹多、有部分核幔构造	黑云母片状，轻微弯曲
NX19	高温斜长石－钾长石超塑性糜棱岩（图4-2e）	长石、石英、黑云母	亚颗粒－边界迁移式重结晶，边界港湾－缝合线状。波状、棋盘格状消光	不规则眼球状，核幔构造。聚片双晶、变形纹发育，见乳石英，有明显的高岭石化	黑云母条片状，有绿泥石化现象
NX20	高温斜长石－钾长石超塑性糜棱岩（图4-2f）	长石、石英、黑云母	边界迁移式重结晶，边界港湾－缝合线状。波状消光	不规则眼球状，变形纹发育。后期脆性碎裂叠加明显	黑云母条片状，局部有绿泥石化现象

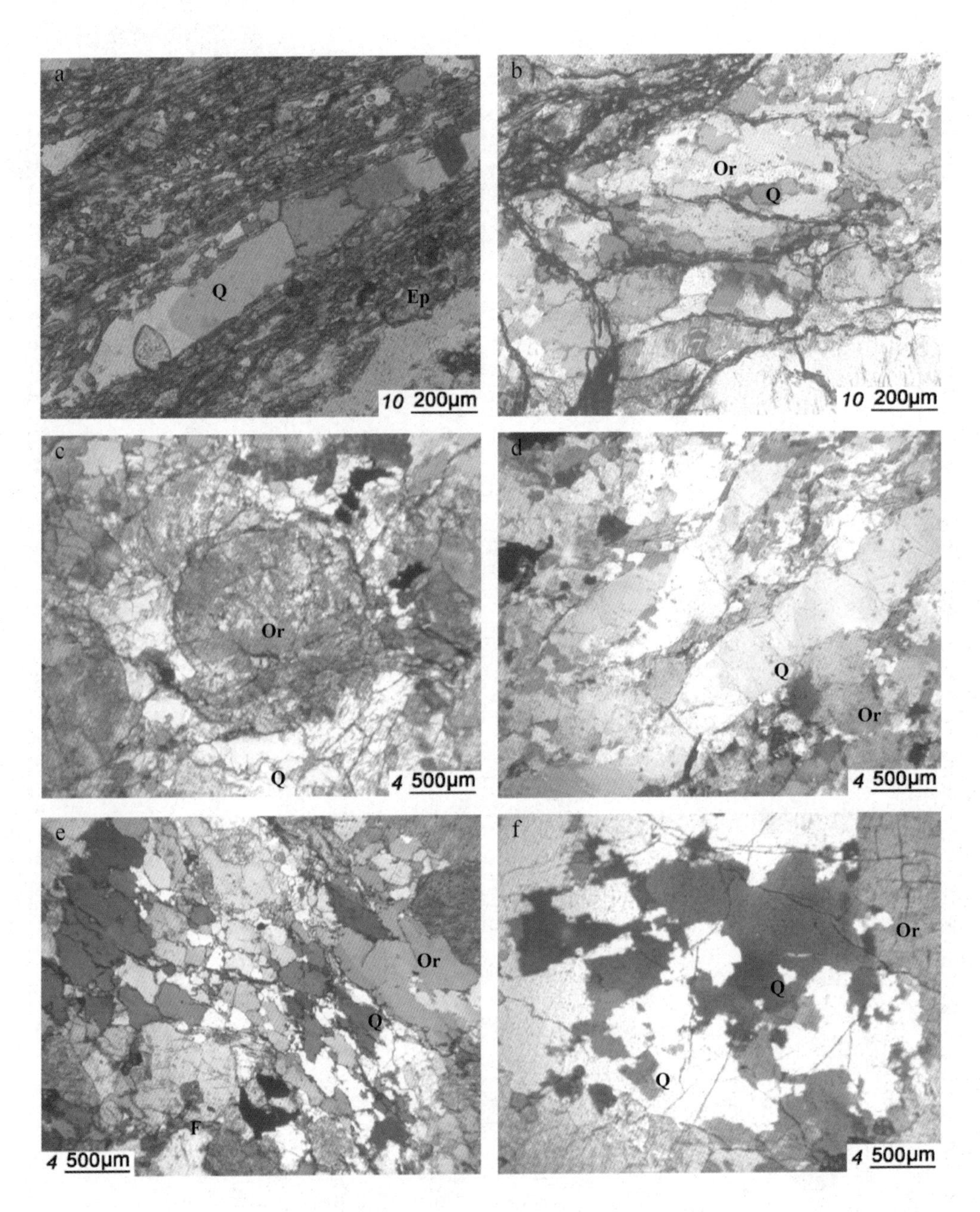

图 4－2　剖面Ⅱ岩石矿物学特征

a——NX2；b——NX7；c——NX10；d——NX16；e——NX19；f——NX20

Q——石英；F——长石；Ep——绿帘石

三、北大庄—十里庙地区的长英质糜棱岩

北大庄—十里庙地区的糜棱岩带宽约 120 m 左右（剖面 III），其边部发育少量初糜棱岩及糜棱岩化岩石。可见两类糜棱岩：一类为中温石英-斜长石塑性糜棱岩，属低角闪岩相，石英呈长条带状，长宽比 1∶10～1∶6，多细颗粒化。颗粒边界弯

曲成树叶状，动态重结晶以边界迁移式为主，兼有亚颗粒型式动态重结晶（图4-3c）。长石残斑很大，为不规则眼球状，长宽比为1∶1～1∶2，波状消光明显，变形纹、裂纹很多，多为条纹长石，条纹发生扭曲变形，颗粒周边有部分钠长石净边，部分颗粒边部有膨凸型式的重结晶（图4-3d）。另一类为中温石英塑性糜棱岩，属高绿片岩相，石英残斑为长透镜状或它形，并呈现强烈亚颗粒化，边界为港湾状，为亚颗粒型重结晶。长石为眼球状残斑，长宽比为1.5∶1，消光带和应力纹清晰，高岭石化、绢云母化较强。两类糜棱岩均为糜棱结构，片麻状构造，呈条带状相间排列，显示出剪切变形强弱交错。

四、龙头沟地区的长英质糜棱岩

区内可见两类糜棱岩（剖面IV）：一类为中温石英-斜长石塑性糜棱岩，显示的变形环境为低角闪岩相。石英为长枣核状及弯曲条带状，变形强烈；全部产生亚颗粒式重结晶，波状消光强烈；长石呈球状-眼球状残斑，绢云母化强烈，长宽比为1∶1～1∶2。另一类为中温石英塑性糜棱岩，显示的变形环境为高绿片岩相，石英为长枣核状及弯曲条带状，变形强烈；全部产生亚颗粒式重结晶，波状消光强烈；长石残斑呈球状-眼球状，绢云母化强烈，长宽比为1∶1～1∶2。黑云母变形强烈，有弯曲和扭折现象，解理缝产生石英，边部产生亚颗粒式重结晶。

五、马市坪—焦园村地区的长英质糜棱岩

马市坪—焦园村地区（剖面V）的长英质糜棱岩均为中温石英塑性糜棱岩，石英为长枣核状及弯曲条带状，变形强烈；全部产生亚颗粒式重结晶，波状消光强烈（图4-3e）。长石残斑呈球状-眼球状，绢云母化强烈，长宽比为1∶1～1∶2（图4-3f）。黑云母变形强烈，有弯曲和扭折现象，解理缝产生石英，边部产生亚颗粒式重结晶。显示的变形环境为高绿片岩相。

六、栾川庙子地区的长英质糜棱岩

栾川庙子地区的（剖面VI）长英质糜棱岩为中温石英塑性糜棱岩，岩石中石英为长枣核状及弯曲条带状，但变形强烈；全部产生亚颗粒式重结晶（图4-3g），波状消光强烈。长石呈球状-眼球状残斑（图4-3h），绢云母化强烈，轴比为1∶1～1∶2。黑云母变形强烈，有弯曲和扭折，产生亚颗粒式重结晶，变形环境为高绿片岩相。

七、陶湾—红庙地区的长英质糜棱岩

陶湾—红庙地区（剖面Ⅶ）的长英质糜棱岩为中温石英-斜长石塑性糜棱岩至中温石英塑性糜棱岩，石英成拔丝条带状，条带内的部分石英有静态恢复，颗粒边界平直。少量石英颗粒边部出现膨凸式重结晶，透镜体长宽比为6∶1以上（图4-3i）。长石残斑为透镜体，长宽比为5∶1～10∶1，产生强烈的亚颗粒及细粒化，边

部有少量的膨凸式重结晶。少量长石残斑里包裹体有早期“S”残缕构造（图4-3j）。大多数残斑的动态重结晶及包裹体形迹方向与拉长方向（C面理）大角度相交。反映出拉长为第一期塑性变形，动态重结晶为第二期塑性变形。白云母自形片状，黑云母不规则细小鳞片状。角闪石自形短小短柱状，与面理近垂直。

另有石英糜棱岩，石英含量为90%，长石含8%，白云母为2%。石英边界平直-微弯，波状消光，膨凸-亚颗粒重结晶，核幔构造发育。长石多蚀变为白云母和细粒石英。新生白云母为自形短条片状，长条片状的白云母弯曲变形强烈，显示的变形环境为低角闪岩相-高绿片岩相。

表4-3　洛栾断裂带长英质糜棱岩矿物显微变形特征

编号	主要矿物	结构构造	石英变形	长石变形	云母变形	定名
FD1b（Ⅰ）	Q（40%）Pl（60%）Bi少量	变晶结构，片麻状构造	不规则长眼球状、条带状，全部细粒化，亚颗粒－边界迁移式重结晶	不规则长眼球状，细密平直的双晶纹发育，有裂纹。边部膨凸重结晶	Bi浅棕—浅棕色，半自形细小的片状	斜长石－钾长石超塑性糜棱岩（高角闪岩相）
NX 10（II）	Q（40%）Pl（60%）Bi少量	变晶结构，片麻状构造	不规则长眼球状、条带状，边界迁移式重结晶	不规则长眼球状，细密平直的双晶纹发育，有裂纹。边部膨凸－亚颗粒重结晶	Bi浅红棕—浅棕色，自形片状	斜长石－钾长石超塑性糜棱岩（高角闪岩相）
FD 21－2b（Ⅲ）	Q（40%）F（60%）Bi少量	糜棱结构，片麻状构造	长条带状，1：10～1：6，多细颗粒化。动态重结晶以边界迁移式为主，兼有亚颗粒。颗粒边界弯曲成树叶状	眼球状残斑，长宽比为1：1～1：2，波状消光明显，变形纹、裂纹多，条纹长石，变形扭曲。钠长石净边。部分颗粒边部有膨凸重结晶	Bi绿色—棕绿色残斑，眼球状，分解较强	石英－斜长石塑性糜棱岩－石英塑性糜棱岩（低角闪岩相－高绿片岩相）
FD 21－2C（Ⅲ）	Q（40%）F（60%）Hb少量	糜棱结构，片麻状构造	残斑为长透镜状，边界为港湾状，为亚颗粒型重结晶。	石英化及高岭石化，消光带和应力纹清晰	Hb为黄绿－棕黄，解理清晰	石英塑性糜棱岩（高绿片岩相）
XN 135（Ⅳ）	Q（30%）F（70%）Bi、Hb、Chl少量	变晶结构，片麻状构造	石英为长眼球状，3：1～5：1，边界迁移式重结晶	眼球状残斑，颗粒巨大，1.5：1～3：1，绢云母化强。细条聚片双晶发育，有裂纹和波状消光、带状消光	Hb残斑为眼球状，棕黄－棕绿色，解理清晰，Chl片状	石英－斜长石塑性糜棱岩（低角闪岩相）
XN 136（Ⅳ）	Q（40%）F（40%）Cal（10%）Chl（5%）Ep（5%）	糜棱结构，片状构造	石英为眼球状残斑，有拉张裂纹，3：1～1.5：1，有书斜结构。重结晶石英为丝带状，膨凸式重结晶	为眼球状残斑，1.5：1，绢云母化较强	Cal为条带状，基质多泥晶和微晶。Chl条片状分布在长石边部	石英－斜长石塑性糜棱岩（高绿片岩相）

（续表）

编号	主要矿物	结构构造	石英变形	长石变形	云母变形	定名
XN 138 (Ⅳ)	Q (99%) Bi少量		石英为残斑和基质，多裂纹和碎裂。书斜构造，基质拔丝条带颗粒细小，膨凸式重结晶明显		Bi条片极其细小，发育在残斑边部	中温石英塑性糜棱岩（低绿片岩相）
FD15 (Ⅴ)	F (45%) Q (45%) Hb (10%) Bi、Chl少量	糜棱结构，片状构造	眼球状残斑，长宽比为1∶1.5～1∶3，波状消光明显，变形纹、裂纹较多。动态重结晶以亚颗粒一边界迁移式为主	残斑为不规则眼球状，长宽比为1∶1～1∶3，大多绢云母化。为斜长石，聚片双晶发育	Hb为斜长角闪岩中成分，近变形带多退变为绿泥石	石英—斜长石塑性糜棱岩（高绿片岩相）
FD16 (Ⅴ)	F (70%) Q (30%) Bi、Chl少量	糜棱结构，片状构造	长石呈条带状，波状消光强烈。动态重结晶以亚颗粒一边界迁移式为主。	眼球状残斑，长宽比为1∶1～1∶4，大多绢云母化。为钾长石，格子双晶发育	Bi细小条片，有的退变为绿泥石	石英—斜长石塑性糜棱岩（高绿片岩相）
FD 28—M4 (Ⅵ)	Q (45%) F (40%) Bi (15%)	糜棱结构，片状构造	为长枣核状及弯曲条带状，变形强烈；产生亚颗粒式重结晶，波状消光强烈	呈球状—眼球状残斑，绢云母化强烈，轴比1∶1～1∶2	Bi变形强烈，扭折，石英亚颗粒式重结晶	石英塑性糜棱岩（高绿片岩相）
LW7—1 (Ⅶ)	Q (40%) F (50%) Mus (5%) Hb、Bi、Chl、Py (5%)	糜棱变晶结构，片状构造	石英成拔丝条带状，条带内部分石英有静态恢复，颗粒边界平直。但有的颗粒边部出现膨凸式重结晶，透镜体长宽比为6∶1以上	残斑长宽比为5∶1～10∶1，强烈的亚颗粒及细粒化。残斑S形变形. 残斑的动态重结晶及包裹体方向与拉长方向近垂直	Mus自形条片，Bi细小片状。Hb自形小片状，与面理近垂直。含黄铁矿，磁铁矿围绕其外侧	石英—斜长石塑性糜棱岩

Q——石英；F——长石；Mus——白云母；Hb——角闪石；Cal——方解石；Bi——黑云母；Chl——绿泥石；Py——黄铁矿

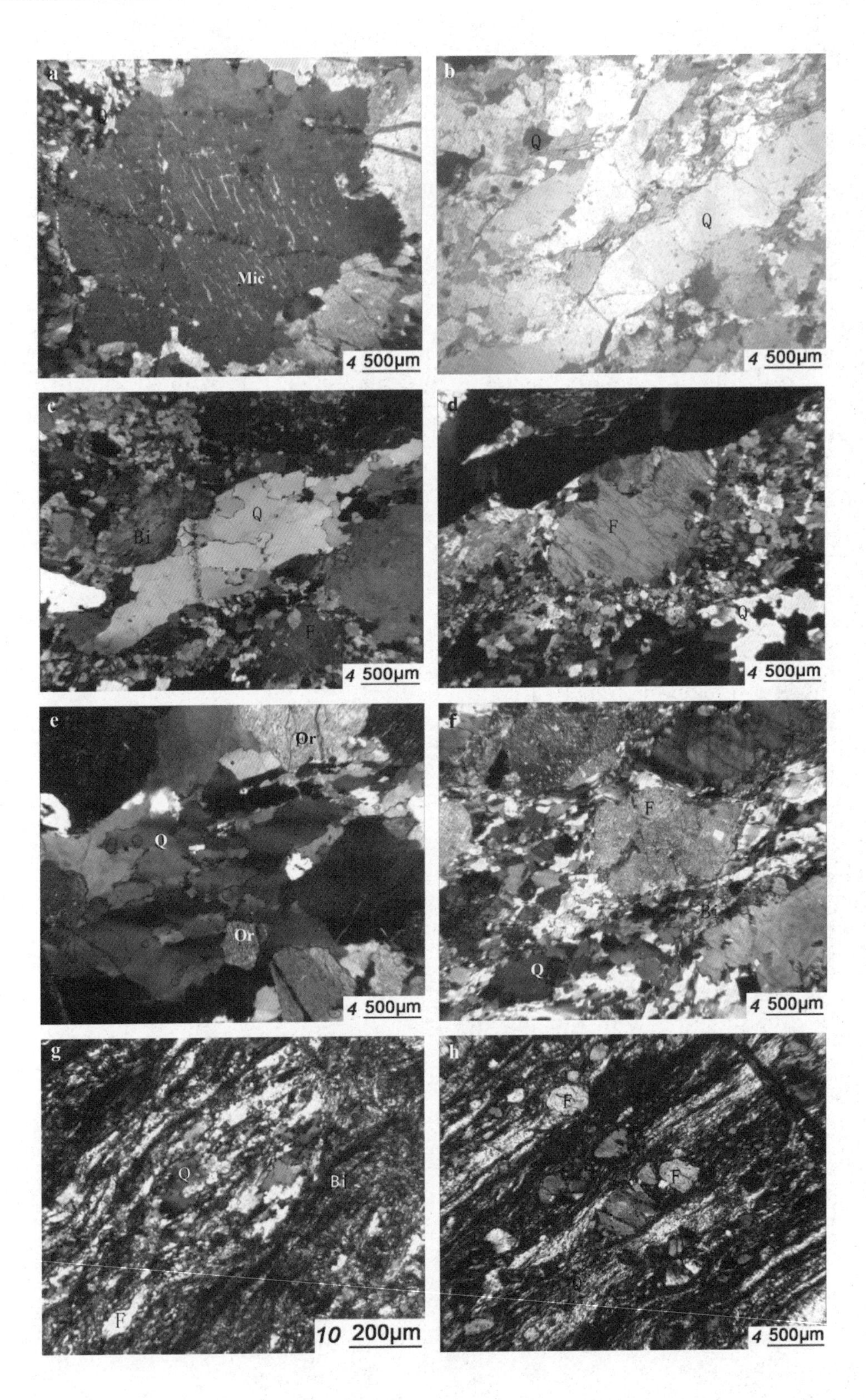

a
Q
Mic
4 500μm
b
Q
Q
4 500μm
c
Q
Bi
F
4 500μm
d
F
Q
4 500μm
e
Or
Q
Or
4 500μm
f
F
Bi
Q
4 500μm
g
Q
Bi
F
10 200μm
h
F
F
4 500μm

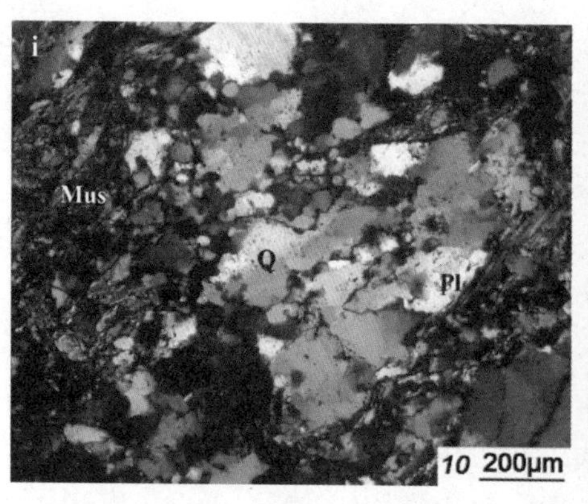

图 4-3　洛栾断裂带长英质糜棱岩矿物变形特征

Q——石英；F——长石；Mus——白云母；Hb——角闪石；Cal——方解石；Bi——黑云母；Chl——绿泥石；Py——黄铁矿；a——FD1b（Ⅰ）；b——NX16-2（Ⅱ）；c、d——FD21-2b（Ⅲ）；e——FD15（Ⅴ）；f——FD16-9（Ⅴ）；g——XN138-6（Ⅵ）；h——FD28-M4（Ⅵ）；i——LW7-1（Ⅶ）；j——LW8-1（Ⅶ）；Q——石英；F——长石；Mic——微斜长石；Pl——斜长石；Mus——白云母；Bi——黑云母

众所周知，糜棱岩中矿物变形特征对变形环境有很好的指示作用（刘正宏等，1999；嵇少丞等，1989；刘俊来，1999，2004；胡玲，1998；许志琴等，1997，1994；张伯友等，1992；岳石等，1990；何永年等，1988，1989）。伏牛山构造带内长英质糜棱岩主要发育在洛栾断裂带北侧，从东到西均有分布，是石人山花岗岩体以及黑云斜长片麻岩被糜棱岩化作用后形成的系列糜棱岩（表 4-3），主要有初糜棱岩、糜棱岩，其显微变形特征有明显的规律：

1. 石英的动态重结晶型式从东向西由高温边界迁移式逐渐转变为亚颗粒式、膨凸式动态重结晶，在栾川地区又转变为亚颗粒式。

2. 长石的动态重结晶型式从东向西由亚颗粒-膨凸式重结晶逐渐转变为膨凸式重结晶，直至显微碎裂变形，在栾川地区又转变为塑性变形，出现膨凸式重结晶现象。

3. 黑云母从东向西由浅棕—棕红色半自形细小的片状转变为绿色—棕绿色眼球状残斑，蚀变增强。与此同时，白云母、绿泥石和绿帘石也由少变多。

4. 结构由变晶结构，片麻状构造逐渐转变为糜棱结构，片状构造。

5. 糜棱岩的类型也由高温斜长石-钾长石超塑性糜棱岩依次向中温石英-斜长石塑性糜棱岩和中温石英塑性糜棱岩转变，在栾川地区又转向中温石英-斜长石塑性糜棱岩。

6. 显微变形特征和糜棱岩的类型显示出东部的变形环境为高角闪岩相，往西逐渐转变为低角闪岩相和高绿片岩相，局部为低绿片岩相。从东往西，变质-变形条件由高到低。

第二节　变形相与变形机制

一、地壳岩石的变形相

近年来，不同环境条件、不同成分岩石的变形研究已积累了丰富的资料。通过对天然岩石与岩石实验的研究，建立和完善了岩石圈的应力状态与流变学结构的统一（金振民，1993；索书田，1993；宋传中等，1998，2000；李昶等，2001；刘俊来，1999，2004）。自 1976 年 Nicolas 系统地总结了主要造岩矿物的变形机制和变形结构与构造以来，国内外的学者对岩石的变形进行了系统的研究。特别是徐树桐等（2011）对绿片岩相、角闪岩相、榴辉岩相和麻粒岩相等不同变质相糜棱岩进行了总结和相关判别标志研究。目前，以变形标志矿物来界定变形相已被大家所认可。通常，将地壳岩石的变形相划分为三个基本层次和五个变形相，其命名系统是根据变形序列中临界塑性变形矿物或矿物组合来确定的。即中-上地壳、中地壳和下地壳三个基本层次，五个变形相是石英变形相、石英斜长石变形相；二长石变形相、二长角闪石变形相和二辉石变形相。

何永年（1988）等发现在角闪岩相及高角闪岩相的条件下，韧性剪切带内富含长石的岩石粒度并没有明显减小，反而形成构造片麻岩。即所谓的深层次构造岩是指在高于绿片岩相条件下形成的塑性糜棱岩。根据其塑性变形矿物及其组合，同构造新晶和同构造变形晶，可分为钾长石变形相构造岩和斜长石变形相构造岩（马宝林等，1990）。

在洛栾断裂带的东部韧性剪切带中，我们也发现富含钾长石的这类构造片麻岩，钾长石颗粒粗大，定向排列，发育很好的线理，面理发育则相对较差，有的几乎很难分辨，反映出很强的流变特征。可见，伏牛山构造带长英质糜棱岩的变形相变化为：自东向西依次为二长石变形相、石英斜长石变形相、石英变形相。

二、地壳岩石的变形机制

在地壳不同深度由于其温、压条件不同，岩石的流变学状态及其变形机制完全不同。主要有三类：脆性变形机制、脆—塑性变形机制和塑性变形机制。

1. 脆性变形机制

属于上部地壳较低的温度和压力环境中的脆性域内，岩石以具有较低的强度和较强的脆性为特征。因而，变形机制为与显微脆性破裂相关的碎裂作用。

2. 脆—塑性变形机制

中部地壳脆—塑性转变域是一个较为复杂的构造域，岩石性质与特点对于环境与边界条件的变化均比较敏感，表现为多种变形机制与显微构造组合。脆性变形机

制与塑性变形机制在此变形域中相互竞争、相互制约。在半塑性域内表现为以晶质塑性变形为主导的变形机制，在半脆性亚域内脆性碎裂作用和晶质塑性变形兼而有之。晶质塑性机制与脆性破裂机制之间表现出相互依赖又相互制约的关系，不易发生塑性流动（刘俊来等，2000；刘俊来，2004）。通常，矿物从脆性向塑性变形转化主要有以下四个阶段：局部脆性破裂、半脆性、脆塑性流动以及塑性流动（周永胜等，2000；Hirth G et al，1994，1992，1989；Tullis et al，1992，1991；Evans et al，1990；Fredrich J et al，1989）。所以，在上部地壳岩石中，主要为从微破裂碎裂流动向晶质塑性转变的变形机制，也即由碎裂向半脆性破裂转变，由半脆性破裂向半脆性流动转变以及由半脆性流动向位错流动转变的变形机制。这一变形域的变形机制主要包括破裂与微破裂作用，扩散物质迁移、双晶作用、位错滑移与攀移作用，颗粒边界滑移与颗粒边界迁移等作用（Drury M R et al，1988）。在同一变形域中岩石会出现哪种变形机制或由一种变形机制变成另一种时的主要控制因素则是由温度、压力、差应力、应变速率和岩石粒度等流变参数决定的。

3. 塑性变形机制

对于中-深部的岩石来说，变形机制已经全部转为塑性变形。塑性变形机制通常有四类：晶质塑性变形、扩散物质迁移、颗粒边界滑移和超塑性变形。其中晶质塑性变形是最重要的，也是最复杂的。它主要是通过晶体内部晶格结构调整或晶内变形来实现，是通过位错的运动、增值与组织过程完成的。所以，也称之为位错蠕变，包括位错滑移、位错攀移、动态恢复、动态重结晶作用等。其中主要有两个方面：①Ⅲ位错的运动：由于应力的作用位错不断增殖，局部位错密度增大，导致位错产生滑移、攀移，相反符号的位错相遇会使位错湮灭，从而降低位错密度，使变形进入稳定状态。② 位错壁的形成：相同符号的位错移动遇阻后会形成各种位错亚构造(位错壁等)，在晶粒内出现了许多亚晶界，围限出了亚颗粒。应力的继续作用导致亚颗粒产生旋转便可形成新的动态重结晶颗粒。位错运动的结果还会导致晶粒边界附近位错密度产生差异，驱动颗粒边界发生迁移，逐步形成动态重结晶新晶粒(Nicolas et al，1976)。一般，把前一种形成动态重结晶颗粒的作用称为亚颗粒旋转机制，而后者称为晶粒边界迁移机制，又称为隆丘成核机制。

对于构造岩石学来说，岩石的塑性变形比脆性变形要重要得多（杨晓勇，2005)。由于脆性变形与塑性变形并不能截然分开，特别是在脆—塑性过渡阶段，两种变形机制都起作用时，脆性变形机制仍起重要作用。对本研究区的长英质糜棱岩来说主要为塑性变形，塑性变形的机制主要有：晶质塑性变形、扩散蠕变、颗粒边界滑移和超塑性变形，其中最主要的是晶质塑性变形。

（1） 晶质塑性变形：是通过晶体内部晶格结构调整或晶内变形来实现，是由位错的运动、增值与组织过程完成的，所以也有学者称之为位错蠕变。晶质塑性变形主要表现为：位错滑移、位错攀移、动态恢复、动态重结晶作用等（胡玲等，2009；Nicolas et al，1976；何永年等，1989，1988；嵇少丞等，1989）。

（2） 扩散物质迁移：也称为扩散蠕变，是一种通过扩散物质的转移而达到颗粒

形态改变的作用，它分为高温扩散蠕变和低温扩散蠕变。高温扩散蠕变又包括晶内扩散蠕变和颗粒边界扩散蠕变。低温扩散蠕变指的是压溶蠕变。扩散蠕变是通过物质的扩散转移导致矿物颗粒的形态变化变形的过程。这种扩散过程主要是借助于晶格内的点缺陷空位或隙间原子、杂质来完成的。物质的扩散转移既可以在晶粒内部进行，也可以沿颗粒的边界发生。

（3）颗粒边界滑移：是一种比较特殊的变形机制，是在变形颗粒度很细小的情况下才会出现。由于颗粒粒度小，颗粒表面积就非常大，应力和应变主要集中在颗粒边界上，通过颗粒边界上的滑动来调节应力和应变。通常，当变形岩石由细小等粒矿物组成，且细小矿物没有明显的内部应变特征、矿物也不具有优选方位时，该岩石的变形机制很可能是颗粒边界滑动造成的超塑性流动。

（4）超塑性变形：在大量的实验研究中被证实确实存在，特别是细粒岩石在韧性剪切带中易出现超塑性变形。由于产生超塑性的因素不同，可以将超塑性归纳为结构超塑性和相变超塑性两类（胡玲等，2009；罗震宇等，2003；金泉林，1995；何永年等，1989，1988；嵇少丞等，1989；嵇少丞，1988；Nicolas et al，1976）。

三、长英质糜棱岩的塑性变形机制

对于地表出露较多的长英质岩石来说，它的变形研究程度较高。大量的实验研究（周永胜等，2000；王子潮等，1990；王绳祖，1993；Tullis et al，1991，1992）和野外地质勘查表明，变形现象与变形条件有着密切的对应关系（周永胜等，2000；Hippertt et al，2001；Fliervoet T F et al，1997；Fitz Gerald et al，1993；Ross et al，1989；Evans，1988；嵇少丞，1988）。长英质岩石中的主要矿物是石英和长石，它们在不同环境下的变形特征是不同的。

1. 石英的变形特征

为了把石英的变形特征与变形条件做相应的对比，前人做了大量的研究工作（周永胜等，2000；Hippertt et al，2001；Fliervoet et al，1997；Fitz Gerald et al，1993；Stunitz et al，2003；Ross et al，1989；王子潮等，1990；王绳祖，1993）。

在实验条件下，随着温压的增加，石英大致经历以下四个变形阶段：脆性破裂、半脆性破裂、半塑性流动和晶体塑性变形。野外观察发现石英的变形程度随着深度的增加而变化：从绿片岩相开始出现半塑性流动和晶内塑性变形，至角闪岩-麻粒岩相时发生稳态位错蠕变。两种条件下的对应关系、变形特征和温压条件为：

（1）石英晶体脆性变形阶段：在实验压缩条件下，晶体产生单斜或共轭剪切破裂，主破裂面与 σ_1 夹角为 30°，其温压条件还不足以产生变质作用；

（2）石英晶体半脆性变形域：在实验压缩条件下，变形特征表现为主破裂与 σ_1 夹角是 45°，含有大量微裂隙，出现波状消光和变形带，其温压条件和变质特征大致相当于葡萄石-绿纤石相；

（3）石英晶体半塑性流动阶段：其变质特征相当于绿片岩相，变形特征以脆性微破裂与重结晶、位错滑移为主，重结晶表现为颗粒边界突起和旋转，位错滑移形

成亚颗粒、波状消光、变形带等光性特征；

（4）石英晶体塑性变形阶段：表现出三种稳态蠕变。

① 低温型稳态蠕变：位错滑移是主要的蠕变机制（位错攀移尚未产生），位错恢复为低温颗粒边界迁移重结晶或膨凸式重结晶，局部存在微裂隙。多出现在低角闪岩相。

② 较高温度型稳态蠕变：位错攀移成为重要的蠕变机制，位错恢复为位错攀移、重结晶，重结晶表现为亚颗粒渐进旋转。多出现在高角闪岩-麻粒岩相。

③ 高温型稳态蠕变：位错攀移是重要的蠕变机制，位错恢复同时依赖于位错攀移和重结晶，重结晶表现为颗粒边界快速迁移和亚晶粒渐进旋转。多出现在麻粒岩相。

三种稳态蠕变的变形分别与低角闪岩相、高角闪岩－麻粒岩相和麻粒岩相变质条件下的变形特征相当。

2. 长石的变形特征

长石作为长英质岩石的主要矿物成分，其变形特征更加重要。在实验条件下，随着温压增加，长石经历以下几个变形阶段：脆性破裂、碎裂流动、碎裂流动-位错蠕变、位错蠕变和位错-扩散蠕变等，它们分别与不变质－低绿片岩相、中-高绿片岩相、低-中角闪岩相、高角闪岩-麻粒岩相和麻粒岩相变质条件相对应。

（1）不变质-低绿片岩相变质阶段：以脆性变形为主，主破裂面单斜或共轭。随着温压条件增加，主破裂与 σ_1 夹角从 30°转变为 40°～45°。

（2）相当于中绿片岩相变质阶段：以碎裂流动为主，变形特征主要为晶粒出现大规模微破裂和波状消光，局部出现颗粒边界成核、亚颗粒边界旋转等型式的重结晶。

（3）相当于高绿片岩相变质阶段：以碎裂流动为主，变形以微裂隙与重结晶为主，重结晶为亚颗粒边界迁移、旋转，形成愈合裂纹、核幔构造、波状消光、蠕石英、机械双晶、扭折等现象。

（4）相当于低-中角闪岩相变质阶段：以碎裂流动-位错蠕变为主，变形以重结晶为主要特征，表现为成核、亚颗粒边界旋转、边界突起、亚颗粒边界迁移，局部出现微破裂，形成变形带、核幔构造、蠕石英、扭折、机械双晶、波状消光等现象。

（5）类似于高角闪岩-麻粒岩相变质条件阶段：以位错蠕变为主，稳态蠕变和恢复重结晶为主要特征，表现为新颗粒边界迁移、旋转，形成核幔构造、变形带、扭折、机械双晶、波状消光、颗粒边界化学成分间重结晶等现象，局部含有微破裂。

（6）接近于麻粒岩相变质条件阶段：以位错-扩散蠕变为主，稳态蠕变和恢复以重结晶为主要特征，并有边界扩散，重结晶为亚颗粒边界成核、旋转、凸隆和迁移，形成强烈定向的面状组构、波状消光、机械双晶、颗粒边界不同化学成分间重结晶等现象。

由此可知，长石在高温下不易产生攀移，而易产生颗粒边界迁移、旋转、凸隆等重结晶现象。晶界迁移形成的重结晶颗粒由于没有产生应变，容易发生滑移，引起位错缠结，导致加工硬化。当加工硬化后，又引发新的边界迁移，最终形成无应变的新晶粒（Tullis et al，1992，1991）。

通常，针对石英、长石的变形特征及变形环境，分析其在不同变形阶段的温压条件：

（1）由脆性向脆—塑性过渡域转化阶段：石英形成脆性破裂，同时出现波状消光，表明已经开始出现塑性变形（周永胜等，2000；王绳祖，1993），由于长石比石英易破裂（Evans，1988），表现为脆性破裂和碎裂流动，也更易退变成高岭石和绢云母。岩石更多地体现了长石的变形特点，形成碎裂岩和初糜棱岩，温度一般小于350℃，温压相当于低绿片岩相以下的变质环境（Evans，1990，1988）；

（2）由脆—塑性过渡域向晶体塑性转化阶段：石英以晶体塑性变形为主（周永胜等，2000；王子潮等，1990；王绳祖，1993），而长石既出现脆性破裂，也出现晶体塑性变形的特征。当花岗岩形成糜棱岩和超糜棱岩时，温压相当于绿片岩-角闪岩相变质条件（周永胜等，2000；Hippertt et al，2001；Fliervoet et al，1997；Fitz Gerald et al，1993；Stunitz et al，2003；Ross et al，1989）；

（3）塑性变形阶段：石英和长石都出现塑性变形特征。石英为位错蠕变，长石为重结晶、边界迁移、扩散等塑性变形特征（周永胜等，2000；Fitz Gerald et al，1993）。此变形阶段岩石变成构造片麻岩、麻粒岩，或高温斜长石-钾长石超塑性糜棱岩。温压相当于高角闪岩-麻粒岩相变质条件（Fitz Gerald et al，1993；嵇少丞，1988）。

四、洛栾断裂带长英质糜棱岩的变形机制

1. 变形机制

洛栾断裂带的长英质糜棱岩是最多的一类糜棱岩，在伏牛山构造带东部分布较多，西部相对较少。通过对该带岩石变质-变形特征分析，可以得出以下认识：

（1）东部长英质糜棱岩中的长石残斑压扁，机械双晶和亚晶粒极其发育，部分颗粒出现膨凸式动态重结晶，形成核幔构造。石英以高温颗粒边界迁移式重结晶为主，亚颗粒旋转为辅，颗粒很大。西部的糜棱岩中的长石残斑轻度压扁，显微破裂、亚颗粒和机械双晶极其发育，动态重结晶少见。石英以压溶、膨凸式动态重结晶作用为主。中部处于两者之间的过渡状态。

（2）洛栾断裂带长英质糜棱岩从石英、长石等矿物的动态重结晶型式及程度明显可见其东部糜棱岩的形成机制为中地壳偏深的环境下的晶质塑性变形、高温扩散蠕变为主的塑性变形机制；西部为上地壳下部-中地壳上部环境下的低温扩散蠕变、颗粒边界滑移以及晶质塑性变形控制的塑性变形机制。

（3）变形主要为晶质塑性变形，表现为位错滑移、位错攀移、动态恢复、动态重结晶作用等。其中，东部石英的变形机制为位错攀移成为重要的蠕变机制，为高温塑性变形机制；西部则以脆性微破裂、位错滑移与重结晶为主。东部长石的变形机制为位错蠕变为主；西部则以微裂隙、双晶与重结晶为主。

2. 变形序列

从地表至地壳深部，温压逐渐升高，矿物由脆性变形逐渐向塑性变形转变。由于不同矿物的转换温压条件不同，因此一部分矿物已经发生塑性变形，而另一部分

矿物还在脆性变形。这就是在一定的温压条件下既有矿物的脆性变形也有塑性变形的原因（Hacker et al，1990；Hadizadeh et al，1992；Ross et al，1989）。因此，在矿物变形过程中，某一特定温压范围就会有一种或一组矿物与之发生响应出现塑性变形，它们就是这一温压范围的临界塑性变形矿物。随着变形时温压的增加，临界塑性变形矿物就会出现规律性的递进变化，这种变化即为矿物的递进变形序列，也称为矿物塑性变形序列（胡玲等，2009；马宝林等，1990）。

根据大量的显微变形分析，认为伏牛山构造带中矿物塑性变形有其特定的规律。在栾川县庙子镇以南的洛栾断裂带实测剖面（Ⅵ地质观察剖面）中，可以观察到方解石开始塑性变形，而其他矿物全部发生脆性碎裂变形；在Ⅸ地质观察剖面中，可以观察到方解石变形以后，黑云母开始了膨凸式重结晶；在西部多个剖面中都可以观察到石英的塑性变形发生在黑云母之后；在中部的地质观察剖面（Ⅲ、Ⅳ、Ⅴ）中观察到了斜长石在石英产生亚颗粒式重结晶后，开始了膨凸式重结晶；在东部的地质观察剖面（Ⅰ、Ⅱ）中可以观察到钾长石产生膨凸式重结晶。

所以，根据洛栾断裂带中矿物塑性变形的先后顺序，认为其矿物塑性变形序列为：方解石→黑云母→石英→斜长石→钾长石。

第三节　碳酸盐质糜棱岩的显微变形特征

碳酸盐质岩石在北秦岭出现较多，在断裂带及其附近的碳酸盐质岩石受韧性剪切作用而产生碳酸盐质糜棱岩。国内外许多学者对碳酸盐质糜棱岩都做过深入的研究，认为方解石晶体中由于存在极为发育的双晶系和多组滑移系，在较低的温度和压力条件下就能表现出由双晶作用所致的晶内塑性变形（刘俊来，2004，2000，1999，1992，1987；Bruhn D F et al，1999；Dresen GB Evans et al，1998；Eiko Kawamoto et al，1998；Dell’Angelo L N et al，1995；嵇少丞等，1987；宋鸿林等，1986）。

1977 年 Schmid 对灰岩和大理岩做了简单剪切实验，在 $T=25\sim900$℃，$P=200\sim500$ MPa，$\varepsilon=10^{-3}\sim10^{-5}S^{-1}$的实验条件下，对灰岩和大理岩中的方解石变形行为进行了详细观察，认为：

1. 灰岩在 250℃，大理岩在 600℃时，方解石以双晶滑移为主，发育一组机械双晶，机械双晶呈透镜状，尖灭于颗粒边缘。由于双晶滑移，使方解石光轴再定向，双晶部分的光轴趋向于平行 σ_1。

2. 灰岩在 400℃，大理岩在 700℃ 时，方解石以粒内滑移为主，r、f 及底面滑移取代了双晶滑移。方解石内出现变形带、亚颗粒及核幔构造。

3. 灰岩在 700～900℃，大理岩在 800～900℃时，灰岩中出现颗粒边界滑移，颗粒边界由原来的锯齿状逐渐变得较平直，且颗粒形态的各向异性程度降低。颗粒

边界滑移可同时伴有粒内滑移，也可以是颗粒的自由滑移，不受滑移系的控制。大理岩中则出现由颗粒边界迁移产生的重结晶颗粒。伴随着重结晶，方解石结晶方位改变，e 双晶完全消失（钟增球，1994）。

总之，方解石在低级变质条件下（250℃左右）即可产生动态重结晶。当有应力作用其上时，首先形成膨凸重结晶新晶粒。随着变质程度的增加，方解石发生亚晶粒旋转重结晶形成核幔构造，亚晶粒新晶具有明显光性方位差异并组成幔部，发育机械双晶的残斑留在核部，新晶粒不继承残斑的双晶。变质条件进一步加深时，方解石出现颗粒边界迁移式重结晶。

碳酸盐质岩石经受韧性剪切变形形成糜棱岩时受原岩结构影响很大。通常出现两种情况：一种是粒度较大的结晶灰岩或大理岩经受韧性变形后，在韧性剪切带内形成方解石糜棱岩，原岩中粒度较大的方解石颗粒与韧性剪切带内细小的动态重结晶颗粒形成鲜明的对比。动态重结晶方解石颗粒形态上明显拉长呈定向排列，同时又具有很好的“三联点”特征。这种粗晶石灰岩或大理岩的韧性剪切变形一般是从方解石的双晶化〔e（0112）双晶滑动〕开始的，随着应变增大，双晶纹发生弯曲或扭折同时由于位错的运动使颗粒边界失稳，导致边界迁移从而形成亚晶粒动态重结晶颗粒。另一种是隐晶质石灰岩或白云岩经受韧性剪切变形时，由于剪切生热使部分隐晶质方解石产生重结晶，热的作用强于变形力的作用，因而在剪切变形处会出现方解石晶体粒度增大的现象。显然，这与一般糜棱岩化过程中粒度减小是相反的。也即相对于粒度较细的隐晶质灰岩来说，糜棱岩化反而使粒度增大。所以，这里对隐晶质灰岩来说，韧性剪切变形的结果不是生成糜棱岩，而是形成了颗粒度更大的变形岩石。

伏牛山构造带内有大量碳酸盐质糜棱岩发育（表 4 - 4）。洛栾断裂带的碳酸盐质糜棱岩主要集中在西部，南召县云阳以东也有一部分。

在南召县云阳以东为大理岩糜棱岩（样品 SR8），方解石晶体被拉成条带状或长眼球状，边部产生强烈的亚颗粒式重结晶，新晶为长水滴状或椭球状，形成良好的核幔构造；偶见石英，呈长条带状，有边界迁移式重结晶（图 4 - 4a、b）。按照 Schmid（1977）的实验，大理岩产生亚颗粒式重结晶的温度在 700℃左右，该样品的显微变形特征显示其变形环境属于相对较高温压条件。

在洛栾断裂带西部（样品 FD28），栾川县庙子镇以南，碳酸盐质糜棱岩为灰岩糜棱岩。镜下显示方解石为隐晶质结构，形态为枣核状-长条带状，长宽比为 10∶1～6∶1，偶见眼球状，重结晶不明显（图 4 - 4c）。强变形带内方解石颗粒明显长大（图 4 - 4d），比弱变形域和枣核内的粒度略大，显现出典型的糜棱结构。碎屑颗粒内的亚颗粒、细粒基质中的新生动态重结晶颗粒均是岩石低温塑性流动的结果。变形环境应为低绿片岩相。

在陶湾以北（LW12 - 3、LW12 - 6），方解石条带为枣核状-长条带状，长宽比大于 10∶1，条带内的晶体细粒化，反映出退变质作用的特点（图 4 - 4e、f）。但是，糜棱岩化后，明显有一期升温的构造活动，使石英条带产生静态恢复，同时形成透闪石替代方解石晶体的现象。

对洛栾断裂带来说，大理岩的糜棱岩以细粒化为主，东部的方解石产生了膨凸式重结晶，形成了核幔构造，西部的大理岩糜棱岩，只产生了细粒化，并没有明显的重结晶现象。灰岩的糜棱岩只在栾川的庙子有出露，因剪切作用产生的热，导致隐晶质灰岩在强剪切带方解石晶体有增大的现象。反映出洛栾断裂带东部的温压条件较高，而西部相对较低。

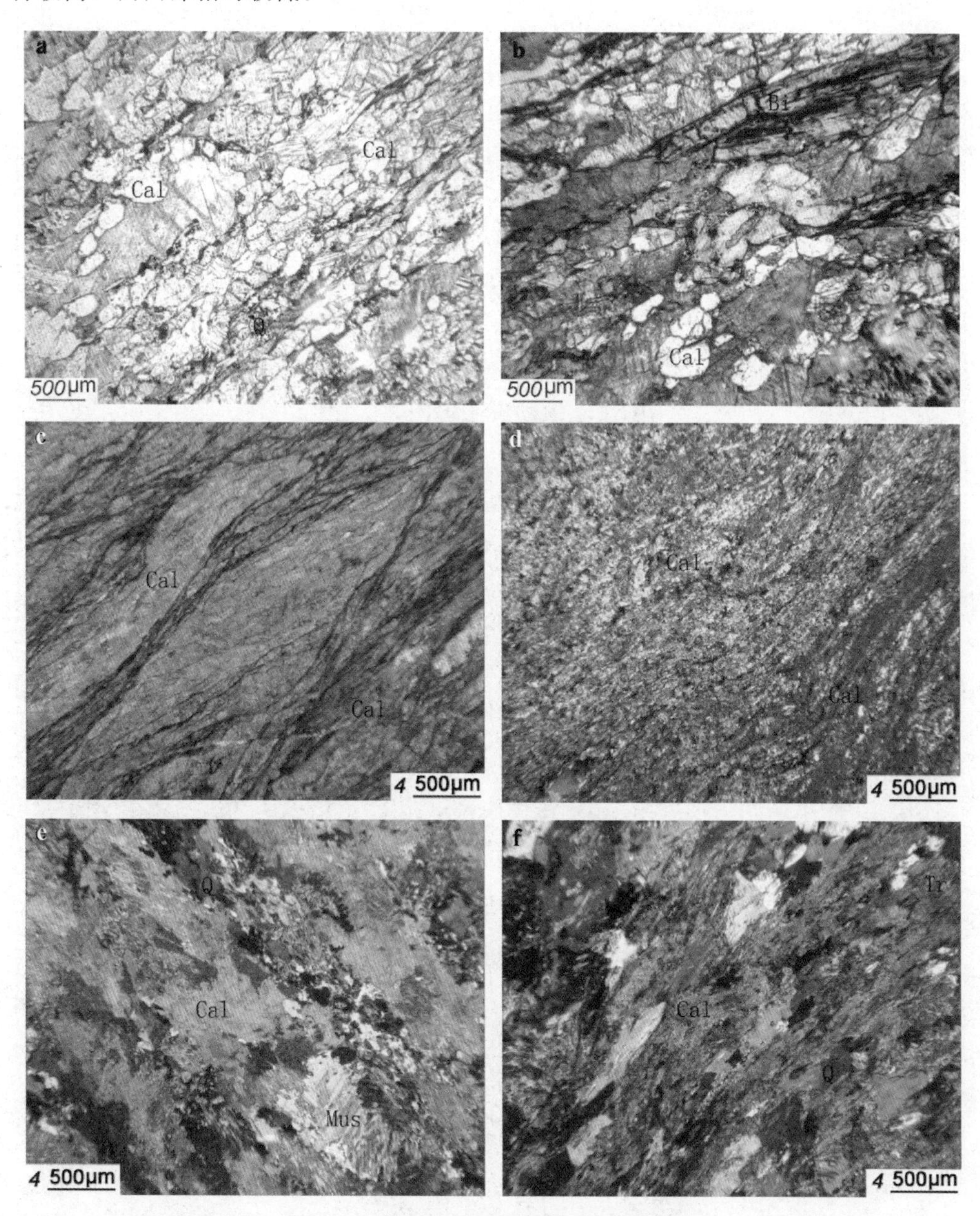

图 4-4　碳酸盐质糜棱岩的岩石矿物学特征

a、b——SR8-21；c—— FD28b；d——FD28-M2；e——LW12-3；f——LW12-6

Cal——方解石；Mus——白云母；Tr——透闪石

表 4-4 碳酸盐质糜棱岩矿物变形特征

样品	矿物成分	结构构造	方解石变形特征	石英、长石变形特征	其他	岩石定名
SR8	Cal（100%） Q、Bi少量	糜棱结构，片状构造	Cal条带状或长眼球状，亚颗粒式重结，新晶为长水滴状或椭球状，核幔构造	Q少见，呈长条带状，有边界迁移式重结晶	Bi条片状	大理岩糜棱岩
FD28b（Ⅵ）	Cal（100%）	糜棱结构，片状构造	Cal为泥晶结构，见枣核状—长条带状，偶见眼球状			灰岩糜棱岩
FD 28—M1（Ⅵ）	Cal（98%） Q（2%）	糜棱结构，片状构造	Cal为泥晶结构，枣核状和条带状，长宽比10∶1～6∶1，偶见方解石条带。强变形带方解石颗粒细小，糜棱结构。重结晶只有在残斑里明显	石英眼球状残斑，细粒化、亚颗粒化、动态重结晶，明显是包裹在灰岩中的，其重结晶早于剪切变形。两侧有明显的压力影		灰岩糜棱岩
FD 28—M2（Ⅵ）	Cal（100%）	糜棱结构，条带状构造	Cal为泥晶—微晶结构，具枣核状形态，长宽比6∶1～4∶1，重结晶微弱			灰岩糜棱岩
LW 12—3（Ⅶ）	Q（35%） Cal（40%） Tr（15%） phl（10%）	变晶结构，片状构造	残斑呈长眼球状、条带状，细粒化明显，后期被透闪石和金云母交代	石英呈多晶长条带，颗粒边界弯曲	Mus极小条状，有两个近垂直的定向	石英大理岩糜棱岩
LW 12—6（Ⅶ）	Q（40%） Cal（50%） Tr（10%）	变晶结构，片状构造	方解石呈细小粒状，定向排列，少量被透闪石和金云母交代	石英为长枣核状或条带状，经静态恢复多为自形三联晶和竹节状。其他为半自形细粒	Mus极小条状。有两个近垂直的定向	细粒石英大理岩糜棱岩

Q——石英；Cal——方解石；Bi——黑云母；Tr——透闪石；phl——金云母

第四节 基性糜棱岩的显微变形特征

伏牛山构造带内基性糜棱岩的原岩主要为基性火山岩，在后期的糜棱岩化过程中形成独特的一类糜棱岩。

东部的基性糜棱岩（XN72 和 XN83）具有典型的糜棱结构，残斑由角闪石、斜长石组成，基质由石英、长石、绿帘石、绿泥石等组成（表 4-5）。残斑角闪石为枣核状-眼球状，多产生绿帘石化、绿泥石化现象（图 4-5a）。斜长石眼球状-枣核状，有裂纹，边部开始出现钠长石化，膨凸式重结晶（图 4-5b），斜长石残斑里有与面理成大角度的包裹体形迹，说明长石形成时的面理方向与后期的应力方向近垂直。石英为长枣核状-长条带状，长宽比为 4∶1～10∶1，波状消光，重结晶强烈，单晶、多晶条带里的石英静态恢复较好，边界平直，矩形晶较多，残斑已经细粒化。基质中绿泥石、绿帘石含量较多，绿帘石多为枣核状细粒晶体，反映出退变质作用。

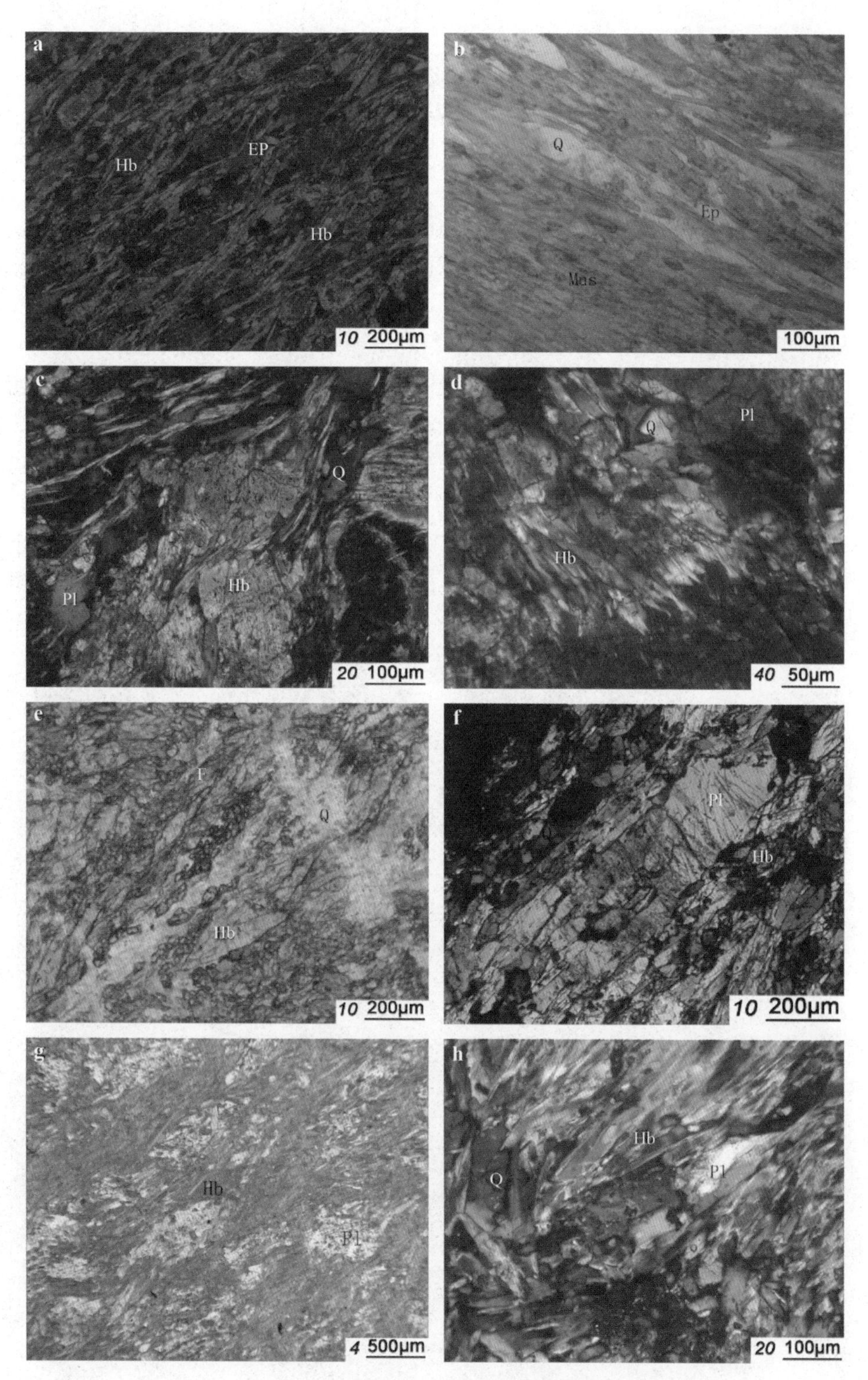

图 4-5　基性糜棱岩的岩石矿物学特征

a——XN72；b——XN83；c、d——FD28-M5；e——FD28-M7；f——FD28-M8；g、h——LW9-1

Hb——角闪石；F——长石；Pl——斜长石；Q——石英；Mus——白云母；Chl——绿泥石；Ep——绿帘石

中部的基性糜棱岩（样品 FD28－M5），残斑由角闪石、斜长石组成，基质由石英、长石、绿帘石、绿泥石、黑云母等组成。角闪石残斑为不规则眼球状-眼球状，由于强烈的退变质，呈现出浅灰绿色，解理大多发育不好（图 4－5）。角闪石的边部产生强烈的动态重结晶，在角闪石残斑的拖尾处或断裂处均可见发育良好的动态重结晶角闪石自形晶（图 4－5d）。长石呈不规则球状-眼球状残斑，绢云母化强烈。石英为长枣核状及条带状，但变形强烈；全部产生细粒化，重结晶不明显，波状消光强烈。黑云母少量，棕黄色。FD28－M7 样品，角闪石灰绿色，残斑多眼球状，或长枣核状，绿帘石多在角闪石周围（图 4－5e），石英为条带状，亚颗粒动态重结晶强烈，石英颗粒多为长卵形。长石绢云母化，为退变质所形成。FD28－M8 样品，角闪石灰绿色，长卵状，长宽比为 1∶6，具有筛状变晶结构，有显微裂纹。斜长石产生强烈的塑性变形，为长卵状，长宽比为 1∶6，有亚颗粒式动态重结晶现象，其内包裹体形迹与面理近垂直（图 4－5f）。石英为卵状-长卵状，可见棋盘格子消光，细粒化，偶见长条带。

西部陶湾地区岩石为糜棱变晶结构，片状构造（样品 LW9－1），主要矿物包括角闪石、斜长石，次要矿物为石英、绿帘石、绿泥石、白云母，为典型的基性糜棱岩。长石眼球状-透镜状，细粒化较多，有的具有亚颗粒式重结晶，具有核幔构造（图 4－5g）。角闪石自形条片状，有绿泥石化现象（图 4－5h）。

通过以上镜下分析，认为洛栾断裂带上的基性糜棱岩残斑主要为角闪石和斜长石，多为枣核-长卵状。角闪石产生了强烈塑性变形，但动态重结晶现象只有栾川县庙子剖面才能见到。长石的塑性变形强烈，动态重结晶普遍，大多数为细粒化。纵观洛栾断裂带上的基性糜棱岩的矿物成分及变质-变质特征（表 4－5），东部以韧性剪切产生的退变质作用为主，庙子的样品显示后期有较大的构造活动，致使角闪石产生了强烈的动态重结晶。

表 4－5　基性糜棱岩的矿物变形特征

编号	主要矿物	结构构造	石英、长石变形	深色矿物变形	重要特征	定名
XN72（Ⅰ）	Q（30%） Ep（30%） Chl（30%） Bi、Hb 少量	糜棱结构片状构造	石英波状消光，重结晶强烈，残斑细粒化，长宽比为 4∶1 长石眼球状、枣核状，有裂纹，边部开始出现钠长石化，膨凸式重结晶	黑云母波状消光，为片状残斑，Hb 残斑眼球状、条状，有裂纹，双晶；Hb 新晶长条状自形，波状消光	Ep 枣核状残斑，基质中为卵形。Chl 无色－灰绿色条片	绿泥绿帘角闪质糜棱岩
XN 83（Ⅱ）	Mus（50%） Q（40%） Ep（10%） Cal 少量	糜棱结构片状构造	大多为长枣核状，单晶、多晶条带里的石英静态恢复较好，边界平直，矩形晶较多	Mus 浅黄－灰绿，自形条片状	Ep 自形粒状－卵状	绿帘绿泥斜长糜棱岩

（续表）

编号	主要矿物	结构构造	石英、长石变形	深色矿物变形	重要特征	定名
FD14（Ⅴ）	Pl（55%） Q（30%） Hb（25%）	片状粒状变晶结构片状构造	石英多产生细粒化，边界较圆，形似水滴。长石自形粒状，聚片双晶较多，更长石，高岭石化，钠长石化，净边	Hb 灰绿色－灰黄色，半自形－自形，筛状变晶结构；不规则状分布		角闪斜长初糜棱岩
FD 28－M5（Ⅵ）	Hb（30%） Q（30%） Pl（35%） Cal（5%） Bi 少量	糜棱结构片状构造	石英长枣核状及条带状，细粒化，重结晶不明显，波状消光强烈 长石呈不规则球状-眼球状残斑，绢云母化强烈	Hb 浅灰绿色，解理大多发育不好，为不规则眼球状。 Bi 少量，棕黄色		角闪斜长糜棱岩
FD28－M7－1（Ⅵ）	Q（40%） Hb（30%） Pl（20%） Ep（10%） Cal 少量	糜棱结构片状构造	石英条带状，静态重结晶强烈 长石绢云母化	Hb 灰绿色，残斑多眼球状，或长枣核状	Ep 多在角闪石周围	基性糜棱岩
FD28－M8－1（Ⅵ）	Hb（70%） Pl（20%） Q（10%） 重晶石、硬石膏	糜棱结构片状构造	石英卵状-长卵状，可见棋盘格子消光，细粒化，偶见长条带 长石强烈的绢云母化，团块状	Hb 浅灰绿色，残斑状或条片状、眼球状或片状多筛状构造		角闪石片岩 基性糜棱岩
LW9－1（Ⅶ）	Pl（65%） Hb（35%） Mus 少量	糜棱变晶结构片状构造	长石眼球状，细粒化，具亚颗粒式重结晶，核幔结构，含有与面理一致的白云母包裹体	Hb 自形长条片状，有绿泥石化现象		斜长角闪片岩

Q——石英；Pl——斜长石；Mus——白云母；Hb——角闪石；Cal——方解石；Bi——黑云母；Chl——绿泥石；Ep——绿帘石

第五节 构造片岩的显微变形特征

构造片岩是一种形成于地壳中浅部层次特定变形带中的脆—韧性变形构造岩，发育构造片理和部分糜棱组构，其成因与压扁、剪切、恢复重结晶作用等有关，是构造变形或动力变质作用的产物，它不同于区域变质作用形成的片岩。一般构造片岩呈带状或透镜状产于中浅部层次狭长条形的变形带中，矿物粒度较小，有的有残斑与基质之分，有的残斑消失殆尽。矿物趋于等粒状，矿物颗粒有较强的变形迹象。除了动力变质结晶作用之外，还具有显著的静态恢复重结晶作用。所以，矿物颗粒边界为弯曲状，且常见到残留矿物和糜棱组构。发育有透入性构造片理，片理面上矿物定向排列较好，较易劈开。先存的矿物残斑常被压扁成透镜状或肿缩状沿着片理面定向分布，先存的脉体也常被压扁、剪切成条带状或拉断成石香肠状，且与片理走向一致。在其形成过程中，有时表现出强烈的构造置换，形成置换条带、无根褶皱等构造特征。

一、伏牛山构造带构造片岩特征

洛栾断裂带作为伏牛山构造带的重要组成部分，构造片岩主要矿物为石英，约50%～80%不等，次要矿物为白云母、长石、角闪石，石榴石少量（表4-6）。石英浑圆及椭圆状-矩形，白云母绝大多数自形且定向强烈，少数角闪石为残斑，呈眼球状，多数黑云母化；长石眼球状残斑全部石英化、绢云母化；粒状、片状变晶结构，少量残留糜棱结构，片状构造。但不同地段构造片岩的矿物成分、变形特征因地而异。

1. 构造带东段的构造片岩

东部（FD4）石英呈多晶条带状，石英颗粒边界平直，静态恢复较好，多波状消光。静态恢复后的自形石英晶体受后期应力作用有少量膨凸式重结晶。长石多为斜长石，聚片双晶有变形现象，部分颗粒边部有膨凸式重结晶（图4-6a）。白云母波状消光，为自形条片状，解理较好，呈条带状分布，有弯曲现象；也有白云母呈自形晶夹持在石英颗粒间，无变形现象（图4-6b）。

可见三期的构造活动（XN76），第一期构造活动使斜长石拉长为长眼球状或长透镜体，长宽比为6∶1～8∶1，同期石英拉长成条带状（图4-6c）。白云母为长自形条片状，解理较好，呈条带状分布，形成主变形期面理。矿物组合显示该期的变形强，温度为中等偏低。第二期的产物黑云母为大的自形片，几乎与前期白云母近垂直，含有与第一期片理一致的包裹体。第三期构造活动与第一期方向一致，黑云母相互截切，含矽线石，温度较高（图4-6d）。

另有泥质沉积岩形成的二云母石英片岩（XN81、XN86-2）。石英长枣核状，多晶条带里的石英静态恢复明显，边界平直，矩形晶较多。黑云母波状消光强烈，浅黄—棕绿色，残斑为较大的自形晶，解理不好。白云母为细小鳞片状，与片理一致。石英颗粒间含有一定的碳酸盐质矿物（图4-6e、f）。

该段的石英岩片岩（XN85-8），石英颗粒略长定向排列，许多石英还保留原来的特点形态，显然是早期形成的石英条带被后期的高温作用，形成了很好的静态恢复。第二期的近垂直的糜棱岩化较弱，只在前期的石英颗粒中形成亚颗粒特点重结晶条带和细粒化条带（图4-6g）。两期的糜棱岩化作用方向之间的角度较小，约30°左右（图4-6h）。

2. 构造带西段的构造片岩

庙子地区（FD28、M6）透闪石云母片岩以白云母和方解石为主，次要矿物为黑云母、透闪石、金云母矿物，黑云母呈残斑，变形强烈，扭折和弯曲多见（图4-6i）。白云母也为残斑，但变形不如黑云母明显，只是轻微弯曲。透闪石呈毛发状，集合体放射状排列。岩石中各种矿物颗粒很大，反映出良好的结晶条件和持久稳定的环境。

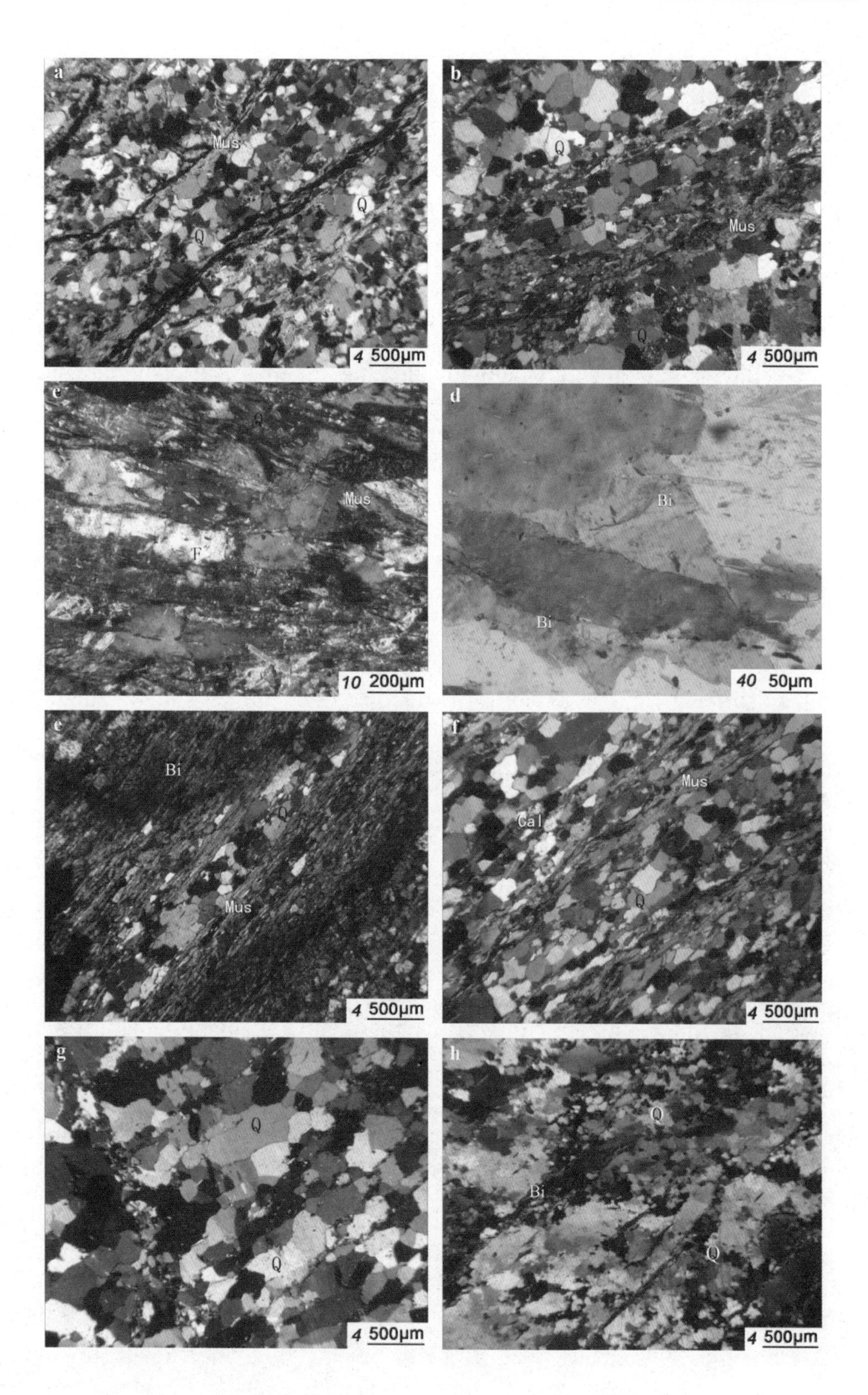
a
Mus
Q
Q
4 500μm
b
Q
Mus
Q
4 500μm
c
Q
Mus
F
10 200μm
d
Bi
Bi
40 50μm
e
Bi
Q
Mus
4 500μm
f
Mus
Cal
Q
4 500μm
g
Q
Q
4 500μm
h
Q
Bi
Q
4 500μm

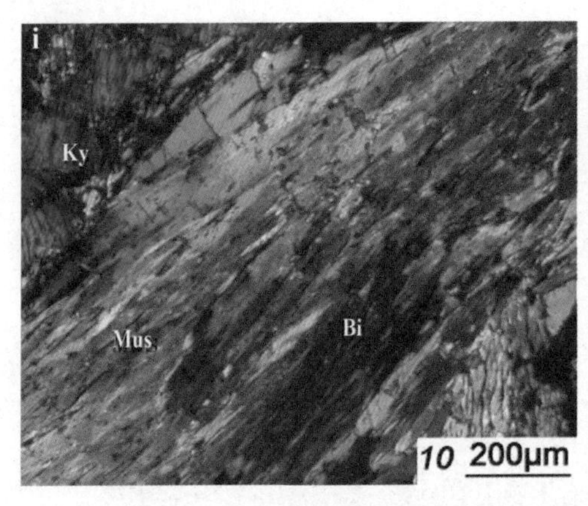

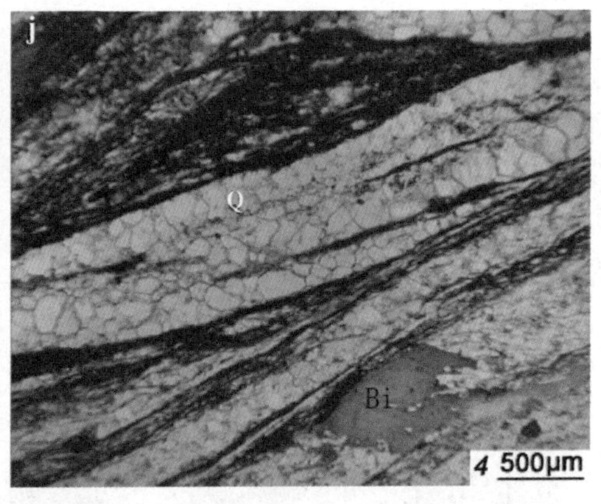

图 4-6　洛栾断裂带构造片岩的矿物学特征

a——FD4b；b——FD4——23；c——XN76；d——XN76；e——XN81；f——XN86；g——XN85；h——XN88；i——FD28——M6；j——LW10；Q——石英；F——长石；Mus——白云母；Bi——黑云母

陶湾地区的（LW10-1）黑云石英片岩，石英为拔丝长条带，经静态恢复多为自形三联晶。其他石英颗粒为半自形细粒，石英长轴显示有二期变形。黑云母呈棕褐色—浅黄，大片状，解理清晰，成枣核状和透镜状。白云母呈细小条片分布在石英颗粒边部（图 4-6j）。

二、伏牛山构造带构造片岩的形成环境

前人研究表明，构造片岩是特定构造环境下地壳变形的产物，发育在地壳浅部及中浅部层次的低温环境中。它的成因主要有两种：一种是在脆—塑性变形条件下，以压扁变形兼有剪切作用而形成的构造片岩。另一种是由糜棱岩经过静态恢复产生重结晶作用形成的构造片岩，其与糜棱岩密切共生。典型的构造片岩是一种半塑性的构造岩，变形作用应介于碾磨滑动与塑性流变之间，微观变形机制以位错滑移和攀移作用为主，其次为扩散蠕变及边界滑移。

构造片岩的形成与构造环境、变形机制、动力变质与重结晶程度以及原岩成分和组构等诸多因素相关。通过组构特征的研究可以分析构造片岩的变形条件、变形机制及变形程度；对动力变质的标志矿物研究可以分析构造片岩的原岩成分、形成环境及变形与变质作用关系；对矿物重结晶程度的分析可以推断其形成环境、变形条件、变形程度与变形演化的关系。所以，对构造片岩的矿物成分、变形特征、重结晶状况等系统研究，有利于揭示构造片岩的形成过程、构造环境、变形机制等内容。

洛栾断裂带构造片岩具有以下变形机制与形成环境：

1. 宏观和微观片理极其发育。片理是构造片岩的重要特征之一，其发育程度严格受控于压扁、剪切强度以及恢复重结晶作用。片理带主要为平行排列及网脉状排列，相当于糜棱岩中强变形带的糜棱面理和剪切面理。形成构成片理的矿物多为同构造新生矿物，少量为构造期前残留矿物，且以层状及部分链状硅酸盐矿物为主

(Lasagea A C et al，1977)。

2. 片岩中条带状构造非常发育。同构造分异的石英细脉或灌入脉体形成条带状构造，既有单矿物条带，也有矿物集合体条带。条带状构造的成因是变质变形分异的同时，压扁和剪切拉伸变形共同作用的结果（Smith M P et al，1999）。

3. 显微特征显示构造片岩中各种矿物的晶内塑性变形都非常普遍。在较大的石英、长石颗粒中表现尤为突出，普遍发育有不均匀波状消光、变形纹、变形条带及变形双晶，亚颗粒现象十分常见。这说明受变形岩石中的矿物经历了较强的晶内位错蠕变与攀移作用。

4. 洛栾断裂带构造片岩中矿物颗粒边界有的为平直，也有的呈弯曲-缝合线状。平直边界的颗粒多出现在东部，为后期静态恢复作用而形成，常有三联晶出现。而出现在中—西部较多的弯曲-缝合线状边界的颗粒是一种非稳态结构，说明其形成过程中受到强烈的压扁与剪切作用，使矿物颗粒边界能量增高，在矿物颗粒边界高能处产生物质成分的溶解，低能处产生沉淀与再结晶作用，所以形成非稳定状态的缝合线结构。

总体表现出东部后期静态恢复强烈，而西部较弱，说明东部的温度高于西部，也即东部抬升多于西部。

表 4-6　洛栾断裂带构造片岩变形特征

编号	主要矿物	结构构造	石英变形	长石变形	云母变形	角闪石变形	重要特征	定名
FD4（Ⅰ）	Q（95%） Mus（2%） Cal（3%）	粒状变晶结构，片状构造	波状消光，重结晶少量，边界平直，静态恢复粒状变晶。石英有少量膨凸式重结晶		白云母波状消光，为自形条片状，解理较好。呈条带状分布，有弯曲现象；也有呈单个自形晶夹持在石英颗粒间		Cal为呈灰泥状分布在石英颗粒边部	白云石英片岩中脉体
FD4b（Ⅰ）	Q（90%） Mus（10%） Cal少量	粒状变晶结构，片状构造	呈条带状分布，波状消光，边界平直，静态恢复粒状变晶		白云母波状消光，为半自形-自形条片状。呈条带状分布，弯曲较强烈		Cal为呈灰泥状分布在石英颗粒边部	白云石英片岩
XN76（Ⅱ）	F（40%） Q（30%） Mus（20%） Bi（8%） sil（2%）	粒状变晶结构，片状构造	单晶条带里的石英静态恢复很好，边界平直－弯曲，矩形晶较多。偶见长透镜体，细粒化	长眼球状或长透镜体，长宽比6：1～8：1，亚颗粒式动态重结晶	白云母为长自形条片状，解理较好，呈条带状分布，Bi自形，几乎与解理与白云母近垂直，三期片理截切有序	偶见角闪石残斑，边部膨凸-亚颗粒式重结晶		二云斜长片岩

（续表）

编号	主要矿物	结构构造	石英变形	长石变形	云母变形	角闪石变形	重要特征	定名
XN 81（Ⅱ）	Q（70%） Mus（15%） Bi（15%） Ep少量	粒状、片状变晶结构，片状构造	为长枣核状，多晶条带里的石英静态恢复明显，边界平直，矩形晶较多。石英大多被碳酸盐置换		黑云母波状消光强烈，浅黄—棕黄色，自形—半自形条片，解理较好。方向与片理一致，有弯曲现象。 白云母为小条片状，与片理一致		石英颗粒间含有一定的碳酸质矿物	碳酸盐化二云母石英片岩
XN 83（Ⅱ）	Mus（50%） Q（40%） Ep（10%） Cal少量	片状变晶结构，片状构造	大多为长枣核状，单晶、多晶条带里的石英静态恢复较好，边界平直，矩形晶较多		Mus 浅黄—灰绿，自形条片状		Ep自形粒状—卵状	绿帘云母片岩
XN 85（Ⅱ）	Q（100%） Mus少量	粒状变晶结构，片状构造	单晶、多晶条带里的石英静态恢复很好，边界平直，矩形晶较多，偶见眼球状石英残斑		极小的片分布在石英边界		近垂直的两期构造活动	石英片岩
XN 86（Ⅱ）	Q（90%） Mus（5%） Cal（5%）	粒状变晶结构，片状构造	单晶、多晶条带里的石英静态恢复很好，边界平直—弯曲，矩形晶较多。		极小的片分布在石英边界，有弯曲现象		方解石脉，解理清晰，颗粒多为泥晶或微晶	含云母石英片岩
XN 88（Ⅱ）	Q（95%） Bi（5%） Grt少量	糜棱结构，片状构造	强烈的面理化，二期石英拔丝条带北近垂直的构造作用，糜棱岩化，产生残斑、强烈的亚颗粒式—边界迁移式重结晶		细条片分布在石英边部，定向极好			含云母石英片岩
FD28 M6（Ⅵ）	Mus（40%） Bi（20%） Cal（40%） tr+phl（10%）	变晶结构，片状构造			Bi呈残斑，变形强烈，扭折和弯曲多见。Mus为残斑，变形不如Bi明显，只是轻微弯曲。Mus也见毛发状			透闪云母方解石片岩
FD28 M7－6（Ⅵ）	Q（80%） Bi（20%） Ep少量	细粒变晶结构，片状构造	眼球状，残斑细粒化，边界弯曲		Bi枣核状残斑，棕红色			黑云石英片岩

（续表）

编号	主要矿物	结构构造	石英变形	长石变形	云母变形	角闪石变形	重要特征	定名
LW10－1（Ⅶ）	Q（95%）Bi（5%）Mus少量	变晶结构，片状构造	拔丝长条带经静态恢复多为自形三联晶。石英长轴显示有二期变形		Bi棕褐色—浅黄，大片状，解理清晰，成枣核状和透镜状。Mus成细小条片分布在石英颗粒边部			黑云石英片岩
LW10－2（Ⅶ）	Q（90%）Mus（10%）Bi少量	变晶结构，片状构造	拔丝长条带经静态恢复多为自形三联晶。其他为半自形细粒。石英长轴显示有二期变形		Bi棕褐色—浅黄，大片状，解理清晰，大多数解理与面理垂直。扭折、褶皱强烈，边部产生亚颗粒重结晶。Mus成细小条片分布在石英颗粒边部		中间黄铁矿，边部为磁铁矿，枣核状，塑性变形时形成	白云石英片岩

注：Q——石英；F——长石；Mus——白云母；Bi——黑云母；Cal——方解石；Tr——透闪石；phl——金云母；Grt——石榴石；Ep——绿帘石

第六节 小 结

洛栾断裂带在东部南召县云阳镇至西部栾川县陶湾镇的范围内，出露的各类岩石变质变形特征所反映出的形成环境为：东部的岩石形成温压条件高于西部，也即东部出露的是剪切带较深部位，剪切带出现的高级变质岩区呈长条带状分布，宽度较大，数十米至千余米不等，主要形成于上部地壳的下构造层和中下部地壳。洛栾断裂带的中部糜棱岩反映出低角闪岩相-高绿片岩相的特征，剪切带出现在中低级变质岩区，呈长条带状分布，宽数米、数十米至数百米的，主要形成于上部地壳的中下构造层。洛栾断裂带的西部糜棱岩多出现在低级变质岩区或花岗质岩之中，呈狭窄带状分布，宽数厘米至数米，相当于高绿片岩相-低绿片岩相，形成于上部地壳的中上构造层。但是，从庙子向西至陶湾这一段，温压条件逐渐升高，由庙子的中温石英塑性性糜棱岩又变为中温石英-斜长石塑性糜棱岩，变质相也变回高绿片岩相。也反映出剪切带的变化复杂性。西部出露的是剪切带较浅部位，也即伏牛山构造带的东部抬升高于西部，其主要特征为：

1. 伏牛山构造带长英质糜棱岩中石英从高温边界迁移式逐渐转变为亚颗粒式、膨凸式动态重结晶，在栾川地区转变为亚颗粒式；长石从膨凸-亚颗粒式重结晶逐渐转变为膨凸式重结晶，直至显微碎裂变形，在栾川地区转变为塑性变形，出现膨凸式重结晶现象；黑云母由浅棕—棕红色半自形细小的片状转变为绿色—棕绿色眼球状残斑，蚀变较强。白云母、绿泥石和绿帘石也由少变多。在栾川地区出现温压条

件升高的现象。

2. 伏牛山构造带长英质糜棱岩结构由变晶结构，片麻状构造逐渐转变为糜棱结构，片状构造；糜棱岩类型由高温斜长石-钾长石超塑性糜棱岩依次向中温石英-斜长石塑性糜棱岩和中温石英塑性糜棱岩转变，在栾川地区转向中温石英-斜长石塑性糜棱岩；显示出东部的变形环境为高角闪岩相，往西逐渐转变为低角闪岩相和高绿片岩相。

3. 碳酸盐糜棱岩以大理岩的糜棱岩细粒化为主，东部的方解石产生了膨凸式重结晶，形成了核-幔结构，西部的大理岩糜棱岩，只产生了细粒化，并没有明显的重结晶现象。灰岩的糜棱岩只在栾川的庙子有出露，因剪切作用产生的热，导致隐晶质灰岩在强剪切带方解石晶体有增大的现象。

4. 基性糜棱岩的残斑主要为斜长石和角闪石，多为枣核-长卵状。角闪石的塑性变形强烈，但动态重结晶现象只有栾川庙子剖面才有。长石的塑性变形强烈，动态重结晶普遍，大多数为细粒化。

5. 东部的构造片岩残留很多糜棱岩的特征，说明其为糜棱岩经静态恢复重结晶作用演变成的，具有典型的塑性变形特征，其形成的温压环境较高；西部的构造片岩是以强烈的构造压扁变形特征为主，兼有剪切作用，矿物颗粒脆性裂纹十分常见，是在脆-韧性条件下形成的半塑性构造岩。所以，其形成的温压环境相对于东部来说稍低。

6. 伏牛山构造带的东部长石的变形机制为位错蠕变为主，西部则以微裂隙、双晶与重结晶为主。塑性变形机制主要为晶质塑性变形，主要表现为：位错滑移、位错攀移、动态恢复、动态重结晶作用等，其中，东部石英的变形机制为位错攀移成为重要的蠕变机制，为高温塑性变形机制。西部则以脆性微破裂、位错滑移与重结晶为主。

7. 洛栾断裂带矿物塑性变形序列为：方解石→黑云母→石英→斜长石→钾长石；长英质糜棱岩的变形相变化为：自东向西依次为二长石变形相、石英斜长石变形相、石英变形相。

第五章

瓦乔断裂带的构造变形特征

瓦乔断裂带为伏牛山构造带的南界，是北秦岭构造带中重要的断裂带之一，一直被认为是二郎坪岩群与宽坪岩群的分界线（宋传中等，2000）。西从陕西商州开始出露，向东至南召县乔端以东。断裂带南侧为二郎坪岩群基性黑云斜长片岩、片麻岩、糜棱岩，北侧为宽坪岩群云母石英片岩、角闪片岩、千枚岩及糜棱岩。断裂带宽几公里至十几公里不等，带内岩石片理、片麻理及糜棱面理产状基本一致，向北倾，线理产状多变。带内发育数条韧性剪切带、脆－韧性剪切带及脆性断层，各剪切带产状基本一致：走向330°，倾向NE，倾角变化大，一般为20°～80°。其南北两侧的沉积建造、岩浆活动、地球物理和化学特征均有明显不同（张宏远等，2009；裴放，1995）。

第一节 瓦乔断裂带的宏观构造特征

瓦乔断裂带是由一系列韧性剪切带、脆—韧性剪切带和脆性断层及破碎带组成。断裂带岩石组成主要是二郎坪岩群、宽坪岩群以及二郎坪岩群中卷入变形的加里东期花岗闪长岩、石英闪长岩及闪长岩。该带是一条不同时期、不同类型、不同环境的构造变形叠加的断裂带，在不同的位置，宏观构造特征明显不同。

瓦乔断裂带野外可分出三期构造变形，第一期变形是北侧宽坪岩群与南侧二郎坪岩群柿树园组之间的片理化带，片理产状30°∠75°～80°；第二期构造变形是发育宽坪岩群向南逆冲形成的构造片岩、糜棱岩化岩石，宽坪岩群逆冲在柿树园组之上，是二郎坪弧后盆地向华北板块下俯冲、碰撞、挤压的结果；第三期构造变形是宽坪岩群中发育小型A型褶皱，枢纽产状310°∠16°，拉伸线理与枢纽平行，显示左行走滑，规模不大（裴放，1995）。三期变形中第二期韧性剪切变形最强烈，在整个瓦乔断裂带中均有分布，这也是本书讨论的重点。

野外选取了三条横穿剖面和一条沿断裂带的纵剖面对瓦乔断裂带进行了详细观测（图 5-1）。上庄坪—栗扎树村（剖面Ⅷ）、洞街—乔端（剖面Ⅸ）、北大庄—十里庙（剖面Ⅲ）剖面和沿断裂带的纵剖面（剖面Ⅹ）。

瓦乔断裂带面理产状基本向北东倾，倾角 20°～80°，其西段产状稳定，特别是上庄坪—栗扎树村剖面（剖面Ⅷ），面理产状为 10°～45°∠30°～60°，变化较小。而往东走向较为稳定，为 280°～300°，但倾角变化大，且倾向南北都有。

瓦乔断裂带发育有多种线理，包括拉伸线理、矿物生长线理、皱纹线理、交面线理等。统计结果显示（图 5-2），多为小倾伏角的水平线理或近水平线理，倾伏角为 0°～20°，倾伏向 NW 或 SE。瓦乔断裂带西段线理发育较东段好，既有倾向拉伸 A 线理，又有水平皱纹 B 线理和水平拉伸线理，很好地记录瓦乔断裂带不同时期的不同性质的构造演化过程。

瓦乔断裂带是一条不同时期、不同类型、不同环境的构造变形叠加的断裂带，为了真实、准确地了解该带的性质，本书分别选取了四条线路进行了野外勘察，分述如下：

一、上庄坪—栗扎树村构造特征（剖面Ⅷ）

上庄坪—栗扎树村构造剖面（剖面Ⅷ）位于瓦乔断裂带西段，是瓦乔断裂带出露较好的地区之一（图 5-2）。区内瓦乔断裂带有十余条以韧性剪切带为主的次级断裂带平行排列，产状几乎一致，断裂有韧性剪切、脆—韧性剪切和脆性破碎叠加的特点，产状为 15°～35°∠30°～60°。

位于瓦乔断裂带南侧的二郎坪岩块受断裂带的影响，发育大量石英脉和透镜体，产状与糜棱面理一致，一般为 35°∠60°，部分透镜体被改造成 S 面理，指示由 N 向 S 逆冲的特征。二郎坪岩群的片岩、片麻岩、糜棱岩与加里东期花岗岩、闪长岩或花岗闪长岩相间平行于断裂带排列，形成界线清晰的一个个小型构造岩片，各岩片均以断层为界，显示由 N 向 S 逆冲的特性。

北侧宽坪群中部分花岗岩或花岗闪长岩岩体受瓦乔断裂带影响，发生糜棱岩化形成花岗质糜棱岩。在栗扎树村南部见发生强烈揉皱的糜棱岩，褶皱多为不对称状，北翼长南翼短，成群出现，轴面 N 倾，倾角 20°～60°，也指示了由 N 向 S 逆冲的性质。

二、洞街—八里湾构造特征（剖面Ⅸ）

洞街—八里湾构造剖面（剖面Ⅸ）北起南召县乔端镇的八里湾北村（图 5-3），南至洞街，在宽约 16 km 的断裂带内，断续出露近十条强弱间隔的韧性剪切带，发育数条糜棱岩带，糜棱面理的倾角 60°～80°，有的近直立，倾向 NNE，变形强度自南向北明显增强。

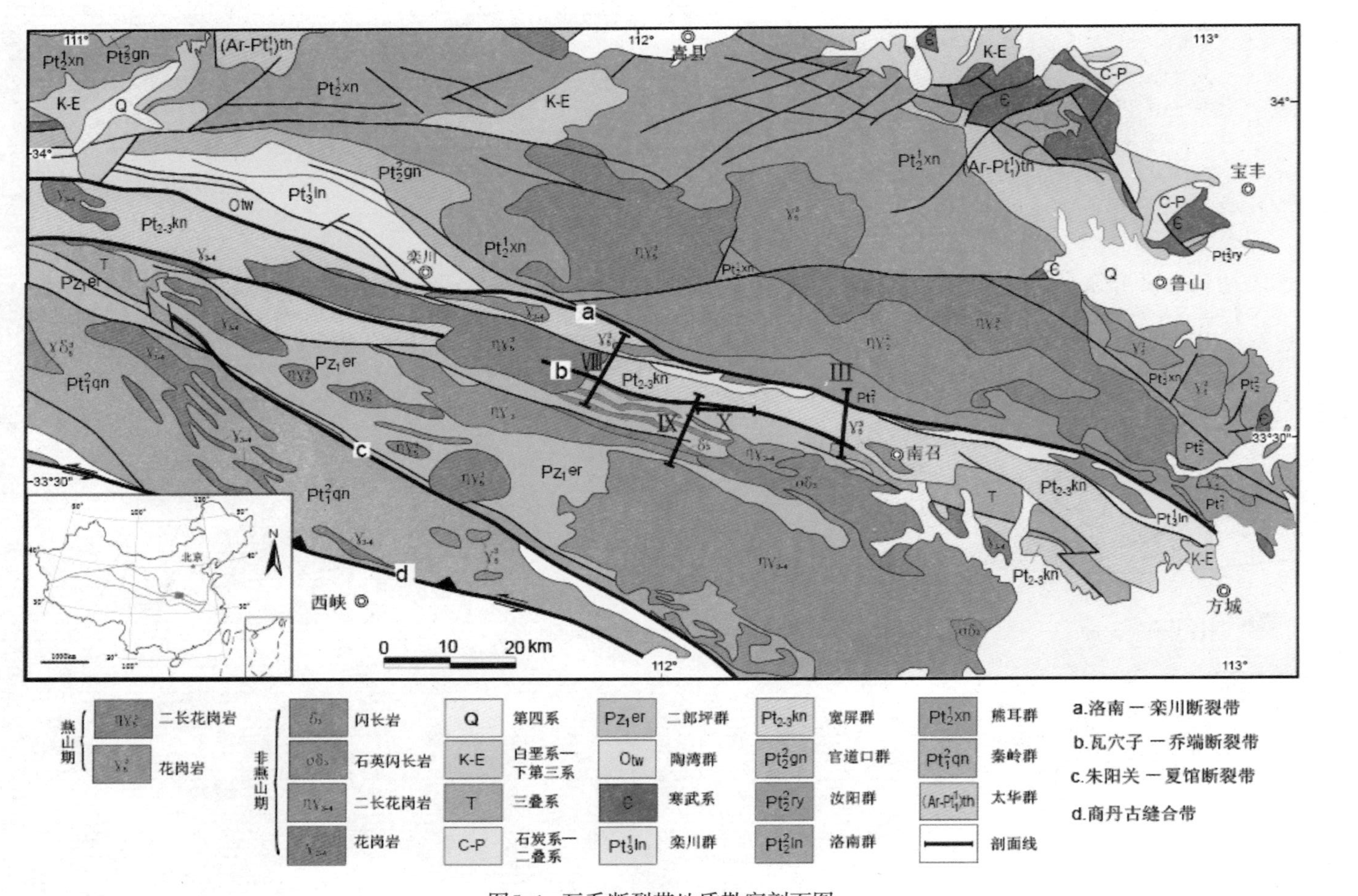

图5-1　瓦乔断裂带地质勘察剖面图

Ⅷ：上庄坪—栗扎树村剖面；Ⅸ：洞街—乔端剖面；Ⅲ：北大庄—十里庙剖面；X：沿断裂带的纵剖面

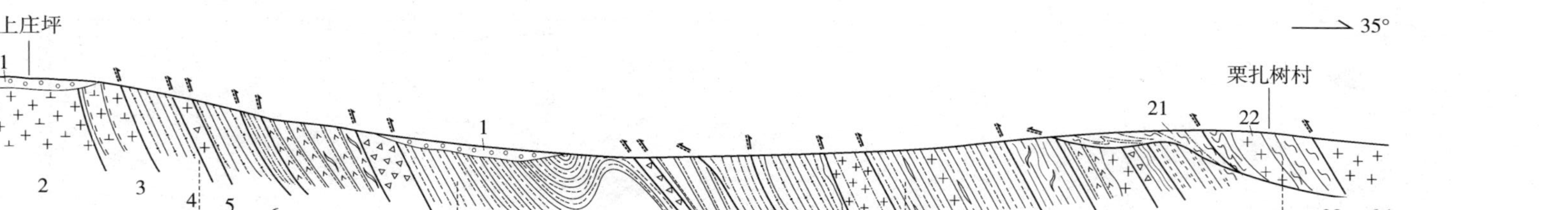

图5-2 上庄坪—栗扎树村构造剖面图

1.K砂砾岩；2.花岗闪长岩；3.花岗闪长片麻岩；4.黑云母石英片岩；5.花岗角砾岩；6.黑云石英片岩；7.糜棱岩；8.角闪片麻岩含石英脉；9.角砾岩；10.黑云母片岩；11.角砾岩；12.片麻岩；13.糜棱岩；14.黑云石英片岩；15.糜棱岩化花岗岩；16.黑云母片岩夹花岗岩及顺层石英脉；17.云母片岩含石英透镜体；18.角闪片麻岩；19.混杂岩带：包含断层角砾岩、及性片岩、片麻岩、糜棱岩化花岗岩；20.二云母片岩；21.糜棱岩；22.花岗岩；23.千枚岩；24.花岗岩片麻岩

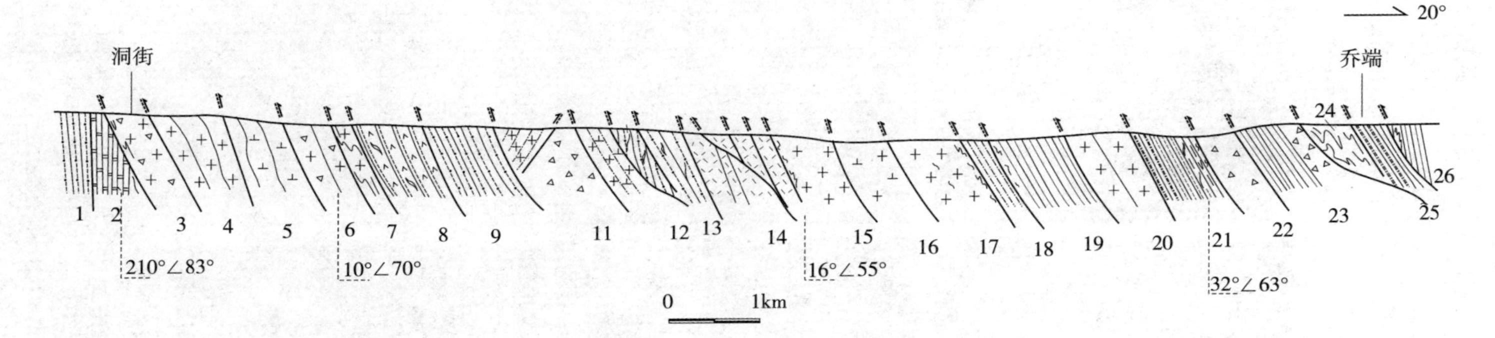

图5-3 洞街—八里湾构造剖面图（Ⅸ）

1.黑云石英片岩；2.大理岩糜棱岩；3.花岗角砾岩；4.花岗片麻岩；5.闪长岩；6.花岗岩角砾；7.糜棱岩化花岗岩；8.含石英透镜体的角闪片麻岩；9.黑云石英片岩；10.花岗质初糜棱岩；11.角砾岩；12糜棱岩化花岗闪长岩；13.黑云母石英片岩夹石英透镜体；14.火山岩；15.花岗岩；16.花岗闪长岩；17.花岗质糜棱岩；18.初糜棱岩；19.糜棱岩和片岩；20.花岗岩片麻岩；21.超糜棱岩及云母片岩；22.角砾岩；23.构造片岩及角砾岩；24.构造片岩；25.糜棱岩；26.片岩

区内瓦乔断裂带的北侧为巨厚层的宽坪岩群角闪片岩（图 5 - 4a），产状稳定，为 0°∠64°。角闪片岩中夹有石英脉，脉宽 1～3 cm，宽者达 20 cm，沿途石英透镜体及不对称小褶皱指示由 N 向 S 逆冲，倾向由正北也逐渐变为 14°～30°，倾角基本不变。由八里湾北村向南，宽坪岩群的角闪片岩逐渐变为黑云石英片岩，变质程度明显弱于八里湾北村的角闪片岩。瓦乔断裂带的南侧为二郎坪岩群的黑云斜长片岩、角闪斜长片麻岩，间隔出露二郎坪岩群基性岩和闪长岩脉，变质-变形明显加强。

图 5 - 4　南召县洞街—八里湾地区的构造变形

a——含石英脉的宽坪岩群绿片岩；b——花岗闪长岩中糜棱岩带；c——角闪斜长片麻岩；
d——含辉长岩脉的二郎坪岩群石英片岩；e——二郎坪基性岩与大理岩互层的糜棱岩；
f——二郎坪基性糜棱岩及长英质条带

瓦乔断裂带内发育大量各种类型的糜棱岩，主要有闪长质糜棱岩、碳酸盐糜棱岩和基性糜棱岩。花岗闪长岩、闪长岩质的初糜棱岩、糜棱岩带（图 5-4b），糜棱面理较直立，倾角 84°，多向北倾，线理为 81°∠20°，宽约 1 m 的糜棱岩带中出现强弱分隔的层，深浅条带互层，深色（超）糜棱岩宽约 1～3 cm。糜棱岩中还出现后期脆性断层，石英片岩等岩石破碎强烈（图 5-4c，d）。碳酸盐糜棱岩出露在洞街镇仙人洞（图 5-4e），与二郎坪岩群基性火山岩渐变接触，二郎坪基性岩与大理岩均糜棱岩化，两种糜棱岩互层，糜棱面理 185°∠82°，向南陡倾。基性糜棱岩主要源于二郎坪岩群，深浅条带相间（图 5-4f），十余米的带内就见数十条强弱相间的小型剪切带，单条带宽约 0.5 m，塑性流动现象十分强烈。流变带内夹有基性岩和石英脉透镜体，基性岩透镜体常为 5 m×1 m，小者可达 3～10 cm×1 cm，断断续续平行于流面分布。流变带内流体很多，主要为石英脉，宽 1～3 cm，多顺层分布。流变带内不对称小褶皱广泛发育，褶皱枢纽一般为 SWW 倾伏，倾伏角 20°，揉皱轴面 N 倾，且褶皱 N 翼长南翼短，岩石中还发育 S—C 面理及石英旋转残斑，均指示由 N 向 S 流动的运动特征。

三、北大庄—十里庙构造特征（剖面Ⅲ）

北大庄—十里庙构造剖面（剖面Ⅲ）南起北大庄，北至十里庙，横穿瓦乔断裂带和洛栾断裂带（图 5-5）。断裂带上发育糜棱岩、花岗片麻岩及云英片岩，酸性与基性分异条带呈深浅色，塑性流动现象突出，物质条带多呈现不对称小褶皱指示由 N 向 S 逆冲的特征，断裂带内发育一系列相互平行的小型剪切带（图 5-6a），剪切带产状多为 26°∠66°，其中 S—C 组构及不对称小褶皱均指示左旋剪切（图 5-6b）。

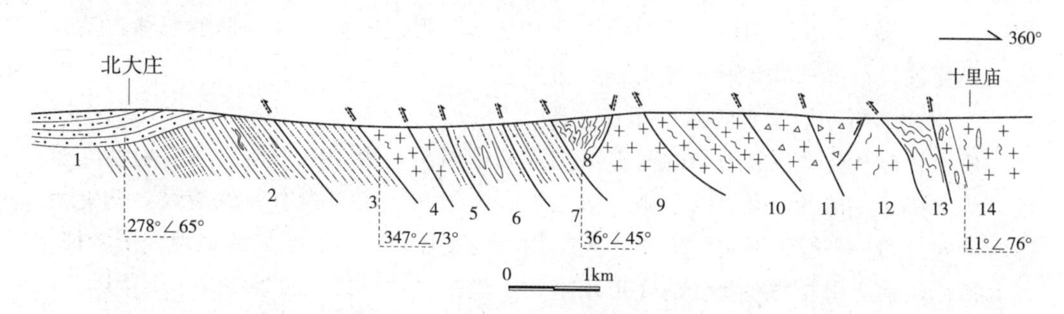

图 5-5 北大庄—十里庙构造剖面图

1. 三叠系砂、页岩；2. 黑云母片岩夹糜棱岩；3. 糜棱岩；4. 花岗片麻岩；5 糜棱岩化花岗岩；6. 强褶皱黑云石英片岩；7. 云英片麻岩；8. 片岩；9. 花岗岩；10. 花岗片麻岩；11. 花岗角砾岩；12. 花岗片麻岩；13. 强褶皱片岩；14. 花岗片麻岩夹基性岩团块

区内瓦乔断裂带多期活动的迹象可清晰识别。主造山期的韧性及脆—韧性构造倾角较大，有水平拉伸线理发育叠加其上，线理倾伏向基本与断裂带走向一致。后期的脆性构造再次产生，早期强变形片麻岩，糜棱岩等卷入其中，构成断层角砾岩。

在北大庄一带见三叠系砂砾岩覆盖在片麻理近直立的二郎坪岩群片麻岩之上，三叠系砂砾岩互层夹泥岩，含炭质，没有发生变质作用，产状为 278°∠65°。说明二

郎坪岩群的变形在三叠纪之前。

图 5-6　北大庄—十里庙剖面宏观变形照片

a——十里庙南侧黑云石英片岩中发育数条小型剪切带；b——花岗片麻岩中不对称小褶皱指示左旋剪切

四、纵向剖面（剖面Ⅹ）

沿瓦乔断裂带走向观察，断裂带具有以下构造特征：

1. 宽坪岩群的变形有流体参与，变形强烈

沿断裂带分布的宽坪岩群岩石为基性糜棱岩和构造片岩，主要为阳起绿帘糜棱岩、二云石英片岩、含石英碳酸质糜棱岩、绿帘黑云糜棱岩，可见断裂带面理为60°∠41°。糜棱岩带内流变强烈，夹有大量长英质脉和暗色脉。长英质细脉宽约5 cm，柔皱非常强烈，而暗色脉宽者2 m，多为长条状或透镜状。说明宽坪岩群岩石在剪切作用下产生成分分异形成了一定规模的变质流体，以不同成分脉体的形式沉淀在面理缝隙中，在同构造活动的作用下被揉皱，形成不同程度变形的脉体。流体的出现促进岩石进一步变形，使变形更加强烈。

2. 栾川岩群断裂发育，脆—塑性过渡

栾川岩群石英岩在断裂带的西部可见，其中断裂发育，断裂性质具有脆性一塑性过渡的特点。构造角砾岩的角砾磨圆较好，有拉长现象，内有脆性裂纹，构造角砾岩定向排列，平行于断裂带方向，胶结物为构造片岩，具有明显的塑性变形特征。以上特征显示栾川岩群在此处的变形环境处于脆塑性变形共处的条件。

3. 二郎坪岩群变质-变形强烈，东强西弱

沿断裂带自东向西依次出现二郎坪岩群的黑云斜长石英片岩、黑云绿泥糜棱岩、细粒黑云石英片岩，同种岩石东部的结晶粒度大于西部，变形也强于西部。反映出二郎坪岩群在东部遭受的变质-变形更强。

4. 瓦乔断裂带变质-变形强烈，东强西弱

西段表现为在陕西商州以北宽坪岩群内部发育有北秦岭宽坪变质地体的韧性剪切体系（许志琴等，1988，1997；张寿广，1991a，1991b）。中段，即瓦穴子—周家庄—台坪—大坪—太平镇一带，表现为长英质糜棱岩和花岗质糜棱岩带，宽不到500 m。东段表现为乔端一带的韧性剪切带和一大型基性糜棱岩和基性超糜棱岩带，

宽度大于 250 m，剪切带倾向北，倾角可达 85°。两侧岩石均被卷入断裂带，并被不同程度糜棱岩化。

第二节　瓦乔断裂带的构造岩石学特征

目前众多学者利用岩石学的显微变形特征，解决构造运动学和动力学分析、应力及应变的估计、变形温度条件的推断以及变形过程、变形历史等方面问题，并取得了很大的进展（胡玲等，2009；Passchier C W et al，2005）。所以，对瓦乔断裂带内各类岩石的微观变形特征进行系统分析研究，可以进一步探讨其变形条件和环境。

瓦乔断裂带内岩石主要为：角闪斜长岩、二云斜长片岩、花岗岩、黑云斜长片麻岩、黑云石英片岩、绿帘阳起白云片岩以及由它们形成的系列糜棱岩，不同糜棱岩化程度的糜棱岩化花岗岩、初糜棱岩、糜棱岩、超糜棱岩均有发育，糜棱岩的成分以长英质、角闪质和钙质为主，其显微变形特征如下：

一、长英质岩石显微变形特征

长英质岩石有构造片岩和长英质糜棱岩。长英质糜棱岩主要发育在脉状花岗闪长岩、花岗岩的内部或边部，初糜棱岩、糜棱岩、超糜棱岩均有发育，矿物成分主要有：石英、钾长石、斜长石、白云母、黑云母和绿泥石等（表 5-1）。

1. 构造片岩：是变晶糜棱岩，保留了一部分糜棱结构。以云母石英片岩为主，石英曾被拉长成拔丝条带，后经重结晶作用形成矩形晶，部分近剪切带的石英被再次细粒化定向排列，波状消光明显，常见消光带和变形纹。石英动态重结晶类型 BLG、SR、GBM 及静态恢复均可见。石英和长石颗粒较大，黑云母、白云母在其边部定向排列。长石表现出显微破裂，生长双晶和机械双晶发育（图 5-7a）。

2. 初糜棱岩：残斑 70%～80%，主要为钾长石、斜长石和石英，少量黑云母，表现出一定的压扁，定向排列。石英不规则眼球状，多亚颗粒化，有应力纹，波状消光，偶见 GBM 重结晶，部分石英颗粒发生旋转，被改造成 S 面理指示左旋剪切。长石显微破裂，波状消光，生长双晶和机械双晶发育，多蚀变为绢云母。云母细长条带形，发生扭曲，定向排列，常围绕残斑，形成压力影。基质占 20%～30%，基质矿物重结晶现象明显，成条带状（图 5-7b）。

3. 糜棱岩：残斑含量 40%～50%，主要是钾长石、斜长石，少量石英。斑晶多发生旋转，有 σ 型和 δ 型。不对称压力影发育，压力影处多为石英、斜长石和云母微晶。大多残斑被压扁、拉长成透镜状定向排列，长轴平行于构造面理。石英动态重结晶现象明显，亚颗粒极其发育，且亚颗粒被拉长定向，平行或斜交糜棱面理排列。基质表现出较强的流动现象（图 5-7c）。

4. 超糜棱岩：主要成分为石英、长石、白云母、黑云母等，动态重结晶的新生矿物呈带状排列，流动现象强，残斑少见。基质大于90%，主要为细粒的石英和鳞片状云母（图5-7d）。

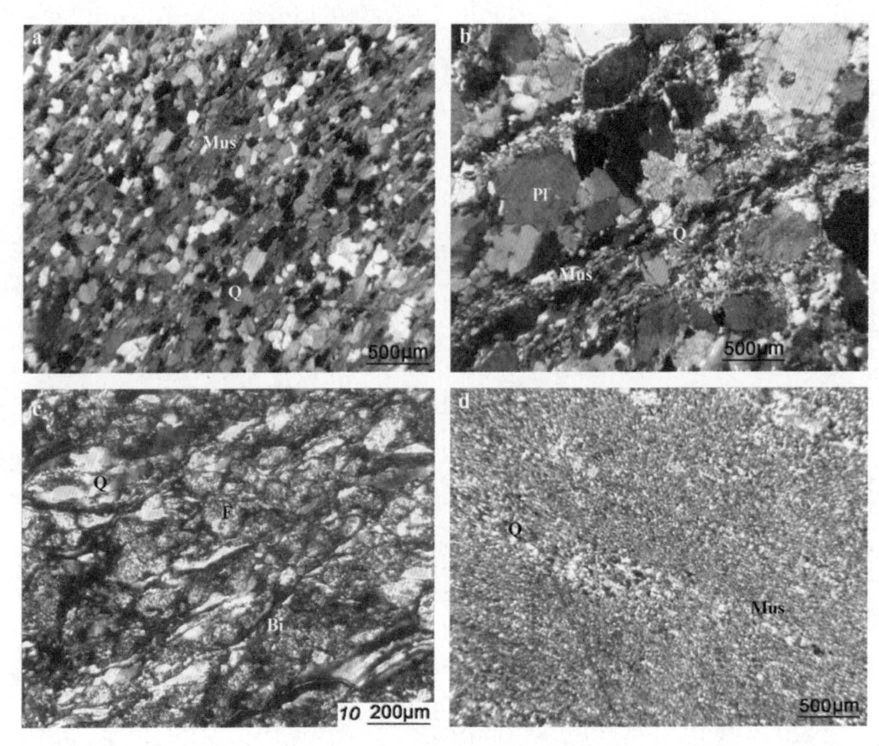

图5-7　瓦穴子乔端断裂带长英质岩石显微照片

a——云母石英片岩；b——长英质初糜棱岩；c——长英质糜棱岩；d——长英质超糜棱岩

表5-1　长英质糜棱岩矿物变形特征

编号	主要矿物	结构构造	石英变形	长石变形	云母变形	角闪石变形	重要特征	定名
FD8	Q (25%) Mus (10%) Bi (5%)	粒状、片状变晶结构，片状构造	成拔丝条带状，里面的石英静态恢复		Mus细丝状形成面理，成波状弯曲状。Bi棕褐色，可见两期变形			二云石英片岩
FD9d	Q (50%) F (40%) Chl (2%) Ep (8%)	粒状、片状变晶结构，片状构造	粒状比前明显增大，形态也有明显的拉长，长宽比1∶1.5，为原岩的基质重结晶而成。有很好的定向，从长石残斑边绕过。颗粒边界弯曲	为大粒的原岩斑晶，聚片双晶宽大，环状消光较多。蚀变比前强	Chl为较大的片	Ep为粒状，分布在长石边部和部分的中间		长英质糜棱岩化

（续表）

编号	主要矿物	结构构造	石英变形	长石变形	云母变形	角闪石变形	重要特征	定名
FD9e	Q (98%) Chl (2%)	粒状变晶结构，片状构造	重结晶形态有明显的拉长，长宽比1∶5，颗粒边界弯曲		Chl为小片，边部有棕红色的蚀变边			石英糜棱岩
FD9f	Q (80%) F (20%)	粒状变晶结构，片状构造	基质为细小粒状，为原岩的基质重结晶而成。残斑为眼球状，有明显的重结晶，长宽比1∶4，颗粒边界弯曲	为大粒的原岩斑晶，聚片双晶宽大	Chl为小片，绿色			长英质糜棱岩
FD9g	Q (80%) F (20%)	粒状变晶结构，片状构造	基质为细小粒状，为原岩的基质重结晶而成。残斑为眼球状，有明显的重结晶，长宽比1∶5，颗粒边界弯曲	为大粒的原岩斑晶，聚片双晶宽大	Chl为小片，绿色			长英质糜棱岩（糜棱岩化程度比前一较高）
FD10	F (70%) Q (25%) Bi (5%)	粒状变晶结构，片麻状构造	眼球状和长条带状，边界迁移式重结晶	不规则眼球状，绢云母化	Bi成细小条片分布在长石、石英颗粒边部		Ep少量，颗粒细小	长英质糜棱岩
FD12a	Q (85%) Bi (15%) 石膏少量	粒状变晶结构，片状构造	边界较圆，形似水滴。有时见石英条带，但已经静态恢复为三联晶		Bi成短小条片		有后期形成的石膏晶体	细粒黑云石英片岩
FD12 b	Q (80%) Bi (10%) Mus (10%) Chl少量	粒状变晶结构，片状构造	粒状晶体，边界弯曲。有时见石英条带，但静态恢复明显。		Bi成短小条片。Mus细条片状，其定向有近垂直的两组，其形成于三期构造活动		有后期形成的Chl条片	细粒黑云石英片岩

注：Q——石英；Pl——斜长石；F——长石；Mus - 白云母；Bi——黑云母；Chl——绿泥石；Ep——绿帘石

二、基性糜棱岩的显微变形特征

瓦乔断裂带内，角闪质岩石主要包括角闪质构造片岩、糜棱岩及超糜棱岩等。原岩主要为宽坪岩群或二郎坪岩群的斜长角闪岩。主要矿物成分为：斜长石、角闪石、石英、黑云母、绿帘石、绿泥石等（表5-2）。

表 5－2　基性糜棱岩矿物变形特征

编号	主要矿物	结构构造	石英变形	长石变形	云母变形	角闪石变形	重要特征	定名
FD7	F (45%) Hb (55%)	粒状变晶结构，片状构造		不规则粒状		Hb有条片状和粒状两种。条片状有裂纹和塑性变形，粒状的自形程度极高	绿泥石成大的条片，有裂纹，晶体巨大，解理清晰。后期韧性变形与面理近垂直	斜长角闪片岩
FD9a	Q (80%) Chl (5%) Ep (15%)	粒状变晶结构，片状构造	边界较圆，形似水滴	已经被绿帘石和绿泥石替代，依稀可见眼球状形态			Ep自形粒状	绿帘石英片岩
FD9b	Q (40%) Chl (50%) (10%) Ep、Cal	粒状、片状变晶结构，片状构造	成拔丝条带状，石英已经产生静态恢复				Chl细丝状，受后期构造影响呈波状	绿泥石片岩
XN108	F (60%) Hb (40%) Bi少量	糜棱结构，片状构造		长眼球状长石残斑，有聚片双晶和格子双晶，有强烈的塑性，长宽比3∶1～6∶1。边部有膨凸—亚颗粒式重结晶	Bi粒度小于角闪石	Hb片较大，长宽比3∶1～8∶1，有裂纹。定向排列与长石互层为条带状	部分长石有绢云母化现象	角闪斜长糜棱岩
XN113	Pl (45%) Hb (45%) Bi (5%) Ep (5%) Q少量	变晶结构，片状构造		自形粒状	自形细长，解理极好，Bi与Hb互层，粒度较小	灰绿色自形粒状－片状，有的有两组解理，有的呈发丝状	云母层里有黑色棒状金属矿物Ep主要在Bi层中	角闪斜长片岩

（续表）

编号	主要矿物	结构构造	石英变形	长石变形	云母变形	角闪石变形	重要特征	定名
XN95	Q（40%）Mus（30%）Ep（15%）Act（5%）	自形粒状结构，块状构造	石英分布在针状、片状矿物之间，波状消光，颗粒边界不清晰	有较好的聚片双晶	白云母条片状	Act呈放射状自形晶，毛发状	有较多铁质析出	绿帘阳起白云片岩
XN144	Mus（30%）Q（10%）F（40%）Chl（10%）Cal（10%）	糜棱结构，片状构造	石英成单晶、多晶条带，静态恢复较好	长石成透镜状，绢云母化较强。边部长石净边	黑云母眼球状残斑多绿泥石化，与粒状方解石互层 Mus条片状			绿泥白云糜棱岩

注：Q——石英；Pl——斜长石；F——长石；Mus－白云母；Hb——角闪石；Bi——黑云母；Chl——绿泥石；Ep——绿帘石；Cal——方解石；Act——阳起石

1. 构造片岩：主要为斜长角闪片岩和角闪斜长片岩，角闪石表现多期变质、变形特征，早期角闪石细条状定向—半定向，后期新生角闪石垂直或斜切早期面理。黑云母多定向排列，见扭折。斜长石多见脆性破裂，生长双晶及机械双晶发育。石英波状消光明显，见GBM重结晶（图5－8a）。

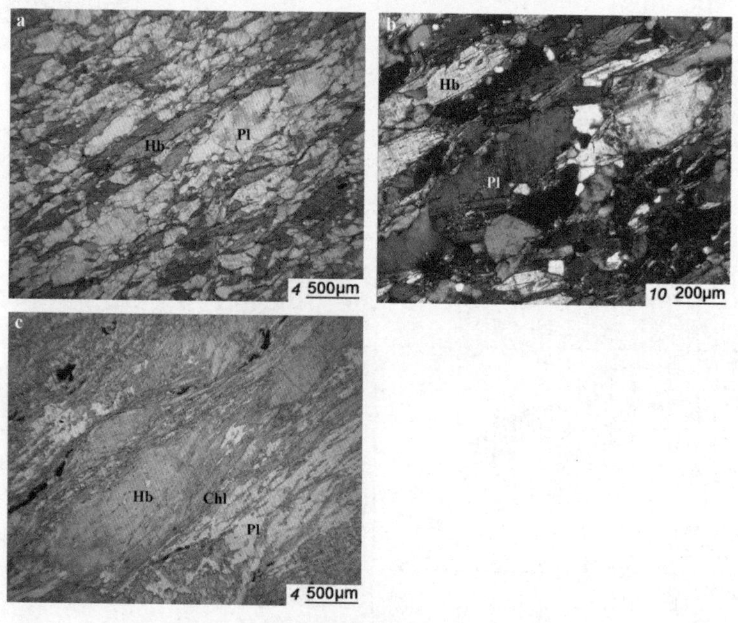

图5－8 瓦乔断裂带基性糜棱岩类型

a——斜长角闪片岩（XN108）；b——基性糜棱岩（XN108）；c——基性超糜棱岩（XN144）

2. 糜棱岩：残斑40%左右，主要为角闪石和黑云母，少量斜长石。角闪石晶内裂隙或穿晶裂隙发育，部分被拉长扭曲成矿物鱼。黑云母扭折，较强定向性。斜长石机械双晶发育。基质60%左右，主要为细小的角闪石，斜长石、黑云母、石英、绿泥石等，塑性流动现象明显（图5-8b）。

3. 超糜棱岩：残斑5%左右，主要为压扁的斜长石，多发生旋转并指示左旋剪切。强烈的糜棱面理，拉长的呈透镜状的斜长石残斑显示了瓦乔断裂带强烈的挤压作用。基质主要为角闪石、斜长石、黑云母、石英等，强烈定向排列（图5-8c）。

三、碳酸盐质糜棱岩显微变形特征

主要有糜棱岩化大理岩、碳酸盐质糜棱岩、绿泥绿帘碳酸盐质糜棱岩、碳酸盐质糜棱岩等。瓦乔断裂带的碳酸盐质糜棱岩从南到北变形特征变化明显（表5-3）：

表5-3　碳酸盐质糜棱岩矿物变形特征

样品	矿物成分	结构构造	方解石变形特征	石英、长石变形特征	其他矿物变形特征	定名
XN82	Cal（70%）Q（30%）	粒状变晶结构，片状构造	机械双晶，基质中方解石微晶定向排列。Cal为卵状微晶，定向排列	石英波状消光，变形纹发育，且变形纹近垂直于面理。石英多晶条带，多见静态恢复重结晶		含石英大理岩
XN96	Cal（90%）Chl（10%）Q少量	初糜棱结构，块状构造	方解石残斑以椭圆粒状出现，长宽比2∶1，形成核幔构造；有新晶发育，呈长条状（5∶1～8∶1），多在残斑的压力影处和强变形域，解理有弯曲现象。可见书斜构造	石英浑圆状残斑，强烈的波状消光，两侧有方解石压力影。有少量的膨凸重结晶。强变形域石英颗粒较大，膨凸重结晶较多	Chl半自形-它形，以条带状出现在强变形域，与石英共存	糜棱岩化大理岩
XN119	Cal（70%）Q（20%）Chl（10%）	糜棱结构，片状构造	Cal多为卵状，定向排列。少数大的残斑为眼球状-不规则，解理弯曲，其中方解石细粒化，具有亚颗粒-边界迁移式重结晶	石英眼球状，颗粒细小	Chl较多，解理极好，有弯曲现象	大理岩糜棱岩
XN120	Cal（50%）Q（40%）Ep（10%）	糜棱结构，片状构造	Cal多为卵状，定向排列。少数大的残斑为眼球状-不规则，解理弯曲，其中方解石亚颗粒化，核幔构造发育很好	石英眼球状，多细粒化，边界弯曲，少量膨凸式重结晶 长石为斜长石，有较宽的聚片双晶	Mus有弯曲现象。Chl条片极细。Ep在矿物边部较多	大理岩糜棱岩

注：Q——石英；Pl——斜长石；F——长石；Chl——绿泥石；Ep——绿帘石；Cal——方解石

样品XN96位于剖面Ⅶ最南端，离瓦乔断裂带最远，方解石残斑以椭圆粒状出现，略呈椭圆，长宽比为2∶1，可见书斜构造，有强烈的波状消光现象（图5-

9a)。周边有很多的小颗粒围绕，形成核幔构造；方解石新晶呈长条状（5∶1～8∶1），多在残斑的压力影处和强变形域，解理有弯曲现象。石英以浑圆状残斑出现，强烈的波状消光，边界弯曲，两侧有方解石压力影，有少量的膨凸式重结晶。强变形域石英颗粒较大，膨凸式重结晶较多。绿泥石半自形-它形，以条带状出现在强变形域，与石英共存，显示出其为变形期形成。XN119 位于瓦乔断裂带西部的南侧，方解石多为卵状，定向排列。少数大的残斑为眼球状-不规则状，解理弯曲，其中方解石细粒化，具有细粒的亚颗粒式重结晶。石英眼球状，颗粒细小，没有重结晶。绿泥石较多，片较大，解理极好，有弯曲现象。XN120 位于瓦乔断裂带西部的带上，方解石多为卵状，定向排列。少数大的残斑为眼球状-不规则，解理弯曲，其中方解石亚颗粒化，核幔构造发育很好。石英眼球状，多细粒化，边界弯曲，少量膨凸式重结晶。长石为斜长石，有较宽的聚片双晶。

图 5-9 碳酸盐质糜棱岩显微照片（XN120）

a——糜棱岩化大理岩（XN96）；b——碳酸盐质糜棱岩（XN119）；

c——大理岩糜棱岩中方解石的核幔构造；d——大理岩糜棱岩中石英膨凸式重结晶

可见，碳酸盐质糜棱岩变形特征显示自南向北，方解石残斑形态逐渐拉长，动态重结晶程度越来越高，新晶也越来越大，显示出近断裂带的大理岩受到的构造作用强、变形强；远离断裂带变形弱的特性。方解石变形特征反映出它们的变形温度

为绿片岩相，且越靠近断裂带变形温度越高。

另外，远离瓦乔断裂带的糜棱岩化程度较低（图 5－9a），在断裂带中心的糜棱岩化程度高（图 5－9b），在断裂带中心处，不仅方解石残斑变形强烈，且动态重结晶现象明显，围绕残斑周围形成核幔构造，包裹在大理岩之间的石英颗粒也产生膨凸式重结晶现象（图 5－9c、d）。反映出断裂带中心的构造活动产生了大量的热量，致使矿物大量重结晶。

第三节　小　结

通过野外和镜下的详细观察和分析，可见瓦乔断裂带具有如下构造特征：

1. 瓦乔断裂带的几何学形态

瓦乔断裂带不是单一的剪切带，而是由数十条韧性剪切带所组成，宽度约十公里。各剪切带走向相互平行，产状倾向 NNE，走向 NWW。靠近断裂带中心部位的各条韧性剪切带内发育糜棱岩。断裂带内可见倾向拉伸线理、斜向拉伸线理、水平拉伸线理和水平皱纹线理。断裂带内还发育一系列脆性碎裂作用叠加在前期韧性剪切带上，形成的破碎带产状与韧性剪切带基本一致，但改造了早期韧性剪切带。破碎带内发育大量角砾岩、碎裂岩和构造岩块，常见水平擦痕和摩擦镜面，破碎带内的角砾岩可见塑性流动现象。

2. 瓦乔断裂带的运动学特征

瓦乔断裂带虽多期活动，但韧性变形是第二期，卷入了二郎坪岩群、宽坪岩群、加里东期的花岗岩及花岗闪长岩等岩片，并使其产生变形形成糜棱岩。韧性剪切时不仅产生变形，还形成同构造石英脉、石英透镜体，其与围岩构成 S—C 面理，其运动方向指示了二郎坪岩块在向北俯冲过程中存在着左旋剪切分量。褶皱北翼长南翼短，小褶皱轴面向北倾，指示了宽坪岩块由 N 向 S 逆冲的运动学特征。断裂带后期产生脆性断裂，断层面北倾，其上擦痕、阶步发育，它们的运动学特征表明 N 盘上升，南盘下降。

3. 瓦乔断裂带显微构造特征

瓦乔断裂带变形岩石以长英质、基性和碳酸盐质岩石为主，角闪石、斜长石等较刚性矿物多以显微破裂为主，石英、方解石等以塑性变形为主。在南北向挤压的应力作用下，糜棱岩中的残斑多被压扁呈眼球状，形成压力影，或在塑性流变过程中发生旋转形成 σ 型和 δ 型残斑，剪切作用明显。糜棱岩中石英对变形的反应最为敏感，多见 BLG、SR、GBM 型动态重结晶及静态恢复重结晶现象。石英亚晶粒发育，且多被拉长成条带状，显示出带状消光的特征。对于糜棱岩中不同的石英重结晶类型，可反映不同的温度（Stipp M，et al，2002）。云母常见，且表现出多期的特征。早期云母平行面理定向排列，多被细粒化，后期新生云母多斜穿早期云母。无论是云母还是动态重结晶现象均可以看出，瓦乔断裂带的构造活动至少有三期，

其中，第一期与第三期方向相同，第二期与另外两期近垂直。

总之，瓦乔断裂带是不同层次、不同时期、不同形成环境下综合构造作用的结果。其运动学特征说明二郎坪弧后盆地向宽坪岩群下斜向俯冲消亡时，产生近东西向的片理化带，随后形成十几条韧性剪切带，宽坪岩群由 N 向 S 的逆冲在二郎坪岩群之上并隆起成山。瓦乔断裂带的运动学特征表明其形成主要是南北向挤压造成的，并在不同时期形成不同层次的产状一致相互平行的的剪切带。

第六章

伏牛山构造带变质流体特征

通常韧性剪切带内岩石变形作用的总趋势是产生易变形的矿物以抵消构造应力的影响。韧性剪切带内岩石的变形主要表现为塑性变形，塑性变形的机制主要有粒间变形和粒内变形。粒间变形首先从矿物的细粒化开始，其结果使岩石的粒度普遍减小，细小的矿物颗粒产生粒间滑动，形成沿着剪切方向的定向排列形成糜棱面理。粒间滑动作用不仅使岩石的结构改变，产生新的岩石结构，而且还使岩石矿物成分发生改变，形成较多的层状硅酸盐新矿物，并释放出 SiO_2，形成变质流体。

因此，韧性剪切带既是应变集中带，又是流体渗滤和运移的通道。研究表明：流体在压溶、变质、变形以及传递压力和润滑中起着间接软化的作用。应力是构造化学作用的主要驱动力，不仅控制着物质迁移扩散的方向，而且也控制着流体中物质沉淀的场所。在构造剪应力的作用下，岩石强度的下降会促进矿物的溶解。这是因为在变形过程中，岩石中存在的应力、应变及应变速率等梯度可以诱发晶体化学梯度，引起物质的溶解和迁移。而流体作为媒介可以携带溶解和迁移出来的各种物质，从而使大部分构造变质得以发生。同时，流体作为软化剂又改变了岩石及矿物的变形特性，使岩石在较小差异应力的作用下就能够发生变形；在变形过程中，流体的存在也有利于微破裂和重结晶作用的发生。而岩石变形变质作用的结果使岩石中矿物产生定向、分层形成层状构造，岩石的面理化又为流体的进一步运移提供了通道。

总之，韧性剪切带内流体作用是一个复杂的构造物理化学过程，存在着热学、力学、化学和流体之间的相互的、复杂的作用。它不仅影响岩石的变形特性和变质作用，也促进构造变形的发生、发展，控制着物质的活化、迁移和沉淀。所以，许多剪切带中都发育有大量脉体，其中的同变质期脉体是变质流体的最直接产物，流体可以来源于脉体的围岩，也可以来源于地下深部。若来源于围岩则组成脉体的主要元素和微量元素具有明显的继承性。因此，通过对同变质期脉体与其变质围岩间的元素对比，是研究变质过程中元素活性的一个重要途径。

伏牛山构造带由多条近平行的韧性剪切带和夹持其间的强变形带组成，洛栾断裂带和瓦乔断裂带为其中的两条最重要的韧性剪切带，它们都经历多期变形（林德超，1990），形成了广泛的糜棱岩和同构造脉体（图 6 - 1）。对此脉体的深入研究，

有利于掌握对伏牛山构造带变质流体的形成和构造活动、构造过程的解析（Smith M P et al，1999；Glaazner A F et al，1991；K O' hara，1988；Ferry J M，1986；Fyfe W S et al，1985；Etheridge M A et al，1984）。

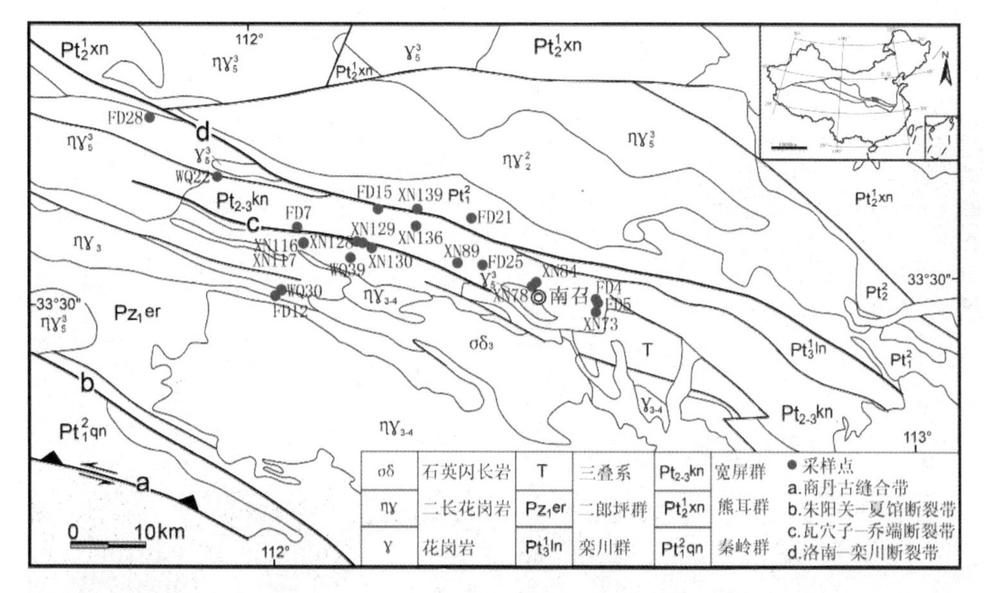

图 6－1　伏牛山构造带内变质脉体采样位置图

第一节　变质脉体的变形特征

一般认为韧性剪切带内岩石变质-变形作用的总趋势是产生易变形的矿物以抵消构造应力的影响。即产生层状硅酸盐矿物并释放出 SiO_2（郭涛等，2003），间接软化岩石，使之在较小的差异应力作用下发生变形。因此，使原来成分均一的岩石产生了分异，浅色易活化物质形成流体聚集成脉（戚学祥等，2005；Smith M P et al，1999；Yardley et al，1992；Sinha K A et al，1986）。可见，剪切作用促进了变质流体的产生，流体的作用反过来又促进了岩石的进一步变形，加强了剪切作用，促进剪切带的发育。剪切作用越强的地方，产生的变质流体就越多。

一、变质脉体的宏观变形特征

变质脉体是在递进变形中，浅色物质分异并充填结晶在张性空间里形成了细长条带状的分泌脉（游振东等，2001；李文等，2000；Newton R C，1990；卢焕章，1997）。但是，由于脉体形成过程中变形依然继续，大多数脉体都卷入了递进变形中，形成形态各异的变形脉体，如 σ 或 δ 型碎斑和各种柔流褶皱，脉体的变形反映了脉体形成后的构造变形的强度（梁晓等，2009；单文琅等，1991）。

伏牛山构造带内变质脉体普遍发育，变形强烈。

1. 条带状脉体：

多出现在剪切带的强变形域，由于剪切力的作用，浅色矿物沿 C 面定向排列形成条带，并与深色矿物相间排列。条带极细小，和深色矿物的边界呈过渡状态。宽条带中一般由若干深浅相间的细条带构成（图 6-2a）。

图 6-2　形态各异的脉体野外照片

a——巨型透镜状脉体；b——变质分异形成的细条带状脉；

c、d——透镜状脉体；e、f——柔流褶皱状脉体

2. 眼球状石英碎斑系：

这是在递进变形过程中，强变形域的片状矿物云母等定向排列构成劈理域，分泌出的石英充填在弱变形域而形成的，多为眼球状或透镜状（图 6 - 2b、c、d）。石英先形成细脉，并不断随变形旋转趋向剪切面 C，其两侧富 SiO_2 的变质流体则沿 C 面继续充填，形成了不对称的拖尾。石英脉相对绢云母来说表现出了较高的能干性，在单剪变形中逐渐香肠化，两侧沿拉张方向被变质流体所充填，逐渐形成 S 形拖尾，而云母则紧贴在石英脉边部。

3. 柔流褶皱：

由于伏牛山地区构造活动强烈，造成了强烈的塑性流变，变质流体在固态条件下发生了类似粘性流体的流动，形成了揉流褶皱（图 6 - 2e、f），而在某些变形强烈处脉体的变形会形成不对称的 Z、S 形复合褶皱。

二、显微变形特征

区内岩石主要为石英片岩、绿片岩、糜棱岩、片麻岩、混合岩及花岗岩等。粒状、片状变晶结构，片状及片麻状构造（张建新等，2011；Hippertt J et al，2001；Takeshita T et al，1999；Grujic D et al，1996；Hadizadeh J et al，1992；张寿广，1991；Hacker B R et al，1990；肖思云等，1988）。矿物组合主要为：石英、长石、白云母、黑云母、角闪石、方解石、绿泥石和绿帘石等。除花岗岩中因钾长石化引起的少量钾长石脉外，其他变质流体主要为石英脉。石英脉多为长枣核状或多晶条带状，石英多产生动态重结晶，但不同位置的石英有不同的动态重结晶型式。由于后期静态恢复明显，颗粒边界平直，形成较多矩形晶，石英颗粒呈镶嵌变晶结构。

洛栾断裂带内二云母石英片岩中发育的石英脉，边界平直—弯曲，波状消光强烈。石英颗粒较大，颗粒边界有少量的膨凸式重结晶（图 6 - 3a）。长英质糜棱岩中的石英脉，边界弯曲，波状消光强烈，石英颗粒为缝合线变晶结构，定向强烈，石英颗粒 2∶1～4∶1 不等，部分颗粒边界出现亚颗粒式重结晶（图 6 - 3b）。

瓦乔带断裂带乔端镇以西角闪斜长片岩和碳酸质糜棱岩交互处，与方解石脉共生的石英脉，单偏光下石英为巨形粒状，正交光下实为多个石英颗粒组成，部分颗粒有膨凸重结晶（图 6 - 3c）。正交光下可见石英亚颗粒为细长枣核状，强烈波状消光成带状（图 6 - 3c）。绿帘黑云糜棱岩和碳酸质糜棱岩交汇处的石英脉，石英颗粒为枣核状，边部全部发生亚颗粒式重结晶，呈核幔构造（图 6 - 3d）。

石英脉变形情况与其所在的位置密切相关。在两个断裂带之间的石英脉中石英颗粒动态重结晶较弱，靠近断裂带动态重结晶较强，同在断裂带上，却反映出瓦乔断裂上的动态重结晶最强，也间接反映出瓦乔断裂的应力-应变大于北部的洛栾断裂带和其南部的断裂带。另外，含片状矿物较多的围岩，石英脉的石英动态重结晶不明显，可能是片状矿物消化了较多的应力，使相对较硬的石英受力较小所致。而在长英质糜棱岩、片麻岩中的石英脉，其石英颗粒大多都发生了动态重结晶，石英颗粒的边界发生强烈的弯曲，可能是在长英质的矿物组合中，石英相对其他矿物接受

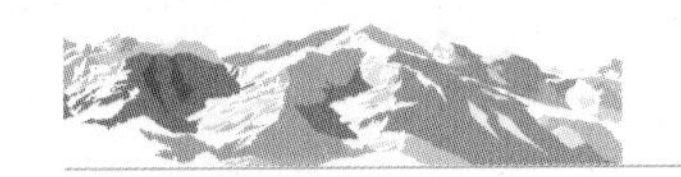

了较多的应力所致。

图 6-3 变质脉体的显微构造特征

a——膨凸式重结晶（XN78）；b——膨凸一亚颗粒式重结晶（XN89）；

c——枣核状亚颗粒（XN117）；d——亚颗粒式重结晶及核幔构造（XN139）

三、变质脉体的超微变形特征

由于变质流体是受到构造运动影响而形成的。所以，变质石英脉中石英晶体结构必然出现多种超微变形特征。位错的形态、多少、组合形式等特征均是其形成过程中温压环境的表现（Gleason G C et al，1995；Gower RJ W et al，1992；Nicolas A et al，1976）。

为了真实掌握变质流体的受力状况，本次利用 TEM 的精细观察和分析探讨了石英的超微观变形特征。

样品的制备：将变质流体石英脉磨成厚度约 30 μm 的薄片，用树脂胶粘结于支撑铜环上。利用 gatan 691 型等离子减薄仪减薄（枪电流 0.5 mA/枪，加速电压 5 kV，减薄时间 48 h），直到穿孔。然后在减薄好的样品镀一层无定型导电碳膜，最后将制备好样品放入透射电子显微镜下进行位错观察，并分析位错组构特征，拍摄一些代表性照片。透射电镜研究是在中国科技大学理化中心电镜室完成，电镜型号

为 JEOL－2010。

电镜观察结果表明：糜棱岩中石英晶体的自由位错发育，位错壁、位错网及其构成的亚晶界较常见，有少量的位错环及弯弓位错现象。不同样品的位错及其组构特征各有不同，反映出构造背景的明显差异。

样品 XN73 是洛栾断裂带南侧宽坪岩群绿片岩中的石英脉。位错总体偏少，以短小的自由位错为主，偶见位错弯弓、位错列和位错缠结（图 6－4a），亚颗粒常见。位错主要沿近垂直的两个方向排列，位错列有的呈“雁列式”，有的呈平行排列，局部可见位错缠结。一般情况下，平直的自由位错和位错缠结是位移滑移的结果，是低－中温塑性变形的结果（Gleason G C et al，1995；Nicolas A et al，1976）。本样品反映出低—中温的应变特征。

样品 XN89 取自于洛栾断裂带条带状片麻岩中的石英脉。TEM 下可见石英位错明显多于样品 1。位错列有“雁列式”和平行排列两种，“雁列式”位错列反映出剪切作用，平行排列位错列反映出挤压特性（图 6－4b）；自由位错长而弯曲，位错尾端具有反向摆尾特征（图 6－4c），反映出前期直位错遭受了后期的剪切作用；和样品 XN73 一样，明显有两组近垂直方向排列的位错，但不同之处是一期明显剪切、另一期位错（图 6－4d）。说明前期位错为挤压所致，后期为剪切而形成。该样品的韧性剪切变形特征显示其变形温度高于样品 XN73。

样品 XN117 取自于瓦乔断裂带上大理岩和石英岩互层的糜棱岩中。位错环较发育，一种位错环较大且圆（图 6－4e）；另一种位错环显得“方头方脑”（图 6－4e），像是早期一组平直位错沿两端受力改变方向同向弯曲、延伸而形成。位错列主要是平行排列，偶见“雁列式”位错列。两组位错列之间出现“X”形位错（图 6－4f），其中一组明显较强，另一组较弱。反映出以挤压为主、剪切为辅的变形特征。该样品位错特征表明其先遭受一期强烈的挤压应力，随后再遭受近垂直的另一方向剪切力，总体特征显示以前期挤压为主。

众所周知，弯曲的位错环往往通过缩短其长度使其能量减少到与作用其上的力相一致，如果无外力作用，弯曲位错线则趋于拉直；只有当外力持续施加于位错弧线上时，它才能保持平衡弯曲，在没有力施加于可动的位错环上时，线张力的存在将会使位错环的半径不断缩小而最终消失（Hull D et al，1984；Nicolas A et al，1976）。也即从直位错到位错弯弓，再到环位错，它们所遭受的作用力是依次增加的，样品 XN117 长而弯曲的位错、大且圆位错环的特征反映其遭受的应力较前两个样品要高，且以挤压为主。所以，样品 XN117 位错的总体特征是在较高温、强应力条件下的塑性变形。

上述位错特征表明：洛栾断裂带以南的宽坪岩群遭受的应力较小。洛栾断裂带内所遭受的力较大，具有前期挤压，后期叠加剪切改造的特征。瓦乔断裂带的位错特征表明其以先期的强烈挤压应力为主，随后的剪切力为辅。该位错特征反映出该断裂带对前期形成的变质流体有很大的影响，且远离断裂带其遭受的应力作用越小。

通过对变质流体脉的超微变形特征观察和研究，不仅可以推断断裂带的变形行

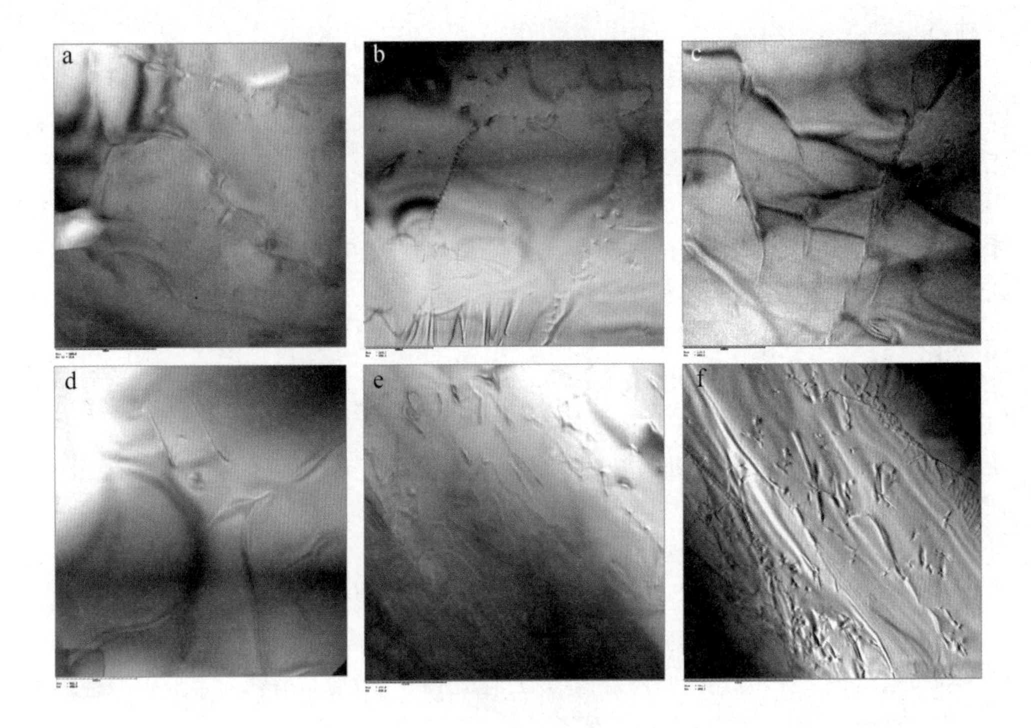

图 6-4　透射电子显微镜（TEM）下石英的位错特征

a——XN73 位错弯弓和亚颗粒；b——XN89 位错列和亚颗粒；c——XN89 自由位错反向摆尾现象；
d——XN89 位错剪切关系；e——XN117 两种位错环；f——XN117 “X” 形位错

为、变形机制和变形强度，还可以利用位错密度估算差异应力和应变速率。

在大多数矿物中位错密度与所施加的外应力有如下关系（S. Takeuchi et al, 1976）：

$$\sigma/2\mu=\alpha\ (\rho b^{2})^{1/k} \qquad (6-1)$$

σ 是差异应力，α 为材料系数，μ 是剪切模量，ρ 是位错密度，b 是柏氏矢量，k 是常数。

根据三个样品 39 张透射电镜照片的位错统计，得出石英的平均自由位错密度为 1.29E+8 cm^2、1.86E+8 cm^2 和 2.43E+8 cm^2。将石英的岩石实验流变参数值及电镜下确定的位错密度值分别代入上式，所得差异应力（表 6-1）。再应用 Parrish 的湿石英流变速率公式计算应变速率：

$$\varepsilon\ (s^{-1})\ =4.4\times10^{-2}\times(\sigma\ (MPa))^{2.6}\times\exp\ (-27778/T\ (K)) \qquad (6-2)$$

选取样品的平均变形温度 T = 450℃，计算出的应变速率见表 6-1 所列。显示出中等略偏高的流变速率。

表 6-1 石英脉的平均自由位错密度、差异应力及应变速率值

样品	密度（$/cm^2$）	差异应力 σ（GPa）	应变速率值 ε
XN73	1.29E+8	0.71	2.34445E-11
XN89	1.86E+8	0.80	3.2194E-11
XN117	2.43E+8	0.87	4.05872E-11

第二节 变质脉体中的包裹体特征

变质流体中的包裹体包含着其形成时的诸多信息，可真实地反映其形成环境及温压条件。

一、包裹体岩相学特征

同变质期脉体中，除少量的白云母在脉体边部以外，其他几乎全部由石英组成，石英粒径主要在 0.1～3.0 mm 之间，最大可达 4.0 mm。石英脉发育的主要变质围岩为绿泥绿帘片岩、绿帘云母片岩、含云母石英片岩、黑云绿泥糜棱岩、长英质糜棱岩等。其矿物组成以斜长石（钾化现象较多）、石英、方解石、绿帘石、绿泥石为主，含少量的黑云母、角闪石、阳起石。除少量石英脉体石英颗粒表现出受到应力作用而变形的特征外，其他脉体的矿物均保存了它们结晶时的原貌。

石英脉中矿物包裹体是变质流体在结晶时包裹在石英晶格缺陷中的。所以，这类包裹体可代表石英形成时的物理化学条件。测试样品均采自研究区构造片岩、片麻岩及构造带上糜棱岩中与面理 S_2 同期形成的同构造石英脉，具有良好的代表性。

由包裹体片的显微镜下观察显示，石英脉中石英晶体内发育大量的流体包裹体，流体包裹体主要有两种：一是呈离散状态分布于石英晶体内，包裹体大小变化较大，多数集中在 5～30 μm 之间（图 6-5a、b）；二是以定向包裹体群分布于石英晶体内，包裹体为椭圆形，大小较为接近，在 8～10 μm 之间（图 6-5c、d）。这两种包裹体都是石英从变质流体中结晶时捕获的原生包裹体，只不过后者在结晶时有应力作用其上，从而导致包裹体随着石英变形而变形，并在应变方向上产生定向排列。

石英中主要发育气液两相的原生包裹体，不见固相包裹体。气液两相的原生包裹体形状以椭圆状、圆形为主，不规则的其次，包裹体大小多在 14～40 μm 之间。XN73、78、89、107、129、139 样品中包裹体分布较散乱，包裹体较圆（图 6-5a、b），XN84、117 中的包裹体分布有一定的定向性，且多呈椭圆形（图 6-5c、d）。

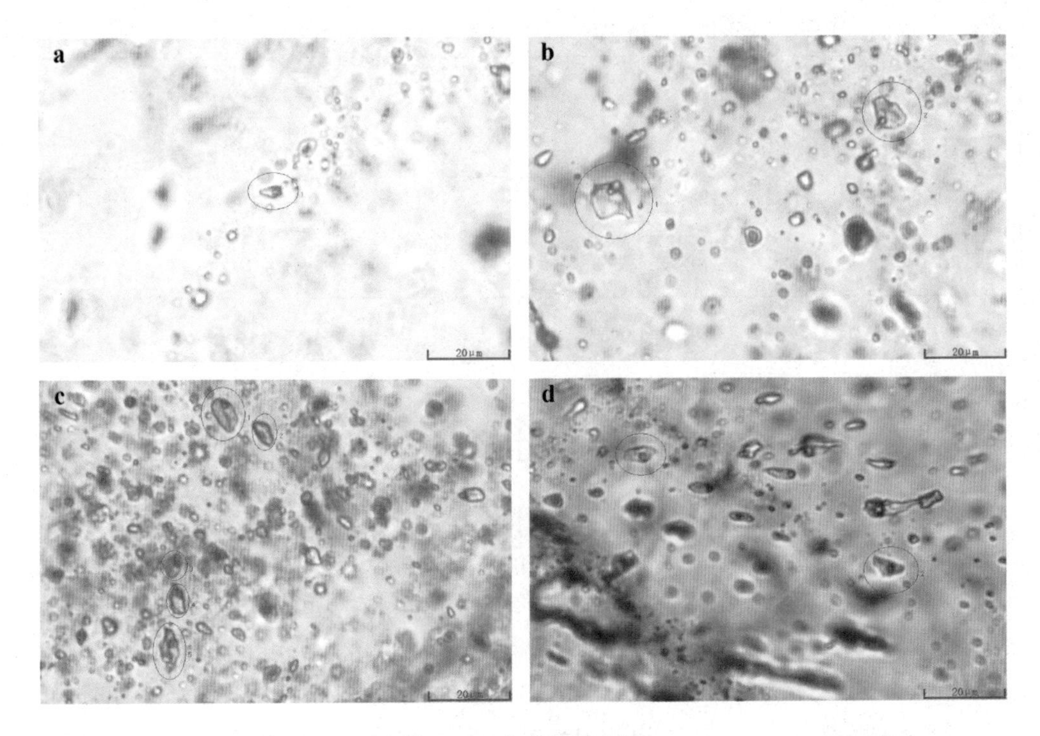

图 6-5 包裹体形态图

a——XN73；b——XN78；c——XN84；d——XN117

二、变质脉体形成的温压条件

石英脉中矿物包裹体是变质流体在结晶时包裹在石英晶格缺陷中的。所以，这类包裹体的形成温压条件可代表其形成时的环境。

显微测温实验在中国科技大学中科院壳幔与环境重点实验室流体包裹体测温实验室进行，采用了英国产的 Linkam THMSG 600 型冷热台，其温度范围为－180～＋600℃。测得原生气液包裹体的冰点温度为－10.8～－1.1℃，峰值为－10℃（图 6-6a），依据 Hall 等提出的 H_2O-NaCl 体系盐度－冰点公式：

$$W=0.00+1.78T_m-0.0442T_m^2+0.000557T_m^3 \quad (6-3)$$

式中：W 为 NaCl 的重量百分数，T_m为冰点下降温度（℃）。

计算出气液包裹体的盐度为 1.322～14.775 wt% NaCl（表 6-2），峰值为 11.386 wt% NaCl。测得包裹体的均一温度（T_h）范围为 170.6～444.9℃，主峰值有两个，一个为 180～190℃，另一个为 260～270℃（图 6-6b）。另外，有四个小的峰值在 330～350℃、380～390℃、420～430℃、440～450℃。根据 Bischoff 等提出的 NaCl-H_2O 体系的 T-ρ 相图，由已知的盐度（W）和均一温度，得出 NaCl-H_2O 体系的密度为 0.511～0.982 g/cm³。同构造化学分泌体中的液相包裹体的测温数据显示石英脉形成的温压条件达到了中、高绿片岩相。

上述包裹体盐度测定结果显示，变质脉体石英中主要为盐水溶液包裹体。盐度

的变化较大，显示出一定的规律。XN73、89 样品中的盐度较小，NaCl wt%没有大于 2%以外，大多数都在 10%上下浮动。XN73 虽然是绿片岩，但离片麻岩很近；XN89 样采自条带状片麻岩中。XN－107 采自片麻岩中，盐度分成大、小两种。其他样品都采自宽坪群绿片岩和碳酸盐和石英互层的糜棱岩中，它们的盐度基本都超过 10%。

根据样品的采集位置，可以看出靠近洛栾断裂带北侧的石英脉中包裹体盐度较低，宽坪岩群中的石英脉体包裹体盐度很高。笔者通过对前人资料的分析认为与石英脉的原岩性质密切相关（图 6－1）：洛栾断裂带以北为黑云斜长片麻岩，其中盐分含量较少。而宽坪岩群的原岩以海相火山喷发的基性火山岩为主，张宗清等 1995 年研究表明其形成于洋盆环境，包含了较多海水中的盐分，同变质期形成的石英脉必然从围岩中获取了高盐分包裹在石英晶体中，形成了高盐度的包裹体。所以，同变质脉体形成时，可能继承了围岩的低盐度特征。

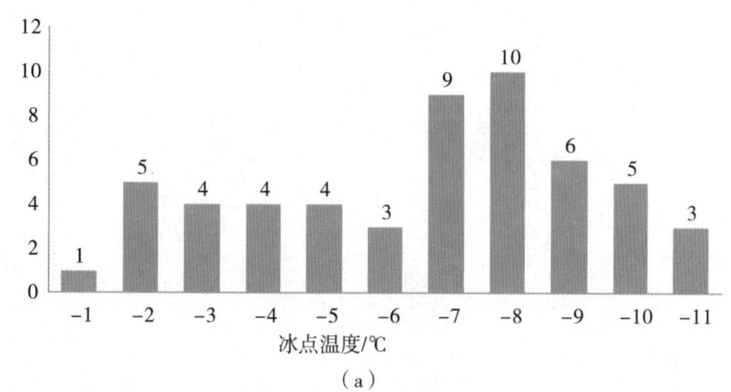

（a）

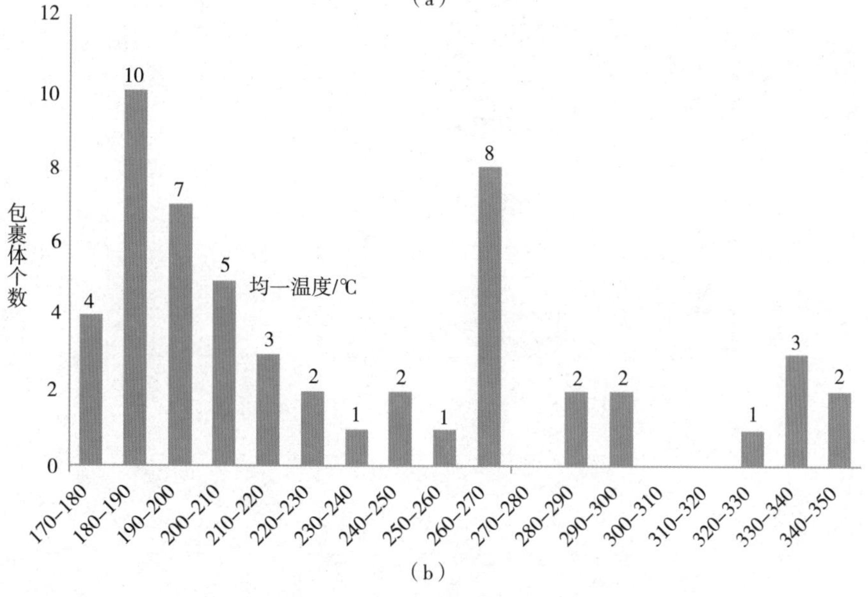

（b）

图 6－6　流体包裹体测温柱状图

（a）石英原生气液包裹体的冰点温度；（b）石英原生气液包裹体的均一温度

表 6-2　流体包裹体冷热台测定结果表

样 号	冰点温度（℃）	均一温度（℃）	盐度（%）	密 度	样 号	冰点温度（℃）	均一温度（℃）	盐度（%）	密 度	样 号	冰点温度（℃）	均一温度（℃）	盐度（%）	密 度
XN73-1	−1.1	208.2	1.816	0.871	XN89-1	−2.8	180.3	4.546	0.922	XN129-1	−2.7	185.2	4.389	0.916
XN73-2	−1.2	268.8	1.979	0.78	XN89-2	−6.6	175.1	9.973	0.967	XN129-3	−8.3	231	12.055	0.931
XN73-3	−5.3	297.1	8.237	0.813	XN89-3	−4.6	182.7	7.25	0.939	XN129-4	−7.6	223.5	11.222	0.932
XN73-4	−3.4	265	5.472	0.829	XN89-4	−5.1	213.7	7.959	0.916	XN129-5	−6.8	185.6	10.228	0.958
XN78-1	−6.5	207.1	9.844	0.936	XN89-5	−8.3	196.3	12.055	0.962	XN129-6	−7.5	170.8	11.101	0.979
XN78-2	−9.8	192.8	13.732	0.978	XN89-6	−6	197.9	9.188	0.938	XN129-7	−6.8	170.6	10.228	0.973
XN78-3	−8.9	195.9	12.743	0.968	XN89-7	−4.6	215.7	7.25	0.908	XN129-8	−1.7	256.9	2.794	0.81
XN78-4	−7.2	184.8	10.731	0.963	XN89-8	−3.2	203.5	5.166	0.904	XN129-9	−2.3	268.3	3.757	0.803
XN78-5	−6.6	197	9.973	0.945	XN107-1	−6.8	266.1	10.228	0.878	XN139-1	−2.7	289.8	4.389	0.774
XN78-6	−8.5	172.8	12.287	0.986	XN107-2	−9.2	248.7	13.078	0.922	XN139-2	−0.8	260.5	1.322	0.786
XN78-7	−7.9	189.5	11.583	0.965	XN107-3	−7.6	240.6	11.222	0.915	XN139-3	−1.8	291.7	2.956	0.75
XN84-1	−7.8	180.2	11.464	0.973	XN107-4	−4.8	214.4	7.536	0.912	XN139-4	−1.2	267.7	1.979	0.782
XN84-2	−8.2	190.1	11.938	0.967	XN107-5	−3.3	208.6	5.319	0.9	XN139-5	−10.8	327.2	14.775	0.848
XN84-3	−7.2	181.7	10.731	0.966	XN117-1	−9.8	265.7	13.732	0.91	XN139-6	−7.7	335.4	11.343	0.793
XN84-4	−6.9	180.4	10.355	0.964	XN117-2	−10.6	268.5	14.571	0.914	XN139-7	−3.6	337.8	5.775	0.701
XN84-5	−6.3	192.7	9.583	0.946	XN117-3	−8.8	286.2	12.63	0.877	XN139-8	−9.7	343.1	13.624	0.812
XN84-6	−9.8	189.3	13.732	0.982	XN117-4	−7.6	228.5	11.222	0.927	XN139-9	−5.6	330.8	8.649	0.762
XN84-7	−4.2	209.4	6.669	0.91	XN117-5	−10.2	347.6	14.156	0.812					

三、包裹体成分和H、O同位素分析

矿物中原生流体包裹体是在成岩过程中形成的。原生流体包裹体中所捕获的气相和液相成分反映了成岩时的温度、压力、成分以及同位素平衡的地球化学环境。因此，矿物包裹体成分分析、包裹体同位素组成的测定，对于探索成岩条件、物质来源等可提供重要信息。

同样，流体在变质作用中起着多重的重要作用。流体不仅直接参加变质反应改变自身和围岩成分，同时还控制着变质反应的温度、压力、变质反应速率。通过对包裹体中液态、气态成分和$\delta D-\delta^{18}O$组成，有利于分析伏牛山构造带中形成时的变质流体成分和来源。

包裹体气液相成分分析是由中科院地质与地球物理研究所稳定同位素地球化学实验室完成的。

1. 气体成分分析

采用加热爆裂法提取气体，将清洗干净的样品0.5000 g放入石英试管内，逐渐升温到100℃排气，待分析管内真空度为6×10^{-6} Pa以下时开始测定，以1℃/1 s的速度升温到500℃，记录压力计的读数，用液氮冷冻5 min，再用干冰冷冻5 min，记录压力计的读数（用来计算水的含量）后测定。仪器及条件为：RG202四极质谱仪（日本真空技术株式会社生产），SME电压为－1.0 kV，电离方式为EI，电离能为50 eV，仪器重复测定精密度为小于5%。

一般认为：处于深部环境的韧性剪切带中往往含有纯CO_2流体，CO_2在高温、高压条件下常以高密度流体相形式存在。在后期退变质或脆性变形阶段，深部富含CO_2的高密度流体随温度、压力的降低逐渐形成低密度的CO_2气体与H_2O溶液共存，包裹体组合以富含CO_2和H_2O气-液相包裹体为主（杨巍然等，1996a）。所以，CO_2含量越多，变质程度越高。包裹体中存在有机质成分说明其形成时的周边物质含有一定量的有机质成分，也即原岩沉积时溶液中必定含有较多的有机质，这些有机质随着变质程度的加深要发生裂解，从高分子碳氢化合物变为简单的碳氢化合物，最终裂解为CO_2和H_2O。

所选伏牛山构造带中5个样品的气相成分由表6－3中可见，气体成分以H_2O为主，其次为CO_2和N_2，部分样品中含有一定数量的CH_4、C_2H_6、H_2S。包裹体成分特点是均以水为主，没有观察到纯CO_2包裹体，表明伏牛山构造带的变质温压条件没有达到高级变质程度。CO_2含量的特点是越靠近东部越高，反映出东部的变质-变形程度高于西部。有机质成分的存在也说明沉积岩形成时的有机质在变质过程中分解得不够彻底，也说明该地区的变质程度没有达到高级级别。

表6－3 原生流体包裹体气相成分表（mol%）

样品编号	H_2O	N_2	Ar	CO_2	CH_4	C_2H_6	H_2S
XN73	90.26	0.648	0.092	8.592	0.260	0.128	0.003

（续表）

样品编号	H_2O	N_2	Ar	CO_2	CH_4	C_2H_6	H_2S
XN107	97.20	0.106	0.030	2.571	0.061	0.032	0.001
XN117	96.65	0.091	0.006	3.286	0.034	0.033	—
XN129	97.33	0.129	0.027	2.361	0.122	0.031	0.001
XN130	95.36	0.078	0.001	4.476	0.051	0.035	—

2. 液相成分分析

方法是将清洗干净的样品 1.0000 g 放入石英试管中，500℃爆裂 15 min，冷却后加 3 ml 水，超声震荡 10 min，离子色谱测定。仪器及条件：离子色谱仪，日本岛津公司（SHIMADZU），HIC-6A 型。淋洗液为 2.5 mm 邻苯二甲酸，-2.4 mm 三（羟）甲基氨基甲烷。流速：阴离子为 1.2 ml/min，阳离子为 1.0 ml/min，重复测定精密度为小于 5%。

由表 6-4 可见，各样品成分变化很大。除了 XN73 样品离石人山岩体较近，其中包裹体液相成分含盐量不多以外，其他样品的含盐量均较大，且 Ca^{2+}、SO_4^{2-}、K^+ 含量也较高。总体反映出包裹体液相成分还是来源于围岩，很大程度上继承了围岩的海底火山喷发形成岩石的特征。

表 6-4 原生流体包裹体液相成分表（μg/g）

样品编号	F^-	Cl^-	SO_4^{2-}	Na^+	K^+	Mg^{2+}	Ca^{2+}
XN73		1.18	1.20	0.768	0.150	—	0.600
XN107		27.0	0.600	7.44	0.960	—	4.50
XN117		131	1.14	55.1	3.60	0.054	8.40
XN129		36.0	0.450	16.4	1.14	—	1.28
XN130		27.4	1.35	13.0	0.600	—	0.600

参与变质反应的流体按其与原岩的关系，可以分为原生流体和外来流体。原生流体是由变质岩原岩在变质作用过程中因温度、压力的升高产生脱水、脱碳等脱流体作用而形成的。不仅可以是沉积岩中贮存的结构水、孔隙水和结晶水，也可以是含水矿物在高温高压下相变释放出的水，或板块俯冲过程中带入的海水，或碳酸岩脱碳产生的二氧化碳流体等。外来流体则是通过节理、裂隙或断裂等构造薄弱地带运移而来的，加入到另一个变质反应系统中的流体。它可以是远距离运移的变质流体，也可以是岩浆水、地下卤水甚至是地幔流体。在合适的构造条件，加入变质反应的任何阶段并影响反应的进程。因此，判断变质流体的来源对活动时期十分重要，同位素测定就是最常用的方法。

前人对变质岩的 $\delta D-\delta^{18}O$ 同位素进行了一些研究（Zhang Z M et al，2005；郑永飞等，2004）。其中 Zhang Z M et al（2005）认为，H_2O 或 H_2O-CO_2 流体出现

在整个变质作用过程中。进变质阶段主要是低盐度的 H_2O-CO_2 流体，峰期变质阶段则是高盐度的 H_2O 流体，在角闪岩相退变质阶段为中、低盐度的 H_2O 或局部高盐度的 H_2O-CO_2 流体，而更晚期退变质阶段为低盐度的 H_2O 流体。

为了解决伏牛山构造带变质流体的来源问题，选定具有代表性的石英脉石英做包裹体成分和 H、O 同位素分析。同位素测试也是由中科院地质与地球物理研究所稳定同位素地球化学实验室完成，使用质谱型号为：MAT－252，数据均为相对国际标准 V－SMOW 之值，可重现性优于 0.2‰。石英包裹体的 O、H 同位素成分值见表 6－5 所列，具有以下特点：

1. 所有石英包裹体的 $\delta D \sim \delta^{18}O$ 组成均相对较低，其 δD 为－83.834‰～－65.650‰，而流体 $\delta^{18}O$ 变化较大，为－14.97‰～－6.41‰。

2. 变质流体在 $\delta^{18}O$‰－δD 同位素图上均投在岩浆水及其附近，说明研究区的变质流体主要来源于原岩的海底火山沉积岩中（图 6－7），继承了围岩的 $\delta^{18}O$‰同位素特征。

通过对伏牛山构造带典型石英脉的气相、液相及 O、H 同位素成分分析，根据各种成分反映出的海底火山沉积岩特点，可以认为该地区变质流体的来源主要为原岩。

表 6－5 包裹体 O、H 同位素成分表

样品编号	$\delta^{18}O$‰	δD_{V-SMOW}（‰）	σ‰
XN73	7.27	－77.119	0.282
XN107	6.41	－83.834	0.088
XN117	10.28	－76.820	0.278
XN129	10.39	－65.650	0.200
XN130	14.97	－71.471	0.112

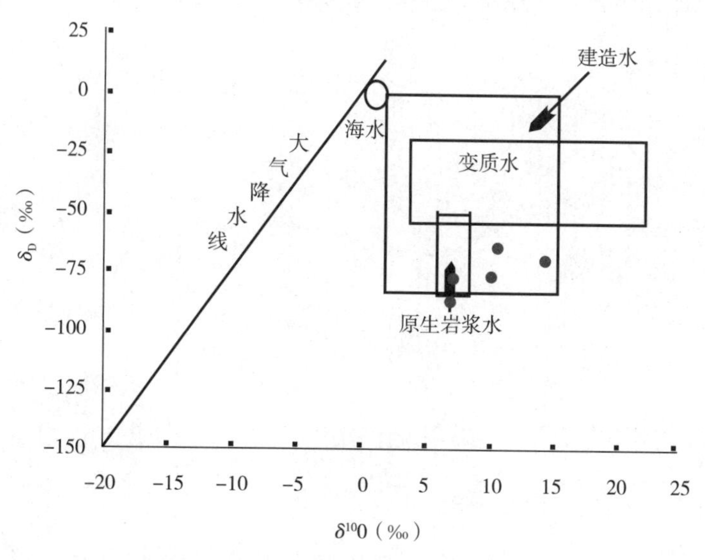

图 6－7 变质流体 $\delta^{18}O$‰－δD 同位素图解

第三节 小 结

洛栾断裂带和瓦乔断裂带内发育有糜棱岩化作用形成的同构造变形石英脉，真实地记录了伏牛山构造带中韧性剪切活动特征，这些同变形石英脉具有的变形特征为：

1. 变质流体的宏观形态诠释了这两期构造活动均为左行剪切，脉体近断裂带多且大，远则少而小。脉体形态受到同期构造活动的变形影响。

2. 石英脉中石英颗粒动态重结晶特征显示远离剪切带较弱，为少量的膨凸式；靠近断裂带较强，为亚颗粒式，形成核幔构造。

3. 位错特征表明远离剪切带石英位错密度较小，靠近断裂带较大；从位错形态可以看出瓦乔断裂带以压应力为主，洛栾断裂带挤压以剪切为主。较小的差异应力及中等的应变速率条件下极易生成糜棱岩，是这两条断裂带广泛发育的基础。

4. 瓦乔断裂上位错特征显示其挤压力大于洛栾断裂带，且以挤压为主，剪切为辅。洛栾断裂带上的作用力为剪切作用大于挤压作用。两条断裂带都为先挤压后剪切。

5. 两条断裂带的糜棱岩化过程均为塑性变形，变形机制为晶质塑性变形。

6. 变质流体成分、同位素研究表明本区变质岩是在海底火山沉积岩的基础上变质而成。变质流体在形成过程中继承了原岩的成分和同位素特征。

通过对这些变质流体的变形特征研究，认为洛栾断裂带和瓦乔断裂带的形成过程均为挤压在先、剪切在后。反映出宽坪陆缘海和二郎坪群弧后海盆依次向华北板块下的斜向俯冲、闭合以及随后沿俯冲带产生了左行剪切走滑的构造活动。

第七章
伏牛山构造带的形成环境

众所周知，韧性剪切变形是一个控制和影响地壳构造的形成和演化的重要因素，在同一韧性剪切带内出现不同类型的岩石变形是十分常见的现象。地球物理探测结果表明，某些大型断裂带可延伸到下地壳甚至上地幔的深度。因此，断裂带岩石变形是从地表的脆性变形沿着断裂带向深部逐渐转变成韧性变形，直至发生塑性流变（Neves S P et al，2005；Bowman D et al，2003；Gleason G C et al，1999；Nelson K D et al，1996；Piper J D A et al，1996）。20 世纪 80 年代，构造地质学家们开始关注对韧性剪切带内部变形岩石的研究，特别是在变形岩石的组构、显微构造变形机制以及韧性剪切带活动过程中元素的迁移变化规律等方面的研究尤显突出（Klepeis K A et al，2004；Lamerer B et al，1998；Gursoy H et al，1997；何绍勋等，1996；程裕淇，1994；McCaffrey R，1994；Gillepie P A et al，1993；崔军文，1989；O' hara K，1989，1988；何永年等，1988a；董申保，1986）。

剪切带内不同深度的岩石变形及变形机制是不同的，近地表出露的破裂带是在低温、低压、高应变速率的变形条件下的产物，属脆性变形体制（Little T A et al，2002；Piper J D A et al，1997；Krantz R W，1995）；对发生在中下地壳中的韧性剪切带来说，其下部常常可见到残斑等相对刚性体两侧出现柔性层的侧向流动现象，这种流动构造是塑性变形的结果（Kawamoto et al，1998；Kirby S H，1980），这是因为在相同的条件下不同矿物会表现出不同的变形机制。所以，岩石的变形机制是各种不同矿物不同变形机制的综合效应。

糜棱岩是韧性剪切带中最重要的岩石类型，是在中下地壳深度，在剪切应力作用下岩石发生塑性剪切应变而形成的一种构造岩。影响其形成的因素很多，如温度、压力、时间、流体、原岩成分、应变速率、剪切应力等。在封闭体系下，温度、压力、应变速率等是影响岩石变形-变质的最主要因素，不仅对岩石中矿物内部晶体结构有直接的影响，而且对矿物的矿物组合类型及矿物成分都会产生影响（刘正宏等，2007；Ikeda T，2004；胡玲，1998；刘瑞珣，1988；贺同兴，1980）。因此，利用糜棱岩中的矿物显微结构、超微结构、共生矿物元素的分配、矿物化学成分变化特点及矿物温压计等推断糜棱岩形成的温压条件是可行的。

本书利用显微镜下观察岩石的矿物组合，用变质相确定矿物的变形温度范围；

利用电子探针对共生平衡的矿物对进行成分分析，再用相关的公式计算出平衡温度；用包裹体测温法分析石英脉体形成温度；利用矿物重结晶型式测温法、斜长石牌号测温等多种方法对洛栾断裂带的形成温度进行测定，研究洛栾断裂带在不同地区的变质-变形环境。

第一节　矿物微观变形特征及变质相

洛栾断裂带内主要发育一系列糜棱岩和低绿片岩-高绿片岩相的浅变质强变形的岩石，局部出现低角闪岩相的变质岩。糜棱岩面理产状一般 350°～25°∠50°～86°。带内发育强烈的片理化和揉皱，变形分异的石英脉普遍发育，并随构造作用而产生不同形式的变形，表现为条带状、σ 或 δ 型透镜状、弯曲柔流褶皱状及拉长而细颈化的香肠状等，构造变形十分强烈。

由于洛栾断裂带内及两侧的原岩成分不同，带内出现了多种糜棱岩类型。本书按照原岩成分（孙岩等，2001；刘正宏等，2007；胡玲，1998；刘瑞珣，1988），将研究区的糜棱岩分为三类：长英质糜棱岩、碳酸盐质糜棱岩和基性糜棱岩。另外，构造片岩中矿物变形特征也与其形成的温压条件密切相关，能反映出其变形环境，故一并描述。

一、长英质糜棱岩

由于长英质糜棱岩在伏牛山构造带分布较广（图 7－1），所以利用其矿物共生组合特点分析变质相十分有利。带内的长英质糜棱岩主要矿物成分为长石（50%）、石英（40%）、角闪石（10%）。长石残斑为眼球状、条带状，有压力影，部分有雪球构造。重结晶石英为强烈拔丝条带状、撕裂状。长石强烈蚀变为石英和绢云母；角闪石多蚀变为黑云母，糜棱结构（图 7－2）。原岩主要在伏牛山构造带北部洛栾断裂带北侧的花岗岩及黑云斜长片麻岩（样品：XN91、FD21、FD28－M3）。

在西部庙子地区，长英质糜棱岩多具有残斑，石英为枣核状及条带状，但变形强烈；边部全部产生膨凸-亚颗粒式重结晶，波状消光强烈。长石为呈球状-眼球状残斑（FD28－M3、M4），轴比为 1∶1～1∶2，局部长宽比为 1∶5，并呈现强烈细粒化，边界为港湾状（FD21－4c）。黑云母变形强烈，有弯曲和扭折。绢云母化、绿泥石化强烈（图 7－2a、b），长石钠长石化及高岭石化，消光带和应力纹清晰，角闪石为黄绿—棕黄，解理清晰（图 7－2c、d）。

中部长英质糜棱岩中长石（45%）、石英（40%）、黑云母（10%）、绿泥石（5%）。石英不规则长眼球状（XN 91），多细粒化，有些有应力纹，膨凸式重结晶。碱性长石为主，部分更长石有密集的聚片双晶。黑云母浅棕—棕色，自形-半自形。绿泥石自形条片状（图 7－2e、f）。

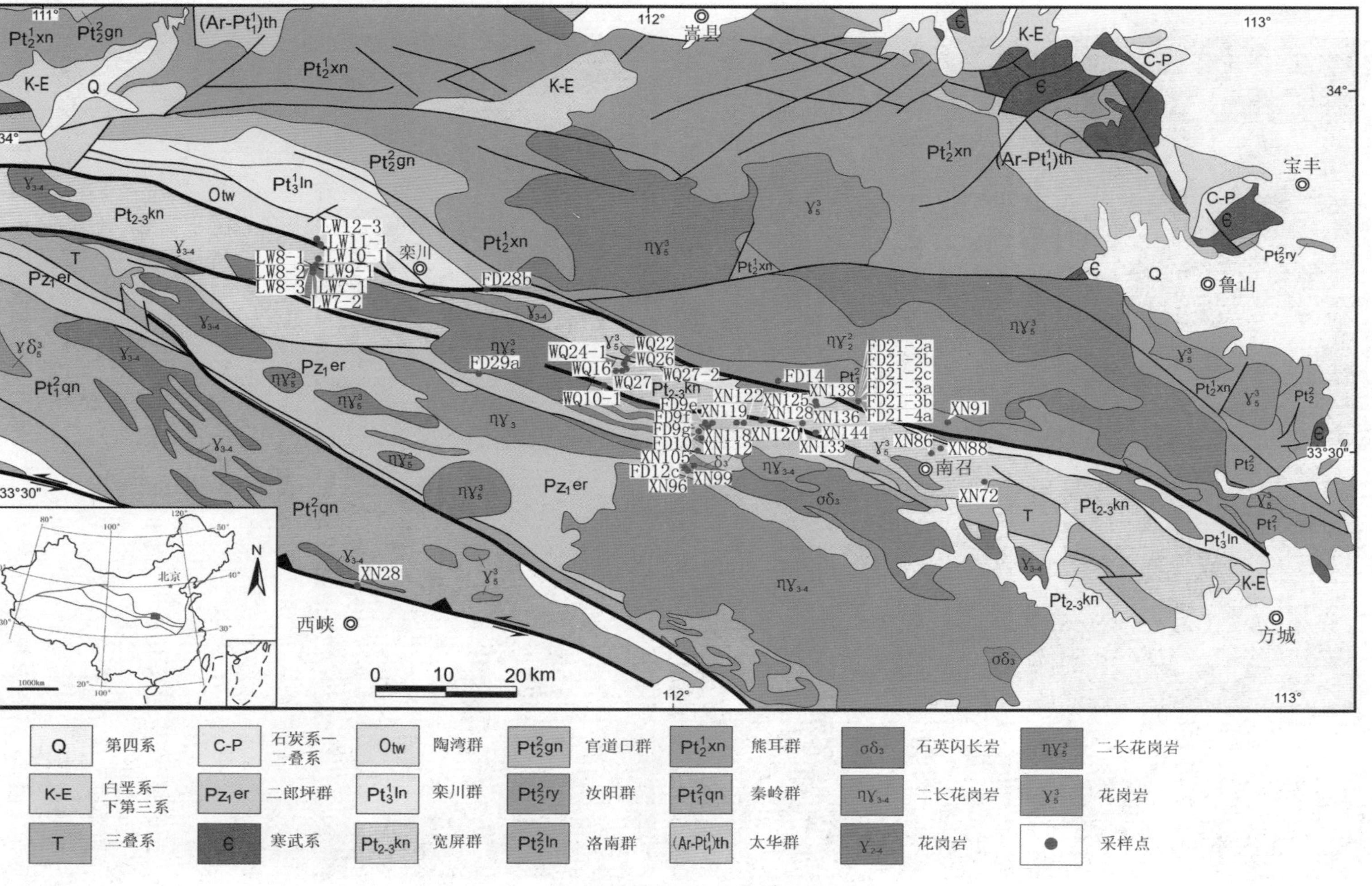

图7-1 伏牛山构造带长英质糜棱岩分布图

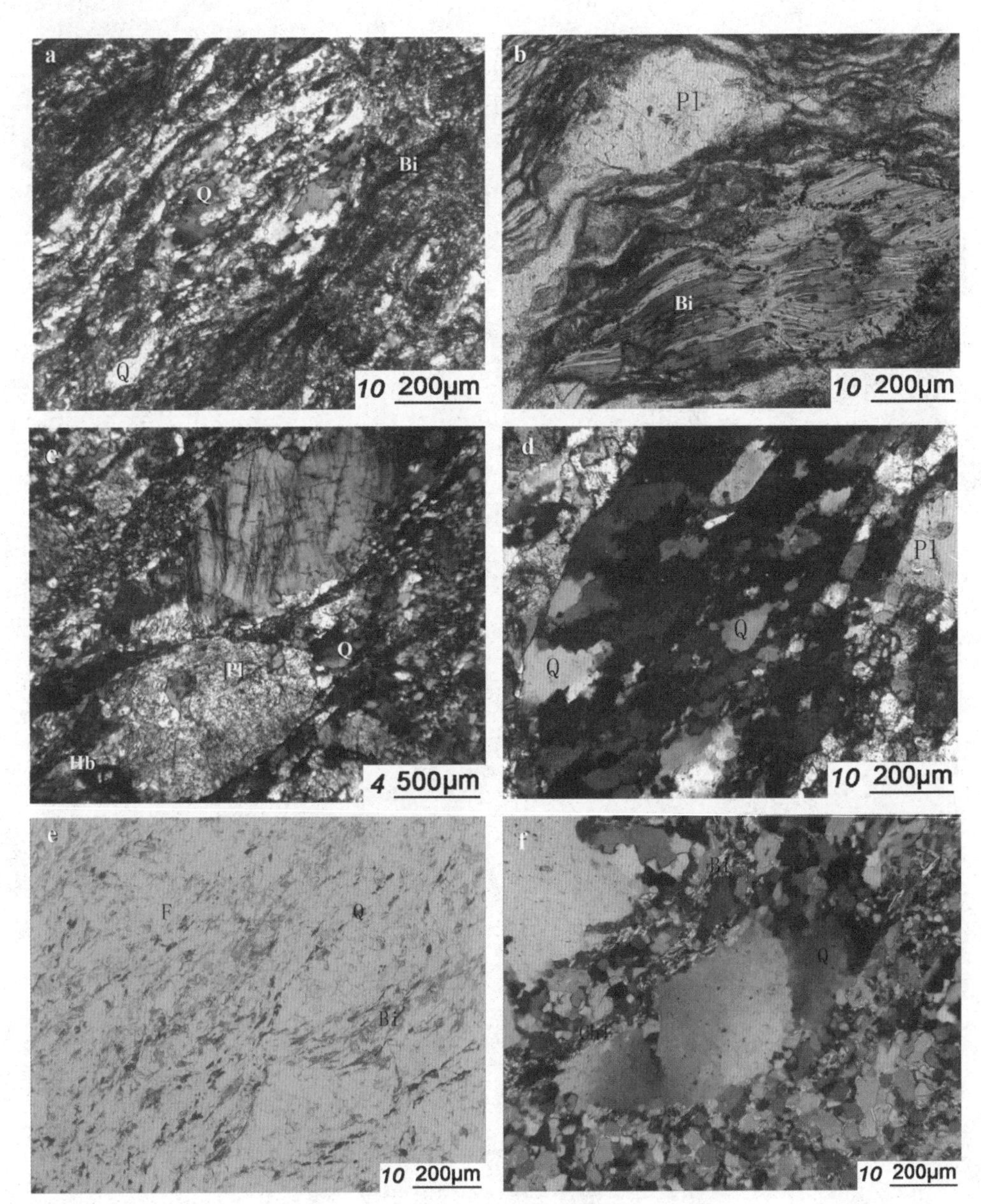

图 7-2　长英质糜棱岩中矿物变形特征

a——FD28-M3；b——FD28-M4；c——FD21-4c-1；d——FD21-4c-2；e——XN91；f——XN91

Q——石英；F——长石；Pl——斜长石；Chl——绿泥石

二、碳酸盐质糜棱岩

西段庙子南部的碳酸盐质糜棱岩（FD28-M1）主要矿物为方解石和石英。糜棱岩中的残斑主要是眼球状石英，石英残斑全部都产生了细粒化，亚颗粒动态重结晶明显，但亚颗粒定向与糜棱面理不一致，而且，各残斑石英的亚颗粒定向也没有固定的方向性，说明剪切过程中有他处的石英颗粒被带入包裹在灰岩中的，它的动

态重结晶与糜棱岩化没有直接的关系（图 7 - 3a、b）。也见少量呈眼球状的方解石残斑，基质为泥晶-微晶的方解石，偶见单晶丝带构造的石英条带。这些特征说明此处的糜棱岩变形环境不超过绿片岩相。

位于伏牛山构造带中段的含碳酸盐质糜棱岩（XN136）方解石占 5%，其余为石英和长石。方解石以残斑和基质形式出现，残斑眼球状或卵状；基质多泥晶和微晶，重结晶不明显。石英为眼球状残斑，有拉张裂纹，长宽比为 3∶1～1.5∶1，有书斜构造；重结晶石英为丝带状，膨凸式-亚颗粒式重结晶，显示其重结晶温度高于西段。长石为眼球状残斑轴比为 1.5∶1。

三、基性糜棱岩

主要矿物为绿帘石、绿泥石、石英、少量黑云母，矿物定向强烈。石英呈单晶、多晶条带，重结晶强烈，边界弯曲-平直，有少数矩形晶；黑云母绝大多数为新晶，少数残斑，条片状；绿帘石为残斑，枣核状，有与面理垂直的裂纹。绿泥石晶体呈细丝状，形成面理。属于千枚糜棱结构（图 7 - 3e）。原岩为宽坪群绿片岩（XN72）。

西段庙子南部的基性糜棱岩（FD28、M7 - 1），石英为条带状，动态重结晶强烈，角闪石灰绿色，为残斑，多眼球状或长枣核状。绿帘石多为卵形在基质呈条带分布，角闪石周围也有很多，可能是角闪石退变质形成的（图 7 - 3f）。与东部同类型基性糜棱岩相比，其变质程度较低，退变质没有进行彻底。

四、构造片岩

在东部南召地区，云英质糜棱岩中石英呈条带状分布（FD4b），波状消光，边界平直，静态恢复强烈，粒状变晶，片状构造。白云母波状消光，为半自形-自形条片状（图 7 - 3c）。呈条带状分布，弯曲较强烈；少量方解石为呈灰泥状分布在石英颗粒边部。

在西部庙子地区，云英质糜棱岩主要矿物为石英（80%）、白云母（10%）、长石（<10%），角闪石、少量石榴石（FD28、M7 - 6）。石英为眼球状、浑圆及椭圆状-矩形，残斑细粒化，边界弯曲。黑云母枣核状残斑，棕红色。基质含有大量绿帘石，颗粒细小。白云母绝大多数自形且定向强烈，少数角闪石残斑呈眼球状，绝大多数黑云母化；长石眼球状残斑全部石英化、绢云母化；基质里还含有一定的方解石，微晶粒度。糜棱结构。在断裂带出现较多，从东到西都有（图 7 - 3d）。

通常，不同变质相下的矿物动态重结晶现象及型式不同（Smulikowski W，2007；Spear F S，1988）。

1. 在沸石相条件下，在应力作用下方解石发育膨凸式重结晶，黑云母开始发生塑性变形。

2. 在低绿片岩相条件下，方解石以亚晶粒旋转重结晶作用为主；石英形成单晶丝带，有少量亚晶粒及膨凸重结晶新晶；黑云母以扭折为主，偶有膨凸重结晶作用

发生；长石以碎裂变形为主，晶内开始出现波状消光、变形带、机械双晶、扭折等由位错滑移引起的变形现象。

3. 在高绿片岩相条件下，石英以亚晶粒旋转为主，发育多晶集合体条带；黑云母也普遍发育以亚晶粒旋转为主的重结晶作用；长石开始发生膨凸重结晶，残斑系十分发育，晶内普遍发育机械双晶、变形带、扭折等变形现象。

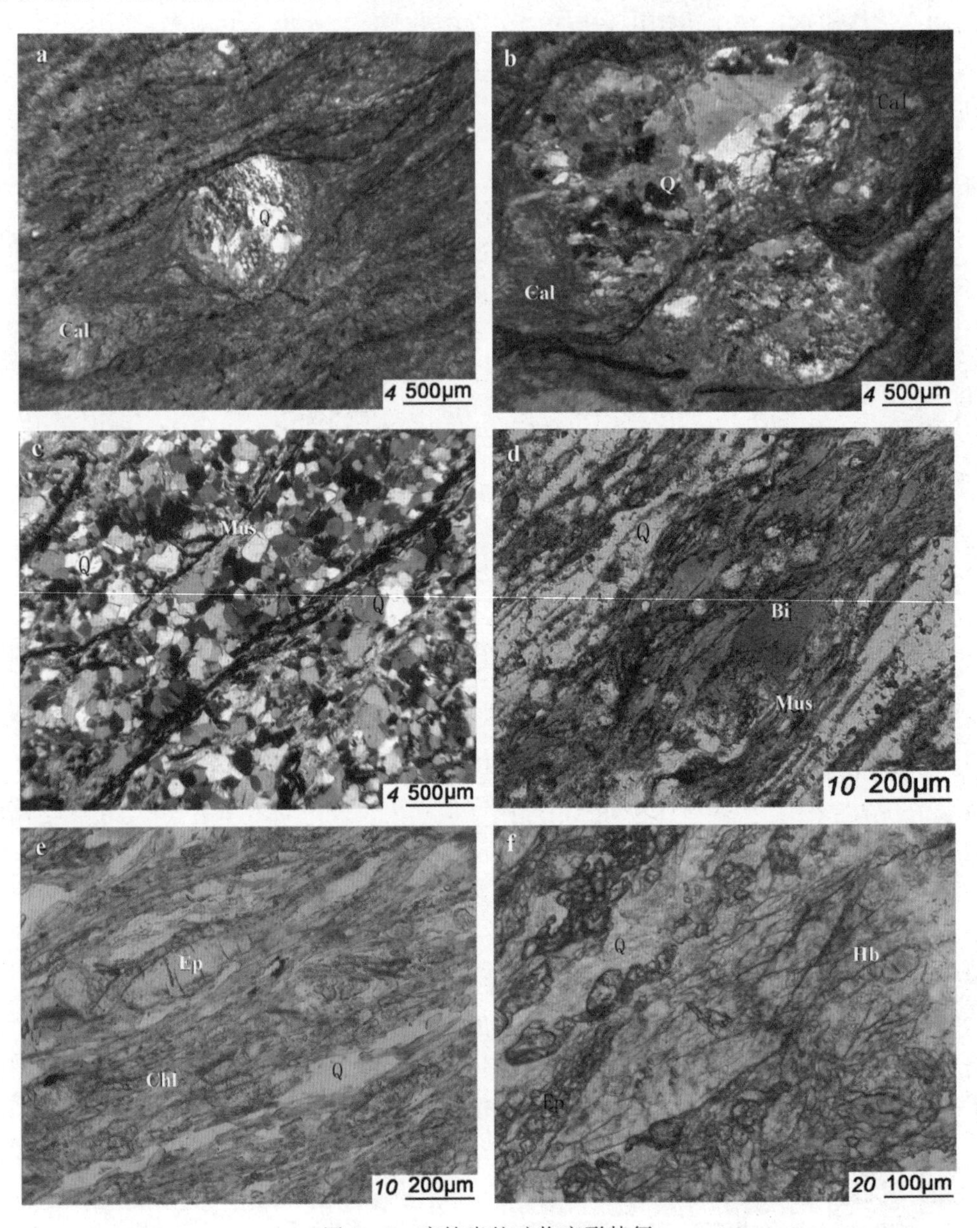

图 7-3　糜棱岩的矿物变形特征

a——FD28-M1；b——FD28-M1；c——FD4b；d——FD28-M7；e——XN72；f——FD28-M7

Q——石英；F——长石；Pl——斜长石；Bi——黑云母；Hb——角闪石；

Chl——绿泥石；Ep——绿帘石；Cal——方解石

4. 在低角闪岩相条件下，石英重结晶晶粒逐渐变大，形成矩形条带，重结晶机制为颗粒边界迁移；长石开始出现位错攀移，并出现亚晶粒旋转重结晶；角闪石发育以双晶成核为主的膨凸重结晶作用和机械双晶作用。

5. 在高角闪岩相条件下，石英为长矩形条带；长石变形机制为亚晶粒旋转重结晶作用；角闪石出现亚晶粒旋转重结晶作用，形成近等粒状新晶粒。

6. 在麻粒岩相条件下，石英重结晶为长条状单晶；长石表现为完全的晶质塑性，重结晶作用十分发育；斜长石新晶集合体内常常发育乳滴状石英，而钾长石新晶集合体则为斜长石、钾长石和石英的交生体；辉石开始发育膨凸重结晶作用；变质条件加强时，橄榄石比辉石更容易发生塑性变形（Pattison D R M et al，2003；Cesare B et al，2002；Hippertt J et al，2001；Dimanov A et al，1998）。

沿伏牛山构造带分布的岩石全部都不同程度糜棱岩化，从变质程度上可以分为初糜棱岩、千枚糜棱岩、变晶糜棱岩。参照上述矿物的变形和动态重结晶型式，对伏牛山构造带糜棱岩的矿物变形进行比对，认为自西向东矿物动态重结晶程度逐渐加强，塑性流变更加明显，动态重结晶由非稳态逐渐转变为稳定态。说明伏牛山构造带东段出露的岩石相对西段遭受构造作用的时间更长，层次更深，东部以高绿片岩相为主，变质温度为400～500℃，局部可达到低角闪岩相，形成温度高达500～600℃。西部的变质程度以低绿片岩相为主，形成温度为300～400℃。

第二节　伏牛山构造带的形成温度

一、石英动态重结晶型式的温度分析

动态重结晶是变形晶体中位错密度降低的结果。在此过程中，高位错密度颗粒的边界物质逐渐转移到低位错密度的晶体中，致使弱变形颗粒逐渐增大而强变形颗粒减小。矿物颗粒粒度、形态和定向性的改变是重结晶作用发生的典型特征。动态重结晶机制主要包括膨凸、亚颗粒旋转和颗粒边界迁移三种（Nishikawa O et al，2004；Hippertt J et al，2001；Heidelbach F，1999；Gleason G C et al，1995，1993；Drury M R et al，1998；Jessel M W，1986；Lamieson R A et al. 1981）（图7-4）。Hirth和Tullis等人指出温度、应变速率和差异应力是影响矿物不同重结晶机制的主导因素。

1. 膨凸重结晶型式（BLG）

发生在低温、高应变速率和高应力条件下，是相邻两个具有不同位错密度的颗粒边界附近，较低位错密度的颗粒向着较高位错密度的颗粒一侧凸出，并形成新的独立小颗粒的过程。膨凸重结晶作用主要发育于具有明显位错密度差异的不同颗粒边界和三连点附近部位。形态特点表现为石英发生强烈的塑性变形，形成不规则的

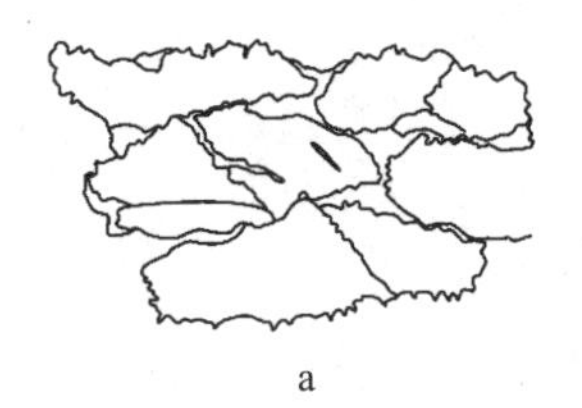
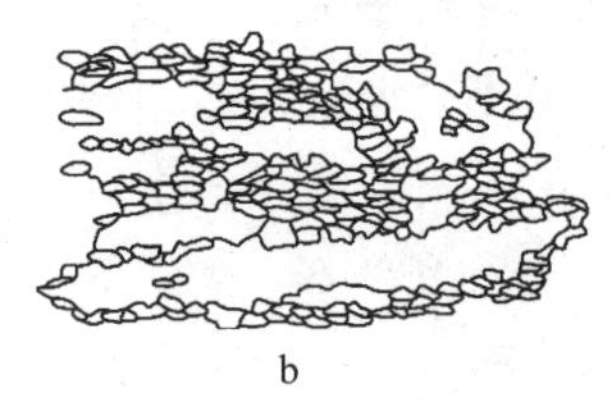
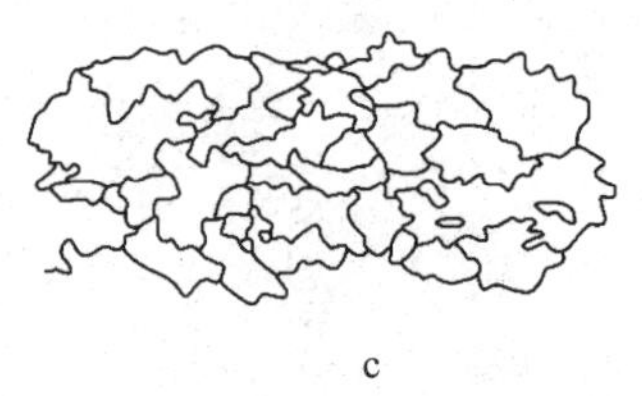

a　　　　　b　　　　　c

图 7-4　三种动态重结晶机制

a——膨凸重结晶型式；b——亚颗粒旋转重结晶型式；c——颗粒边界迁移重结晶型式

单晶石英条带、丝带构造。镜下可见这类石英条带由细小的新晶及条带状的残余老颗粒组成。新颗粒呈水滴状，边界圆滑，粒度相近，内部波状消光不明显。残余老颗粒条带则波状消光明显，表明老颗粒具有相对高的位错密度。细小水滴状新颗粒形似乳头，侵入到残斑中，逐步替换老颗粒，形成典型的近等粒交叉舌状构造。这是由膨凸重结晶（BLG）形成的典型特征。石英发生 BLG 动态重结晶的温度范围在 250～400℃之间。因为 BLG 重结晶从老颗粒边部开始，逐步蚕食老颗粒，直至老颗粒消失全部形成新晶，该过程特别容易形成核幔构造（图 7-5a）。

BLG 的形成可以通过物理模拟重现其形成过程。当两个相邻晶体发生塑性变形，且其中一个具有比另一个更高的位错密度时，两者边界上具较高位错密度晶体上的原子会发生微小位置调整以适应低位错密度晶体结构，造成低位错密度晶体体积增大，而高位错密度晶体被消耗。在颗粒规模上，该过程表现为颗粒边界的迁移。因而，BLG 又被称为低温颗粒边界迁移。

（2）亚颗粒旋转重结晶型式（SGR）

该动态重结晶作用发育在中温、中应变速率和中应力条件下，随着较高温度条件下动态恢复作用的不断发展，晶内位错逐渐有效地组织形成位错壁和位错阵列，并形成亚颗粒。随着亚颗粒的旋转逐渐加强，相邻亚颗粒之间位向差 $\theta>12^{\circ}$时即可构成大角度边界，最终形成与变形主晶光性方位有显著差异的新晶体颗粒（图 7-5b）。

亚颗粒旋转动态重结晶作用产生的动态重结晶颗粒的形态特点是粒度大小接近，形状相似，通常呈轻微压扁拉长状。这种拉长状的新颗粒的定向与集合体总体形状的定向呈一定的角度相交，据此可判断剪切运动指向。对于石英而言，发生 SGR 的大致温度范围为 400～500℃。

关于 SGR 的成因，一般认为是在晶体塑性变形过程中形成的自由位错发生滑移或攀移，并逐步排列在某些特定的晶格结构面上，形成网格状变形带（Ralser S et al，1991）。这些网格状变形带将晶体分割成不同域，这些“域”间的边界为位错列，造成两侧晶格方位偏转。若相邻域间的晶格方位差达到一定程度（大于 5°），这些域就不再被视为同一个晶体，而是新形成亚颗粒。由于位错只能沿着某些特定晶格结构面滑移，位错攀移也只能在某些特定晶格结构面间发生，所以，亚颗粒旋转形成的新晶粒往往定向排列。由此形成的亚颗粒具有明显的长短轴，且长轴定向排列；这类亚颗粒往往聚集成条带，与老颗粒交互平行排列，形成典型的条带状构造。

3. 颗粒边界迁移重结晶型式（GBM）

该类动态重结晶作用形成于高温、低应变速率和低应力条件下，此时新生无应变动态重结晶颗粒广泛出现，它们与相邻高应变主晶直接接触，造成了颗粒间的位错密度差，这样的颗粒边界是一个不稳定的边界，低位错密度的晶体颗粒将首先吞噬高位错密度颗粒边界上的位错，并使得颗粒边界向着高位错密度颗粒方向迁移。

由颗粒边界迁移动态重结晶作用形成的新晶粒的形态特点是其边界常呈树叶状、锯齿状、尖棱状、蠕虫状等不规则形态，颗粒也大小不等（图 7－5c）。

重结晶作用在长英质糜棱岩中非常普遍。如果重结晶和变形同时发生就叫做同构造或动态重结晶作用，如果重结晶发生在变形之后，则称之为后构造或静态重结晶作用。重结晶所需要的能量主要来源于位错所产生的弹性应变能，晶体内部的位错消失重结晶作用也就停止。另一个来源为晶体的表面能，重结晶则是晶体表面能降低的结果。

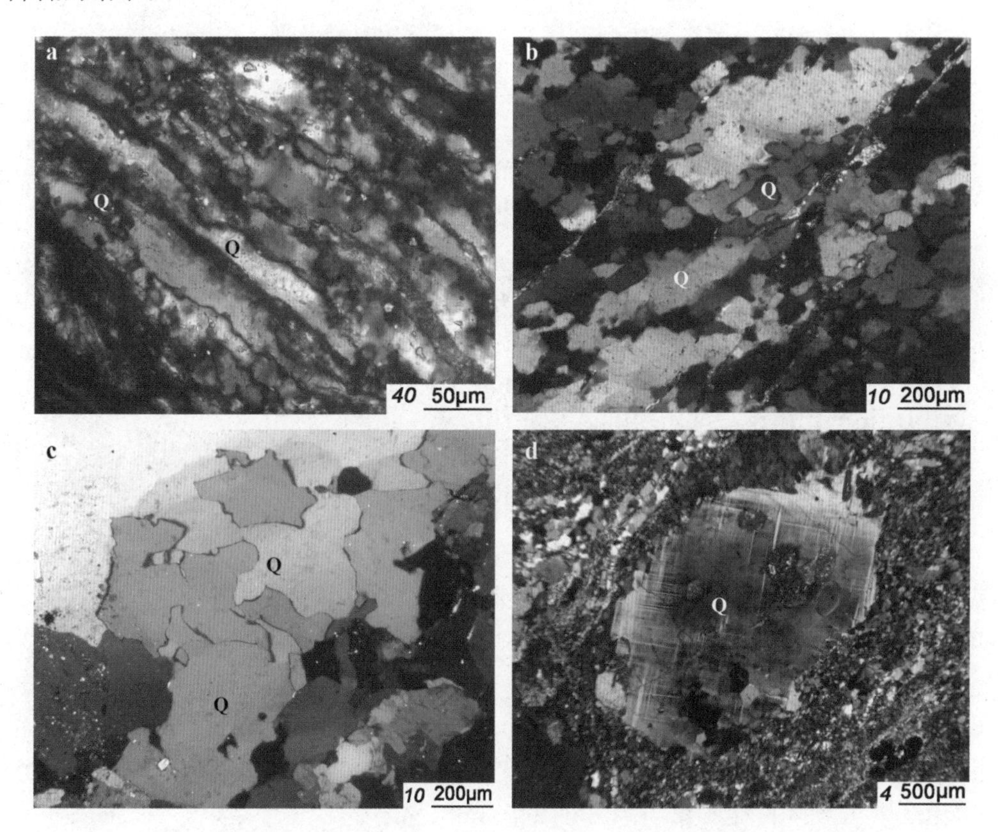

图 7－5　伏牛山构造带长英质糜棱岩中石英重结晶型式

a——BLG 重结晶型式及丝带构造；b——SGR 重结晶型式及核幔构造；

c——GBM 重结晶型式；d——棋盘格式波状消光

重结晶作用包括成核过程和新晶生长过程。在变形晶体中，应变一般是不均匀的，那么由于存储在晶体内塑性应变能的不同而引起自由焓差，从而产生一种驱动力。在此力的驱动下位错产生蠕变，在应变晶粒边界产生隆凸和粒内亚颗粒的旋转

两种机制，形成重结晶颗粒的晶核，并在此基础上生长成为新晶粒而取代老的应变晶粒，形成特有的塑性变形结构和构造。

动态重结晶型式及重结晶程度的强弱（即新晶核与残留应变晶粒之比率）与应变环境密切相关。所以，动态重结晶既是地质温度计，也是地质压力计。

通常，糜棱岩中残斑矿物组合一般代表了原岩所处的变质相，反映的是变质条件；而新晶基质的矿物组合则代表了糜棱岩变形后的变质矿物组合，即变形相，反映的是变形条件。因此，可以利用糜棱岩中新生矿物组合来判断新生环境的变质相和变形相，从而得出糜棱岩形成的温度。长英质糜棱岩在绿片岩相条件下的新生基质矿物组合为：绿帘石＋绿泥石＋黑云母＋石英＋钠长石（＋白云母）。角闪岩相条件下的新生基质矿物组合为：斜长石（富钠）＋微斜长石＋石英＋黑云母（＋角闪石）。通常，在低角闪岩相时可出现大量白云母，在高角闪岩相时可出现矽线石。在麻粒岩相条件下，新生基质矿物组合为：单斜辉石＋斜方辉石＋斜长石＋石英等。因此，可以通过新生基质矿物组合推算岩石变形时的温压条件。

石英、长石的重结晶型式与温度的关系如下：

其一：石英的变形与温度的关系

石英的重结晶开始于约300℃温度环境下，在300～700℃时重结晶型式经历膨凸式重结晶（BLG）、亚颗粒旋转重结晶（SR）、颗粒边界迁移重结晶（GBM）三个过程。其中BLG重结晶温度范围为300～380℃，BLG向SR转变的温度区间为380～420℃，并在420～480℃温度范围内以SR独立存在。当变形温度高于480℃时，开始由SR向GBM转变，在显微构造上SR与GBM共存的区间为500±30℃区间内，且在约500℃时GBM开始占主导地位，而GBM独立存在的区间为530～630℃（Voll G，1976）。

其二：长石的变形与温度的关系

（1）极低变质条件（小于300℃）：长石变形主要以脆性破裂和碎裂流动为主。

（2）低变质条件（300～400℃）：长石变形仍然以内部显微碎裂为主，同时伴随着少数位错滑移。常出现机械双晶、波状消光、变形纹、扭折带等。残斑和基质清晰，偶见核幔构造。

（3）低—中变质条件（400～500℃）：长石脆一塑性变形兼而有之，以塑性变形为主，碎裂变形为辅。长石的塑性变形以动态重结晶为主，多发育在颗粒边缘，可见典型的核幔构造。随着温度的升高，变形双晶减少，钾长石残斑晶边界周围出现了蠕状石英，条纹长石占主要地位（Yang Xiaoyong et al，2001；R D McDonnell et al，2000；Voll G，1976）。

（4）中—高变质条件（大于500℃）：长石主要产生位错攀移和恢复作用，SR和GBM重结晶共存，核幔构造没有低变质条件下的明显。在高温条件下长石中的位错滑移也不发育（Shaocheng Ji et al，2000；Voll G，1976）。

（5）长石的塑性变形和动态重结晶常发生在绿片岩相向角闪岩相转换的环境中，温度大约为500℃。在500～600℃ 温度区间，长石的动态重结晶为BLG，在显微尺

度上表现为不规则突出、镶嵌构造。

（6）在 650～700℃区间，BLG 与 SR 两类重结晶型式共存，表现为同时出现港湾状与圆滑状颗粒边界，形成核幔构造。

（7）在 700～800℃区间，长石表现为独立的 SR 型重结晶。

（8）在 800～850℃区间，长石重结晶由 SR 向 GBM 快速转变。

（9）850℃以上时重结晶以独立的 GBM 型存在。

（10）另有一种形成于高温变形环境的典型显微构造称为“棋盘格式波状消光”，或“棋盘格式亚晶粒”（图 7－5d），它常与高温颗粒边界迁移形成的其他显微构造共生，但其形成过程和机制不详。

通过大量的显微观察，伏牛山构造带的变质-变形具有如下特征：

① 洛栾断裂带内可见大量石英动态重结晶型式以膨凸式、亚颗粒为主，颗粒边界迁移和棋盘格式亚晶粒重结晶型式为辅。表现形式从丝带构造、缎带构造、核幔构造、条带状构造、树叶状直至棋盘格状都有，石英动态重结晶现象多样。

② 洛栾断裂带自东往西，石英从高温边界迁移式逐渐转变为亚颗粒式、膨凸式动态重结晶；长石从膨凸-亚颗粒式重结晶逐渐转变为膨凸式重结晶，直至显微碎裂变形。显示糜棱岩的形成温度从东部约 700℃向西逐渐过渡到 300℃左右。

③ 带内矿物的动态重结晶型式各异，特别是石英的动态重结晶型式变化多样。石英的动态重结晶型式自断裂带向北，从亚颗粒式向边界迁移式变化；长石的变形由眼球状、白云母化严重、破碎、应力条纹多，逐渐变为钠长石化、亚颗粒化、核幔构造。

④ 在石人山岩块的南部，洛栾断裂带中石英的重结晶型式和边界形态以及长石变形：变质-变形温度范围在 300～550℃，属中高温条件。断裂带附近的温度为 300～380℃；之后为 420℃左右，一直到 530～550℃，再逐渐降低，显示出洛栾断裂带附近温度低，断裂带北侧矿物形成温度高的状态。

⑤ 断裂带附近的黑云母、白云母、角闪石自形程度很高，远离断裂带自形程度下降，说明近断裂带岩石遭受的同变质-变形作用强，远离断裂带变质-变形作用减弱。

二、石英动态重结晶颗粒分维数估算流变参数

分形理论作为一种简单而有效的工具自引入地质科学以来，已得到广泛的应用，特别是近年来在岩石变形条件估算方面的取得了有意义的进展（郝柏林，1985）。石英动态重结晶的新晶粒边界几何形态具有统计学上的自相似性。不同形式的重结晶具有不同的边界，不同边界形态具有特定的分形维数（Kruhl et al，1996），即：颗粒周长 P 与颗粒等面积圆的直径 d 的关系为线性相关，相关线的斜率即为分维数 D。

1. 变质变形温度计算

分维数可以作为变形条件的温压指示计（Kruhl et al，1995，1996）。Takahashi (1998) 把分数维 D、变形温度 T（K）和应变速率 ε（S^{-1}）联系起来，

通过最小二乘法线性拟合得到：

$$D = \Phi \log \varepsilon + \rho / T + 1.08 \tag{7-1}$$

式中，Φ 和 ρ 都是实验参数，应变速率系数 $\Phi = 9.34 \times 10^{-2}$ {[log S^{-1}]$^{-1}$}，变形温度系数 $\rho = 6.44 \times 10^{2}$（$K$），$S$ 为时间（秒），T 为温度。

可见分维数与温度和应变速率密切相关。利用分维数可以估算石英的变形温度、差应力、应变速率。

首先，用面积一周长法计算石英颗粒边界分维数（Kenneth et al，1991；Voll，2004）。用软件对显微镜照片中动态重结晶石英颗粒边界矢量化，利用面积和周长查询功能统计出石英颗粒的周长（P）和面积（A），再换算成等面积圆的直径 d（即粒径），以周长的对数 log P 为纵轴，粒径的对数 log d 为横轴，分别计算出分维数 D，并将测量数据投在双对数图上（王新社等，2001）。

分维数是定量表示自相似性的随机形态和现象的最基本的量，是分形几何学中的一个十分重要的参数。不同温度范围的石英颗粒边界的分形具有不同的维数。

低绿片岩相岩石中石英颗粒边界的分维数为 1.23～1.31；

高绿片岩相一低角闪岩相岩石中的分维数为 1.14～1.23；

麻粒岩相及同构造花岗岩中的分维数为 1.05～1.14。

可见，在石英颗粒形成过程中，温度越高石英颗粒边界的分维数越小。因此，利用糜棱岩中动态重结晶石英颗粒边界的分维数可获得伏牛山构造带糜棱岩的变形温度。

本书通过分析伏牛山构造带糜棱岩中动态重结晶石英的分维数对其形成条件进行了估算。取样选用垂直于洛栾断裂带的剖面Ⅱ和瓦乔断裂带的剖面Ⅸ两个横剖面（表 7-1、表 7-2）和沿洛栾断裂带和瓦乔断裂带的两个纵剖面（表 7-3、表 7-4）对伏牛山构造带的石英分维值的变化规律进行观察和分析（图 7-6），变形温度有明显变化。

其一：变形温度的横向变化

通过对横穿断裂带的动态重结晶石英颗粒边界的分维数分析，可以看出如下规律：

（1）在横穿洛栾断裂带的剖面Ⅱ中，自北向南朝洛栾断裂带靠近时分维值逐渐增大，至洛栾断裂带时分维值达最大，由 NX19-2 样品的 1.243 逐渐变化为 NX1 的 1.331。

（2）在横穿瓦乔断裂带西部的剖面Ⅸ中，自南向北近瓦乔断裂带分维值逐渐增大，由 NX19-2 的 1.243 逐渐变化为 NX1 的 1.331。在瓦乔断裂带分维值达最大。

两条横剖面的分维值都反映出相同的特点，即远离断裂带的分维值较小，近断裂带的分维值较大（表 7-1、表 7-2；图 7-7、图 7-8），反映出近断裂带的糜棱岩形成温度较低，远离的则较高。说明洛栾断裂带和瓦乔断裂带都是具有退变质作用的断裂带。

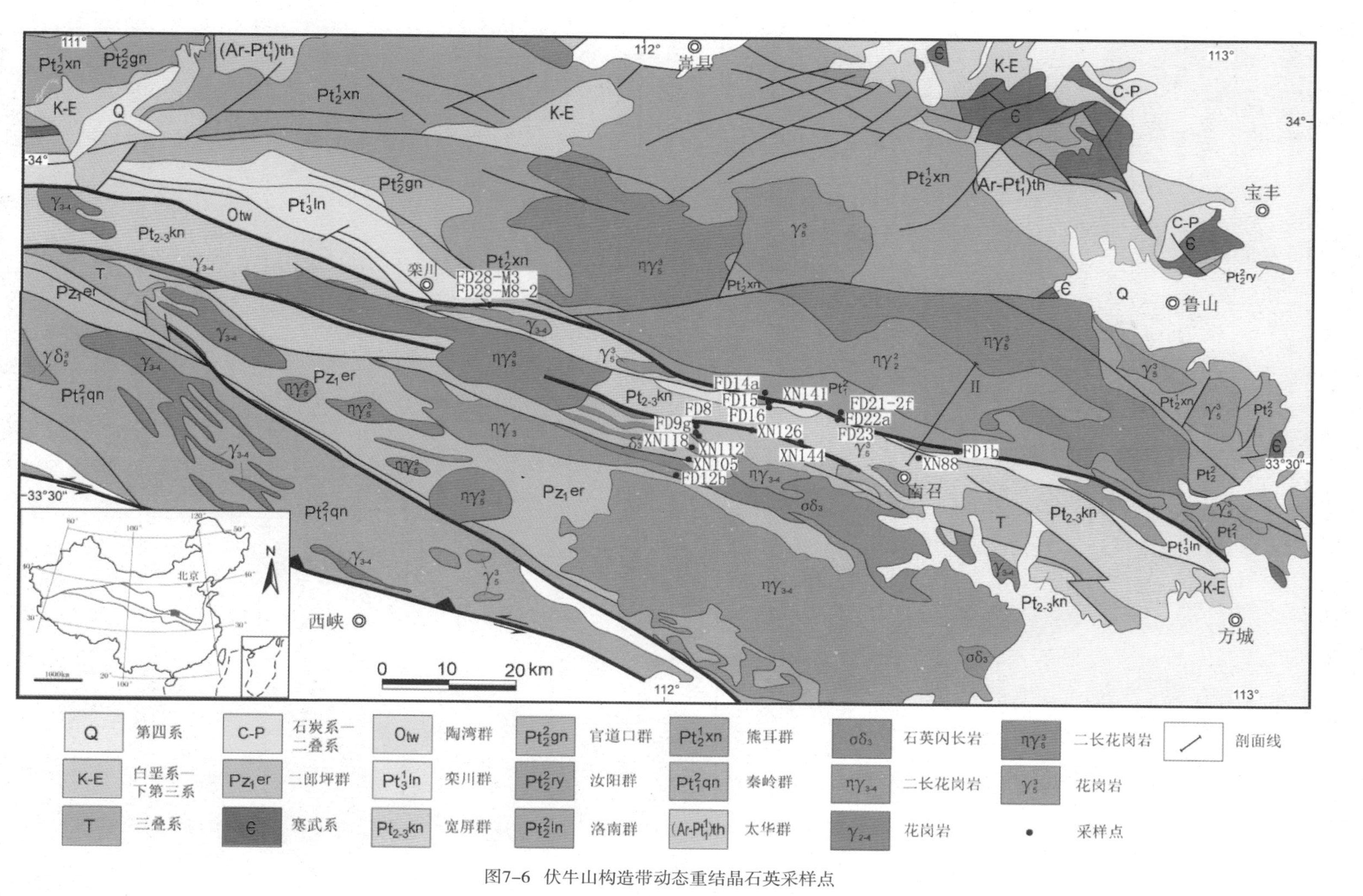

图7-6　伏牛山构造带动态重结晶石英采样点

表 7-1 横穿洛栾断裂带的动态重结晶石英采样点（Ⅱ号横剖面 NX1 北～NX19 南）

样品号	点数	粒径分布 ($d/\mu m$)	周长分布 ($P/\mu m$)	分维数 (D)	相关系数 (R)	差应力 ($\Delta\sigma MPa$)	应变速率值 ε
NX1	30	31.60～276.37	450.33～1148.93	1.331	0.952	28.5	6.76345E-16
NX2	37	6.55～502.97	33.89～3199.06	1.479	0.979	32.8	4.11183E-15
NX3-11	63	37.44～270.02	141.90～270.02	1.332	0.970	28.8	6.75577E-16
NX4	25	190.40～747.62	191.67～902.82	1.294	0.978	25.1	4.18821E-16
NX5-1	10	216.20～793.94	761.09～3189.44	1.220	0.989	48.9	3.68947E-17
NX6	86	45.45～645.91	166.66～2385.48	1.297	0.989	24.5	3.8255E-16
NX7	97	45.62～342.40	195.32～1450.96	1.298	0.967	24.8	3.98646E-16
NX8	68	48.01～374.47	241.23～1934.26	1.305	0.971	23.9	3.43769E-16
NX14-4	8	48.01～374.47	241.23～1934.26	1.305	0.971	65.9	3.43769E-16
NX19-3	6	191.84～4939.35	52.04～562.77	1.243	0.989	59.8	1.81072E-16

注：表中样品按出露位置，依次排列

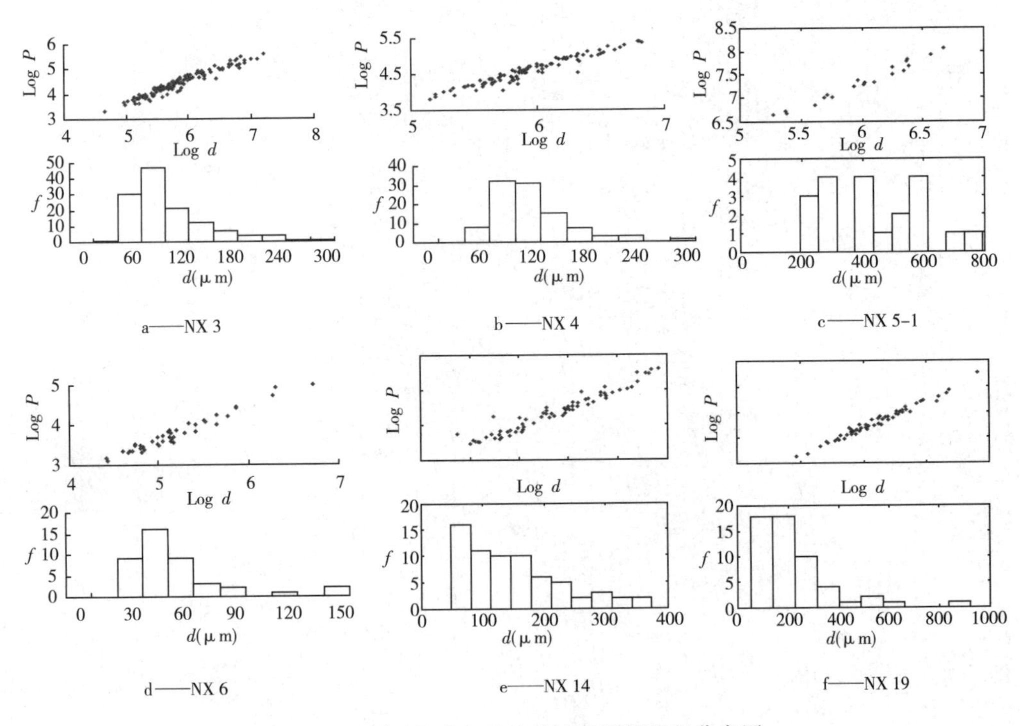

图 7-7 剖面Ⅱ动态重结晶石英颗粒粒径分布图

表 7-2 瓦乔断裂带动态重结晶石英颗粒边界的分形特征（剖面Ⅸ）

样品号	点数	粒径分布 $d/\mu m$	周长分布 $P/\mu m$	分维数（D）	相关系数（R）	差异应力（$\Delta\sigma$MPa）	应变速率值 ε
FD9g	44	15.54～75.30	78.06～474.32	1.453	0.954	62.144	7.84613E-16
XN118	42	30.08～199.30	128.79～979.62	1.365	0.975	33.753	6.09662E-16
XN112	38	51.82～313.12	203.28～1854.76	1.331	0.952	25.934	2.88431E-16
XN105	39	56.10～236.74	250.32～1403.54	1.329	0.948	26.994	3.16983E-16
FD12b	38	26.43～147.98	138.97～794.06	1.385	0.926	39.278	8.66523E-16

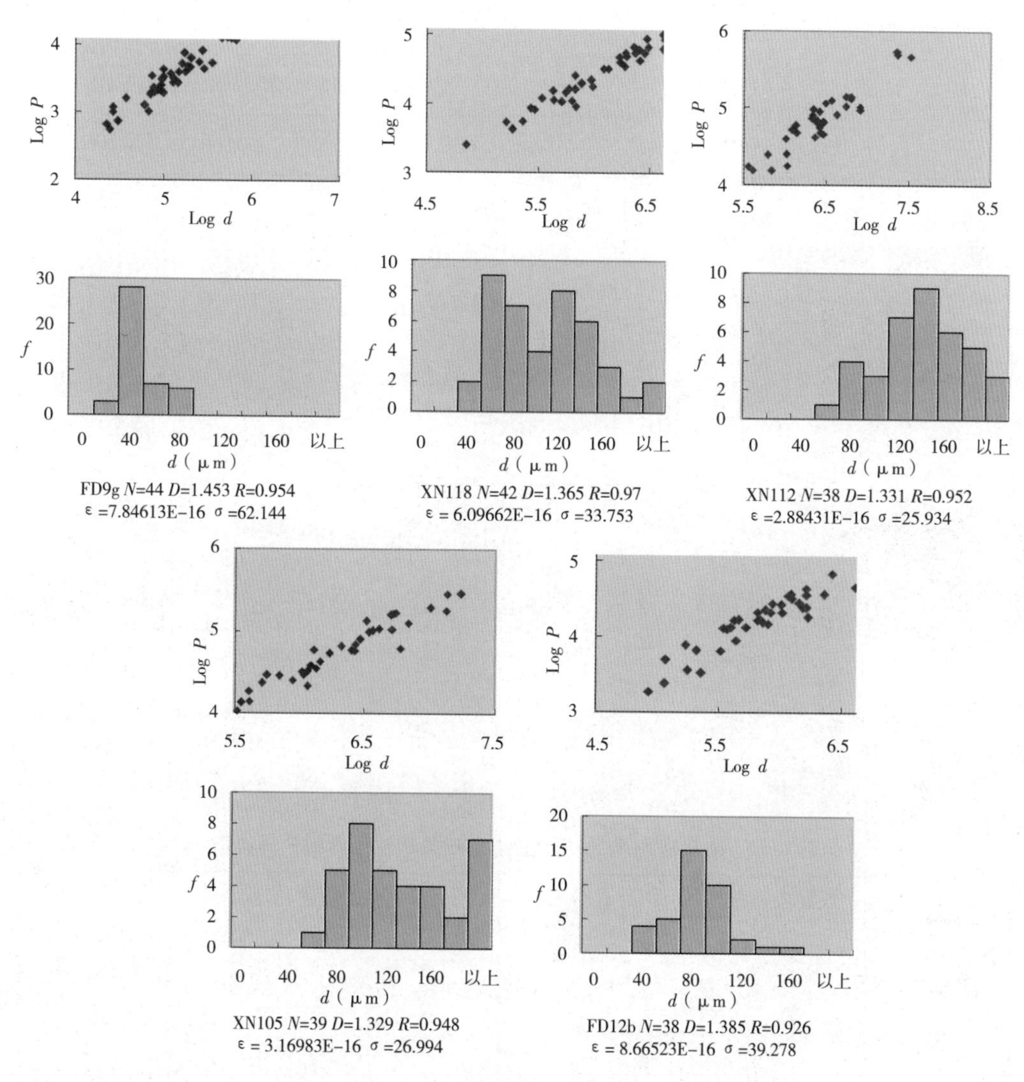

图 7-8 剖面Ⅸ动态重结晶石英颗粒粒径分布图

其二：变形温度的纵向变化

沿洛栾断裂带和瓦乔断裂带两条纵剖面的分维值变化也有一定规律：

(1) 洛栾断裂带自东向西，分维值从 FD1b 的 1.354 变化为 FD28 - M8 的 1.391。

(2) 瓦乔断裂带自东向西，分维值从 XN144 的 1.353 变化为 FD8 的 1.374。

两条纵剖面的分维值都是西部的分维值较大，东部较小（表 7 - 3、表 7 - 4；图 7 - 9、图 7 - 10），反映出东部的形成温度高于西部。

表 7 - 3 瓦乔断裂带动态重结晶石英颗粒边界的分形特征（剖面Ⅸ）

样品号	点数	粒径分布 $d/\mu m$	周长分布 $P/\mu m$	分维数（D）	相关系数（R）	差异应力（$\Delta\sigma$MPa）	应变速率值 ε
XN144	40	36.11～272.69	153.79～2058.59	1.353	0.930	32.417	3.45769E - 14
XN126	41	31.71～211.79	161.46～1083.17	1.379	0.947	35.787	1.24300E - 14
FD8	40	22.82～319.18	121.32～1757.18	1.374	0.983	33.524	2.14687E - 16

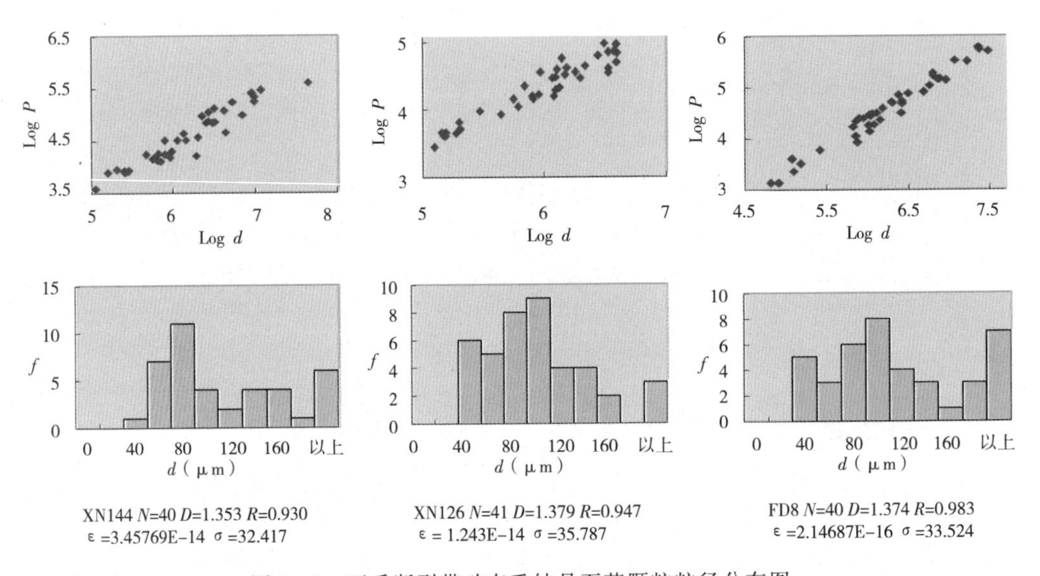

图 7 - 9 瓦乔断裂带动态重结晶石英颗粒粒径分布图

表 7 - 4 洛栾断裂带的动态重结晶石英颗粒边界的分形特征

样品号	点数	粒径分布 $d/\mu m$	周长分布 $P/\mu m$	分维数（D）	相关系数（R）	差异应力（$\Delta\sigma$MPa）	应变速率值 ε
FD1b	43	32.36～261.52	147.74～1783.48	1.354	0.938	31.847	3.92917E - 11
XN88	35	42.46～247.91	177.82～1766.66	1.364	0.939	28.853	7.21269E - 13
FD21 - 2f	39	40.39～310.76	211.31～1936.46	1.389	0.971	32.573	1.09628E - 13
FD22a	35	29.83～310.49	124.98～1590.73	1.377	0.950	34.024	1.40457E - 13

（续表）

样品号	点数	粒径分布 $d/\mu m$	周长分布 $P/\mu m$	分维数（D）	相关系数（R）	差异应力（$\Delta\sigma$MPa）	应变速率值 ε
FD23	42	29.48～317.69	149.67～1782.52	1.378	0.981	32.317	1.22162E-13
XN141	43	45.36～304.81	225.48～1791.11	1.369	0.948	28.452	2.55816E-14
FD14a	35	46.59～441.77	204.70～2698.04	1.340	0.982	24.966	1.77673E-14
FD15	34	46.65～359.96	201.18～1962.83	1.344	0.971	26.535	2.30054E-14
FD16	40	39.67～223.10	231.83～1461.78	1.387	0.955	31.243	2.93418E-14
FD28-M3	29	28.95～103.07	103.78～567.63	1.392	0.953	42.091	3.42895E-16
FD28-M8	54	33.09～112.43	135.62～694.83	1.391	0.952	40.837	3.17713E-16

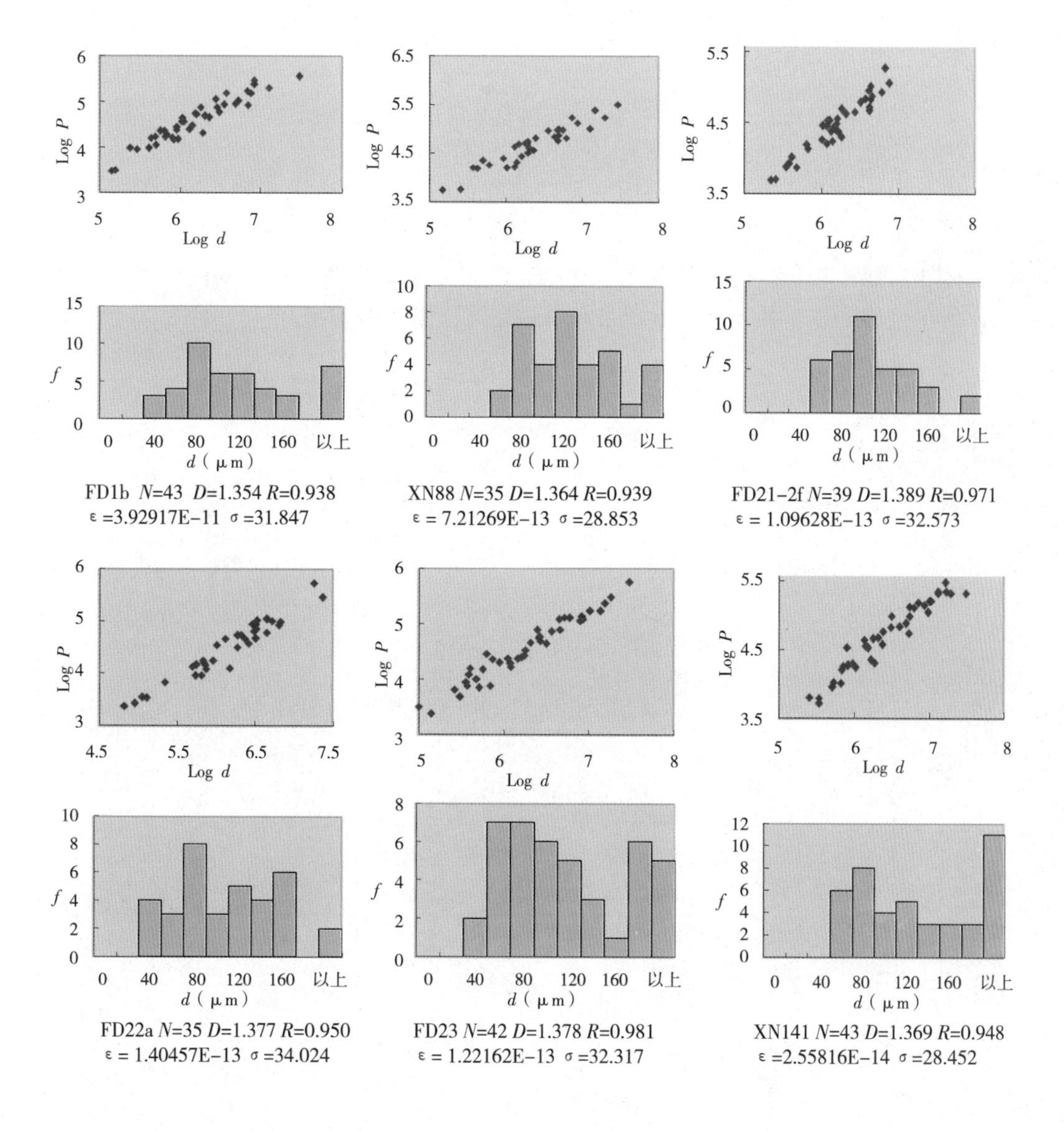

FD1b N=43 D=1.354 R=0.938
ε=3.92917E-11 σ=31.847

XN88 N=35 D=1.364 R=0.939
ε=7.21269E-13 σ=28.853

FD21-2f N=39 D=1.389 R=0.971
ε=1.09628E-13 σ=32.573

FD22a N=35 D=1.377 R=0.950
ε=1.40457E-13 σ=34.024

FD23 N=42 D=1.378 R=0.981
ε=1.22162E-13 σ=32.317

XN141 N=43 D=1.369 R=0.948
ε=2.55816E-14 σ=28.452

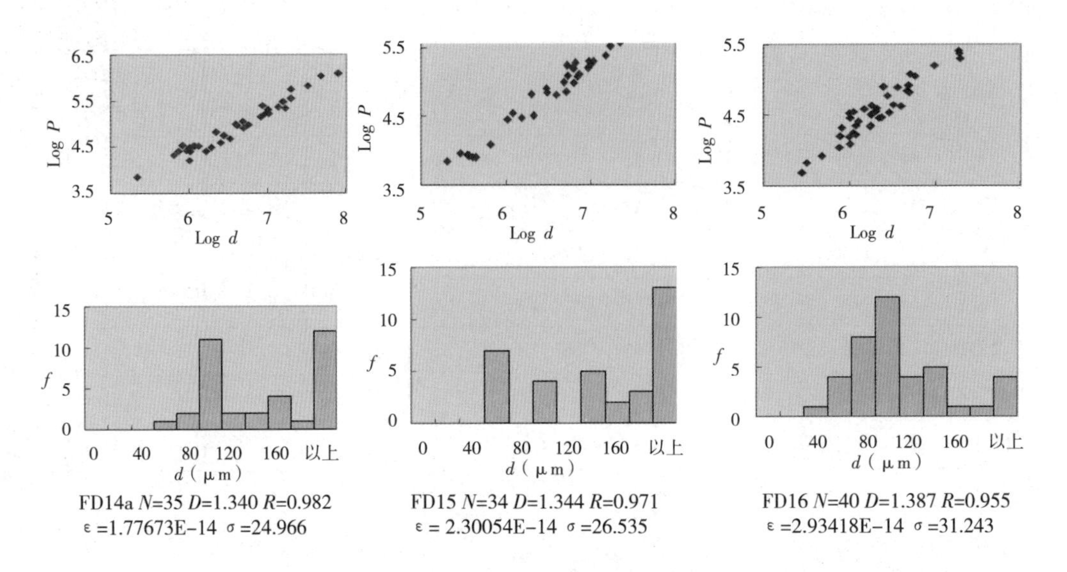

图 7-10　洛栾断裂带动态重结晶石英颗粒粒径分布图

伏牛山构造带糜棱岩的变质环境大多数样品投点落在高绿片岩相-低角闪岩相（图 7-11）。其中东部的糜棱岩多投在低角闪岩相，温度在 450～520℃，西部投点则多落在高绿片岩相范围，温度在 380～450℃。分维值反映的温度及变质相特征显示，伏牛山构造带中的系列断裂带是具有退变质作用的剪切带。

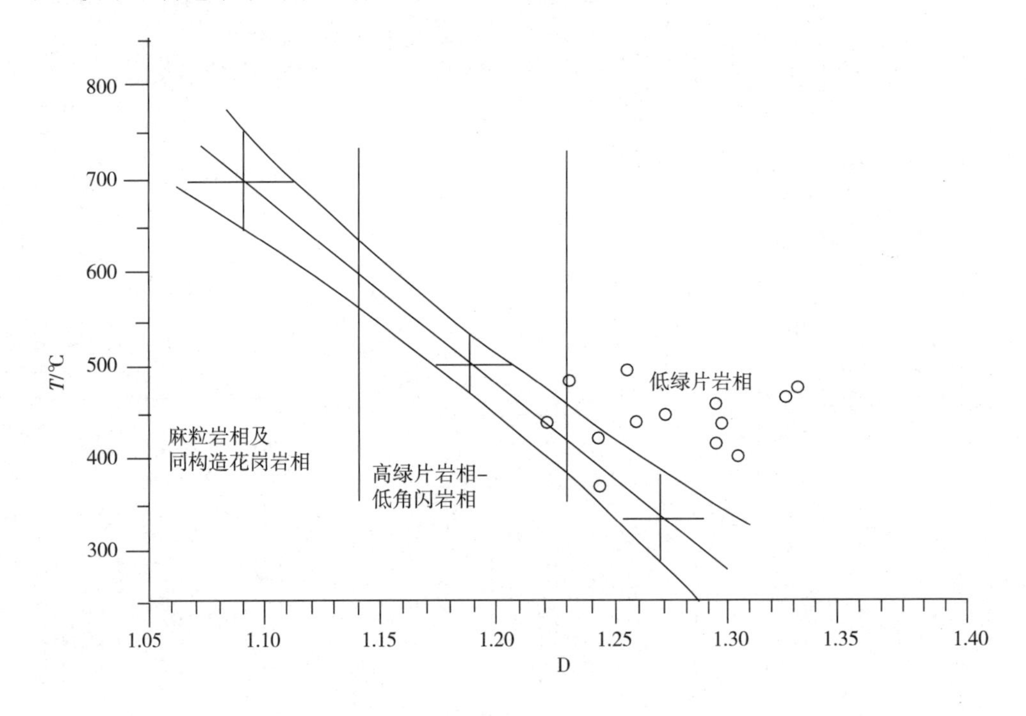

图 7-11　分维数反映的变形温度范围（底图据 Kruhl et al，1996）

2. 差异应力及应变速率：

石英动态重结晶颗粒边界形态的分维数可作为地质温度计和应变速率计，本书对洛栾断裂带动态重结晶石英的分维数进行了估算，并用其计算差异应力及应变速率。

用计算出的分维数，代入 Twiss 提出的石英动态重结晶颗粒粒径计算差异应力的公式中：

$$\sigma_1-\sigma_3=A\cdot D^{-m}=6.1\times D^{-0.68} \tag{7-2}$$

式中：D 为石英动态重结晶颗粒粒径，单位为 mm；$\sigma_1-\sigma_3$ 为差异应力，单位为 MPa，可分别计算出岩石变形的差应力（表 7-1、2、3、4）。洛栾断裂带的差异应力从东部（31.847 MPa）至西部（40.837 MPa）逐渐增大，最小值为 22.107 MPa，最大值为 42.165 MPa，平均值为 31.604 MPa。瓦乔断裂带的差异应力从东部的 32.417 MPa 至西部的 33.524 MPa，也是逐渐增大。最小值为 32.417 MPa，最大值为 35.787 MPa，平均值为 32.417 MPa。

再应用 Parrish 的湿石英流变速率公式：

$$\varepsilon\ (s^{-1})=4.4\times10^{-2}\times(\sigma\ (\mathrm{MPa}))^{2.6}\times\exp\ (-27778/T\ (K)) \tag{7-3}$$

根据其他方法取得平均变形温度 T，分别计算出应变速率值（表 7-1、2、3、4）。

通过动态重结晶石英颗粒边界的分维数分析结果可见，洛栾断裂带的应变速率值为 3.92917E-11～3.17713E-16 之间；瓦乔断裂带的应变速率值为 3.45769E-14～2.14687E-16 之间，属于中等应变速率条件。

三、石英组构测温

糜棱岩是岩石在塑性状态下发生连续变形的结果，是在一定应力和温度条件下，通过剪切带内岩石的塑性流动或晶内变形完成的，一般有一种或几种造岩矿物发生塑性变形，且这种塑性变形是通过矿物的晶质塑性变形实现的，石英就是最容易发生塑性变形的矿物之一。前人研究表明石英 C 轴组构特征与韧性剪切带变形变质条件是密切相关的（戚学祥等，2006a，2006c，2005；Stunitz et al，2003；Stipp et al，2002；许志琴等，2001；Kruhl，1996）。为此，通过统计、分析晶格优选方位，不仅可以确定韧性剪切带的韧性剪切方向，还可以估算韧性剪切带的形成温度。

1. 石英的滑移系与组构

石英的滑移系很多，大致可以分为底面滑移、菱面滑移、柱面滑移（Passchie C et al，2005）。不同温度下起主导作用的滑移系不同，而不同滑移系在剪切作用下会产生不同的石英晶格优选方位，导致石英光轴定向排列，产生不同的石英 C 轴组构特征。其中底面滑移石英 C 轴组构光轴优选方位（LPO）形成的点极密主要位于大圆边缘位置，柱面滑移点极密主要位于大圆中心位置，菱面滑移点极密则位于大圆边缘与中心的中间位置。通过测量岩石石英 C 轴组构中 LPO 的分布情况，可以获得石英滑移系的滑移情况，进而推测岩石的变形温度和剪切指向。

常见的石英组构包括：

（1）低温底面组构：形成温度低于400℃，滑移系为{0001}，＜c＞轴极密区位于应变椭球体Z轴附近。

（2）中低温菱面组构，形成温度为400～550℃，滑移系为{1011}，＜c＞轴极密区位于Y轴与Z轴附近。

（3）中温柱面组构，形成温度为550～650℃，滑移系为{1010}，＜c＞轴极密区位于Y轴附近。

晶体初始结晶学方位对动态重结晶作用具有重要影响。在动态重结晶过程中，利于晶内滑移的颗粒最容易发生晶内塑性变形和重结晶。Gleason等在1993年通过石英共轴压缩变形实验发现，膨凸重结晶时不利于底面{0001}＜a＞和柱面{1010}＜a＞滑移的石英颗粒倾向于生长，形成与最大主压应力方向一致的极密，而利于底面和柱面滑移的颗粒发生重结晶。亚颗粒旋转重结晶时，新形成的晶粒继承了原有晶体的定向，并继续发生位错滑移进一步改变晶格方向。颗粒边界迁移重结晶时，重结晶的晶体与其晶格方向无关，即不倾向于特定取向的晶体，因此新结晶的颗粒晶格优选方位与未结晶的颗粒相同。但Heilbronner等在2006年的实验显示，在亚颗粒旋转和颗粒边界迁移动态重结晶阶段未完全动态重结晶时，斑晶的晶格优选方位与重结晶颗粒的晶格优选方位不同，意味着动态重结晶优先发生在利于位错滑移的晶体内。Takeshita等通过对天然变形发生亚颗粒旋转和颗粒边界迁移动态重结晶石英岩的研究也得出类似的结论：利于滑移的颗粒发生动态重结晶，不利于滑移的颗粒变形弱甚至不变形，但逐渐被利于滑移的颗粒消耗掉。

2. 伏牛山构造带的石英组构

本书选择伏牛山构造带30个长英质糜棱岩定向标本，沿垂直于面理、平行于线理（XZ面）方向磨制薄片，利用EBSD进行了石英C轴组构分析（图7-12、7-13）。并结合野外观察和镜下鉴定，认为伏牛山构造带其特征如下：

（1）因极密值的大小与岩石的应变量大小相对应，所以最大极密值反映了岩石的变形强度。岩石变形越强，石英C轴极密值就越大，极密不明显的岩石变形则很弱。伏牛山构造带的石英组构特点有近断裂带石英C轴极密值逐渐增大的趋势，说明近断裂带变形强，远离断裂带变形渐弱（图8-12）。

（2）小圆环带的发育表明不同位置的石英具有不同的滑动，反映出构造带不同位置的变形温度不同。东部的石英以菱面＜a＞和柱面＜c＞滑移系共存为特点，对应温度为400～650℃。西部随也有柱面＜c＞滑移系，对应为温度为大于600℃，但以底面＜a＞和菱面＜a＞共存滑移系为主，对应温度为400～550℃。反映出东部的变形温度高于西部。

洛栾断裂带北侧分布着大量花岗岩体，岩性相对均一，岩石力学性质相近，利用石英C轴组构进行构造方面的分析，结合区域背景、宏观构造等特征，可为造山带构造演化提供重要信息。

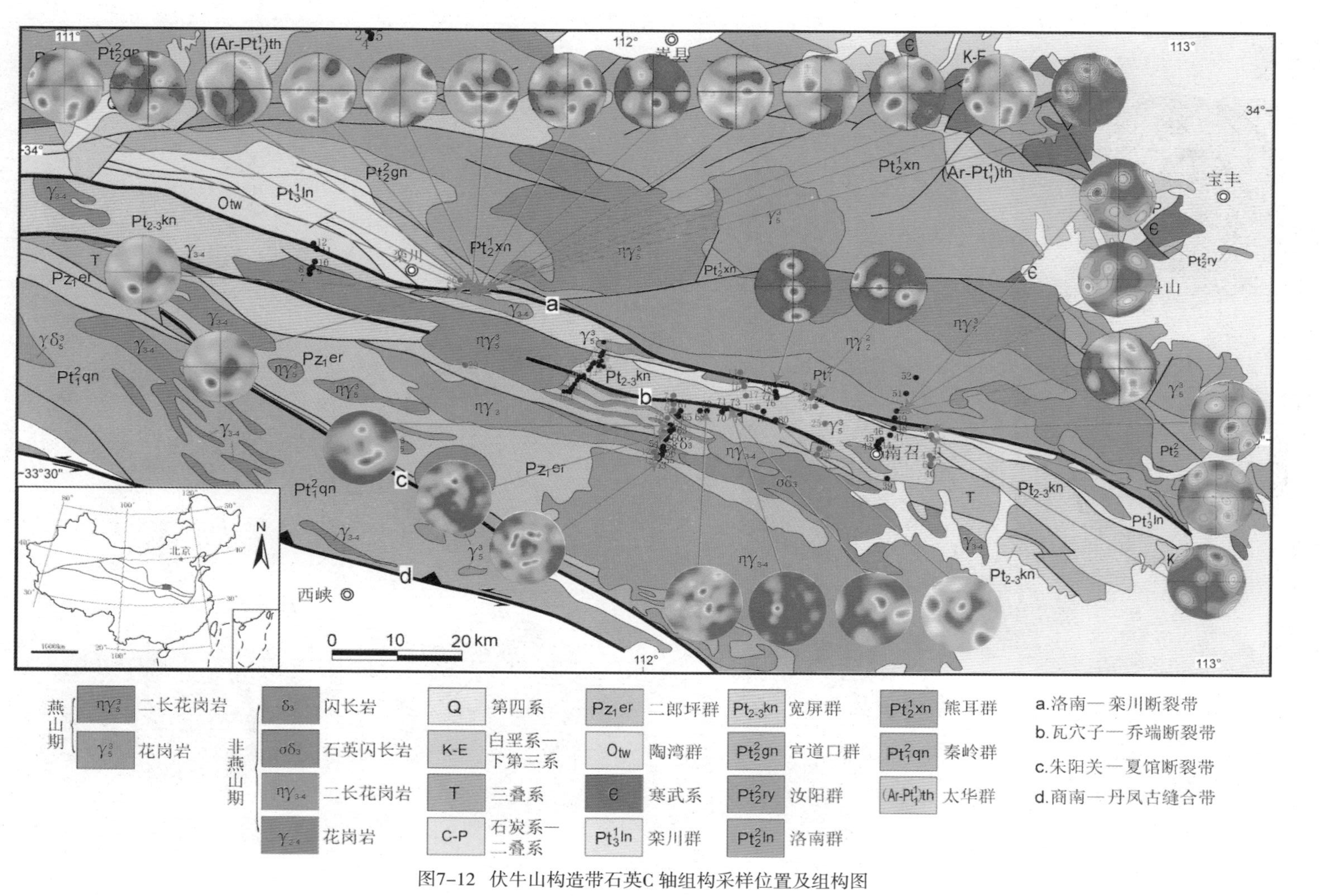

图7-12　伏牛山构造带石英C轴组构采样位置及组构图

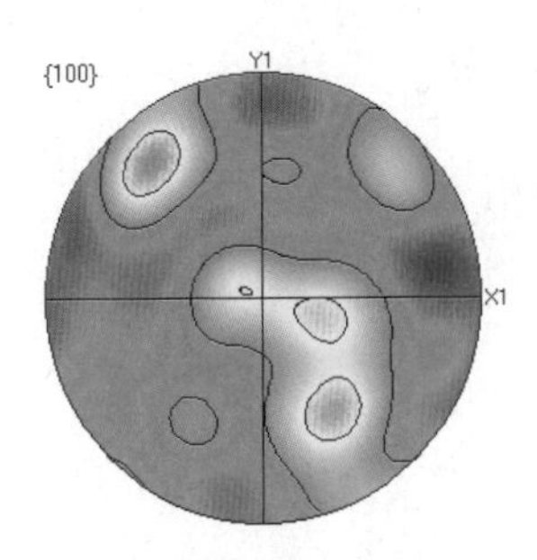

FD1a：I
底面<a>滑移系
对应温度<400℃

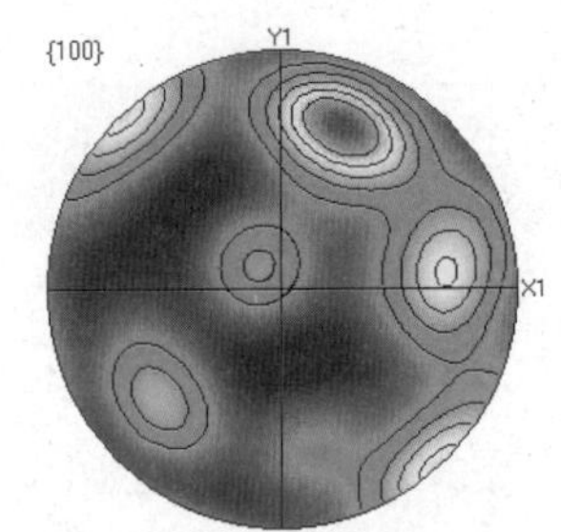

FD2 ：I
底面<a>滑移系
对应温度<400℃

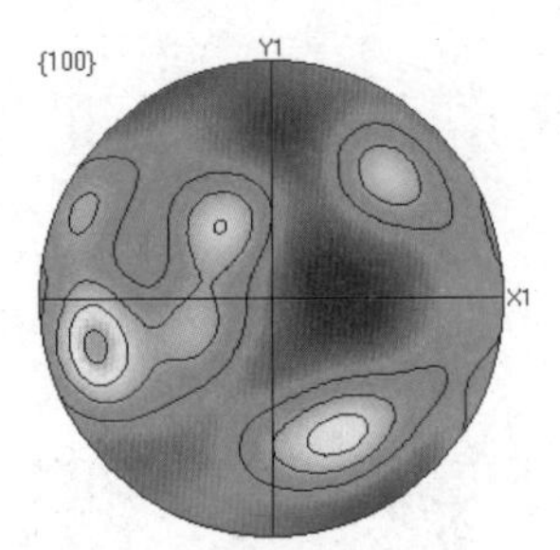

XN91(NO.50)：II
菱面<a>和柱面<c>共存滑移系
对应温度为 400~650℃

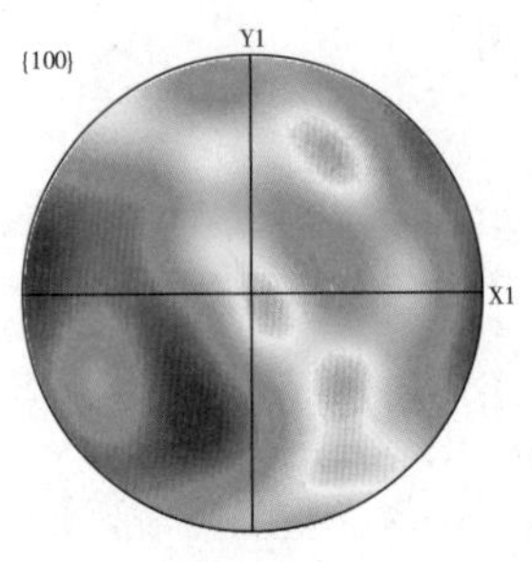

XN92(NO.51) ：II
菱面<a>和柱面<a>滑移系共存
对应温度 550℃

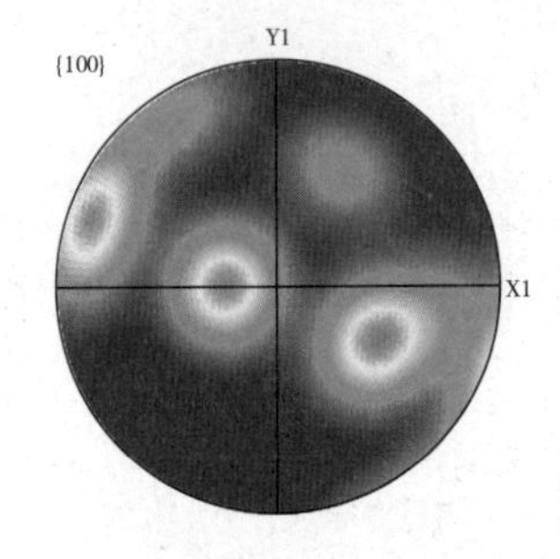

FD21 -2C：III
菱面<a>和柱面<c>滑移系共存
对应温度为 400~650℃

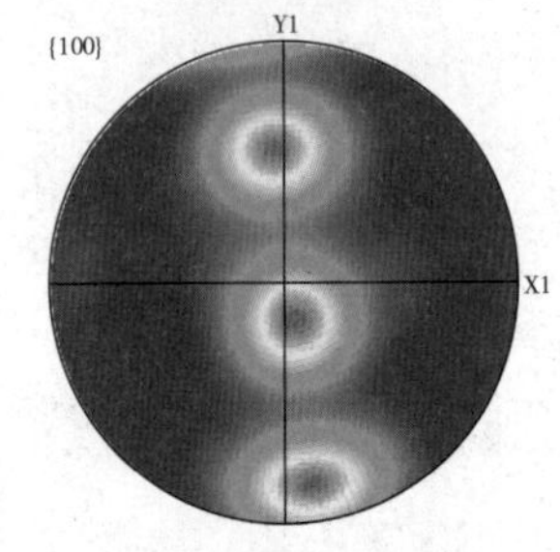

XN143(NO.79) ：IV
底面<a>滑移和柱面<a>滑移系共存
对应温度为 400~600℃

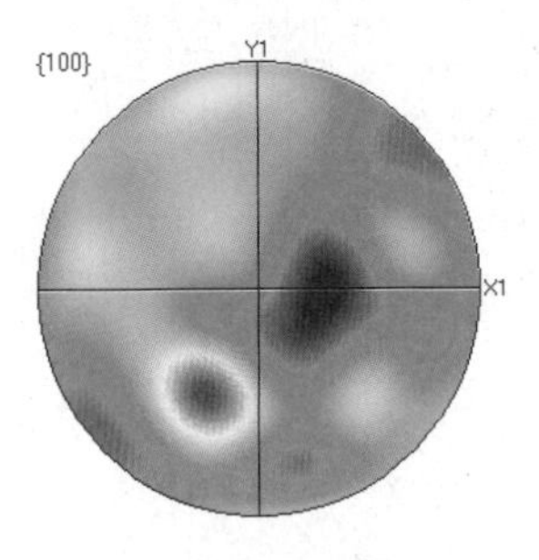

FD27-1：VI
菱面<a> 滑移系
对应温度为 400~550℃

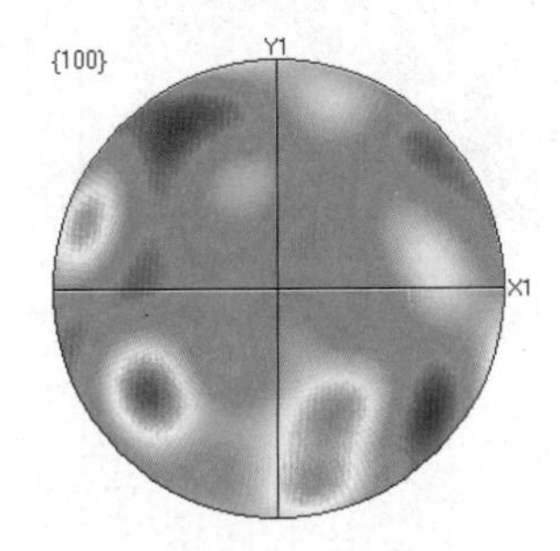

FD28c：VI
菱面<a>和柱面<c>滑移系共存
对应温度为 400~650℃

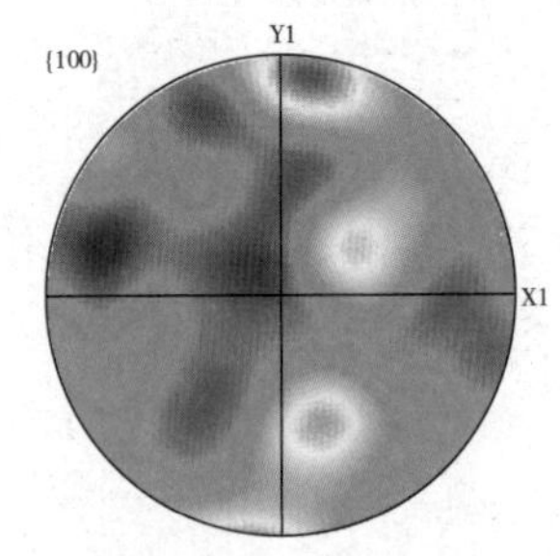

FD28M2：VI
底面<a>和菱面<a>滑移系共存
对应温度为 400~550℃

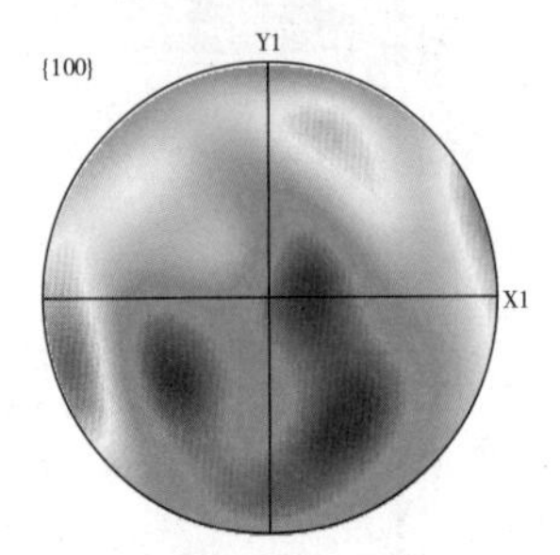

FD28M3：VI
菱面<a>和柱面<c>滑移系共存
对应温度为 400~650℃

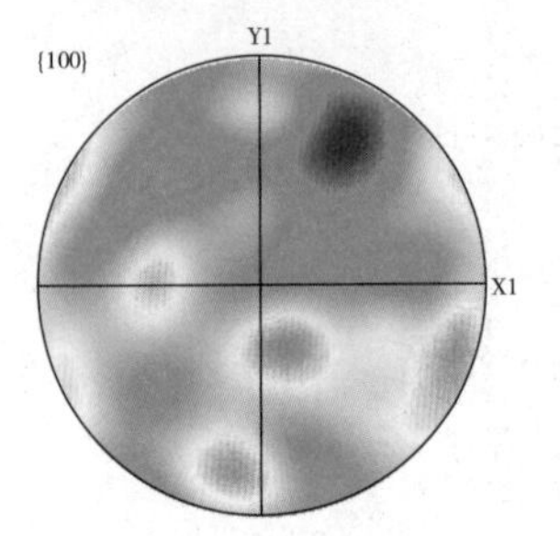

FD28M4 :VI
柱面<c>滑移系
对应温度为>600℃

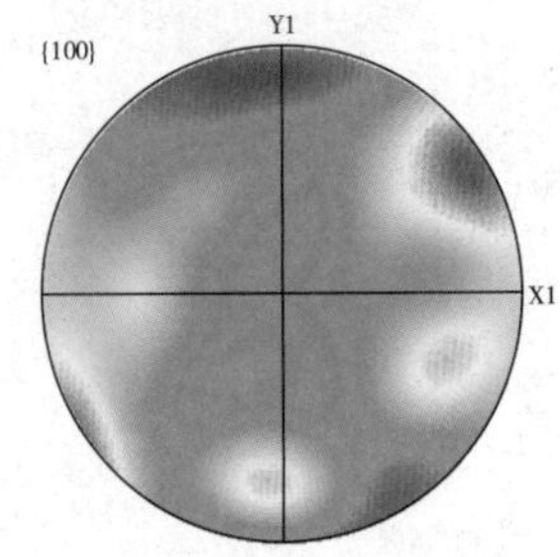

FD28M4-2：VI
柱面<c>滑移系
对应温度>600℃

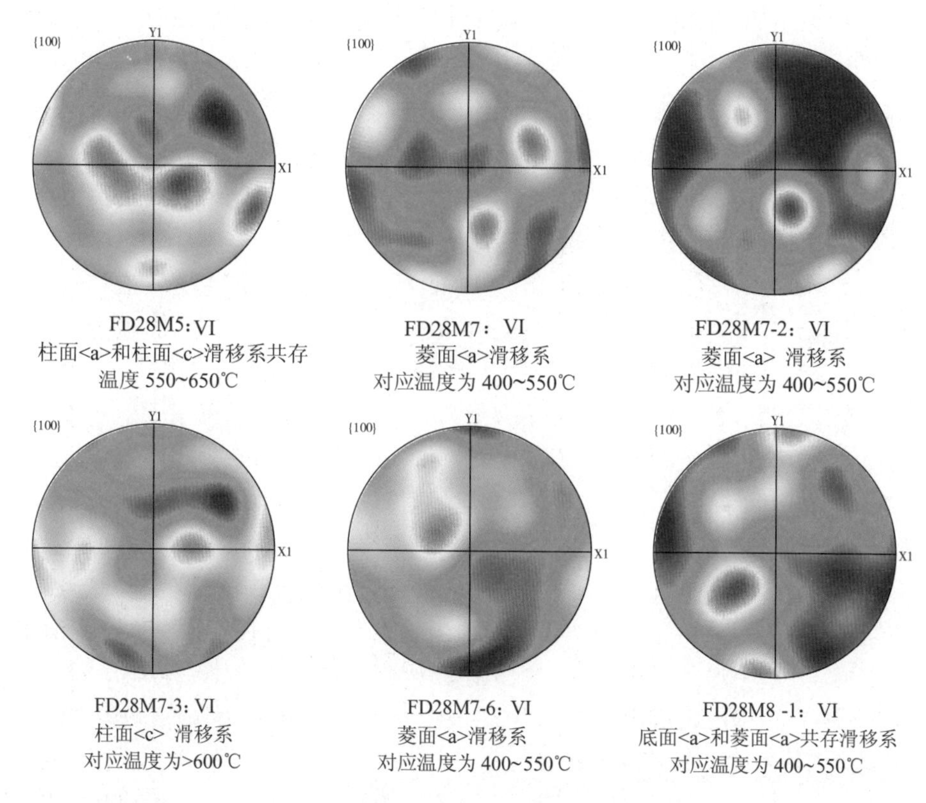

图 7－13　伏牛山构造带石英 C 轴组构图

四、地质温压计测温压

糜棱岩是中深地壳层次韧性剪切变形而形成的一种常见构造岩类型，它的形成与诸多因素有关，如温度、压力、剪切应力、应变速率、流体、原岩成分、时间等。在封闭体系中，温度、压力是影响岩石变形变质的最主要因素。变形不仅影响矿物的结构、构造，也影响着矿物的化学成分和元素在共生矿物之间的分配。因此，利用糜棱岩中的矿物化学成分变化特点及矿物温压计等可以推断糜棱岩形成的温压条件。

常用的地质温压计很多，主要是利用电子探针对共生矿物的化学成分进行微区测试，分析矿物共生平衡时某一种或某几种元素在共生矿物中的分配，从而计算它们的平衡温度。通过对本工作区糜棱岩的显微观察，发现很多岩石中含有斜长石和角闪石温压计矿物对和新生白云母。因此，选取斜长石和角闪石温压计、角闪石全铝压力计、白云母压力计等作为本研究区的地质温压计（Powell R et al，1994）。电子探针实验是在中国科学技术大学电子探针实验室完成，仪器型号为津岛 EPMA－1600，加速电压 15 kV，电子束流 15 nA，束流直径 5 um。

1. 斜长石的矿物化学特征

斜长石是区内糜棱岩中常见的矿物之一，粒度变化于 0.1 mm～0.5 cm 之间，以残斑和新晶型式出现。通过对部分具有代表性的斜长石进行电子探针成分测试

（附表 1）可以看出：斜长石的 w（SiO_2）比较稳定，变化于 45.931%～67.127% 之间，平均为 60.092%；w（Al_2O_3）变化较大，变化范围为 19.587%～35.498%；FeO、MgO、MnO 含量很低，大多数小于 0.1%，只有瓦乔断裂带及其南侧的部分样品含铁量达到 0.2%；Na_2O 含量变化较大，w（Na_2O）从 1.356%～9.14%；K_2O 含量很少，大多小于 0.1%，栾川庙子的剖面中含量 FD28 - M7 和瓦乔的少数样品含量略高。根据电子探针成分计算出的 An 的含量从 7.5%～40.4%；Ab 的含量从 59.6%～92.5%；Or 的含量只有 FD28 - M7 和 XN108 的含量在 10%左右，其他全部都小于 1%。An、Ab 和 Or 的摩尔分数平均值分别为 32.08、66.38 和 1.52，表明区内斜长石主要为中长石-更长石，含钠长石分子较多，钾长石含量很少（图 7 - 14）。

前人研究表明：长石中钙长石分子含量与变质作用程度有一定关系。在不同变质带，斜长石的分布有一定的规律。在绿泥石带内，斜长石的 An 分子含量不超过 3%～4%。通常，在中低级变质的闪长岩中，和原生辉石一起产出的斜长石中钙长石分子，部分地或全部地进入铝质绿泥石和闪石类的矿物组合中，并产生了绿帘石。在石榴石带和较高级变质带内，斜长石中含钙量增大，并伴有绿帘石数量的减少。这是因为绿帘石与钠长石反应形成更富钙的斜长石。在蓝晶石带内，斜长石为中长石或钠长石。在退化变质作用中上述顺序恰相反（矿物温度计和矿物压力计，张儒瑗等，1983）。据此可知，研究区内变质程度均低于蓝晶石带的变质程度，且以中低级变质为主。

研究区内岩石中斜长石含量较多，电子探针成分分析斜长石主要为中长石、更长石、钠长石（图 7 - 14a）。斜长石残斑具有较好的成分环带，其形成是斜长石生长过程中与不同环境相平衡的结果（Tracy R J，1976）。因此，对斜长石成分环带的分析有利于探讨其形成环境条件的变化。通过对具有环带特征的斜长石进行成分剖面分析，发现从斜长石的核部→幔部→边部的成分变化非常有规律。从晶体的中心至边部，斜长石牌号从高牌号向低牌号变化，也即斜长石从颗粒中心至边部酸性程度增加（图 7 - 14b～f）。少数样品从晶体的中心至边部，是由钾长石向钠长石变化（图 7 - 14g～h）。这两种现象都是斜长石生长环境由中一高温向中一低温变化引起的，是典型的退变质作用的结果。

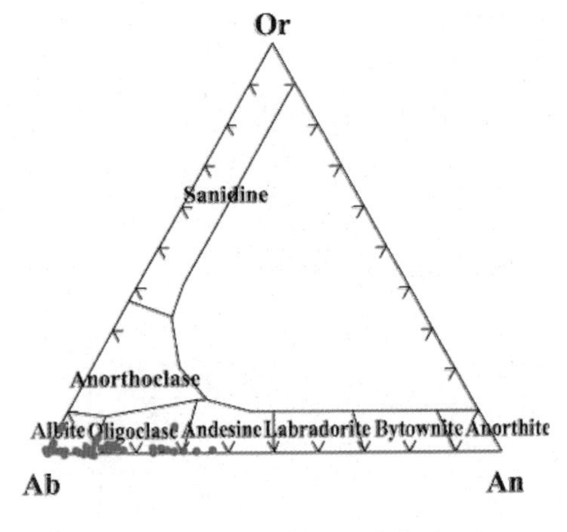

a——伏牛山构造带斜长石分类图

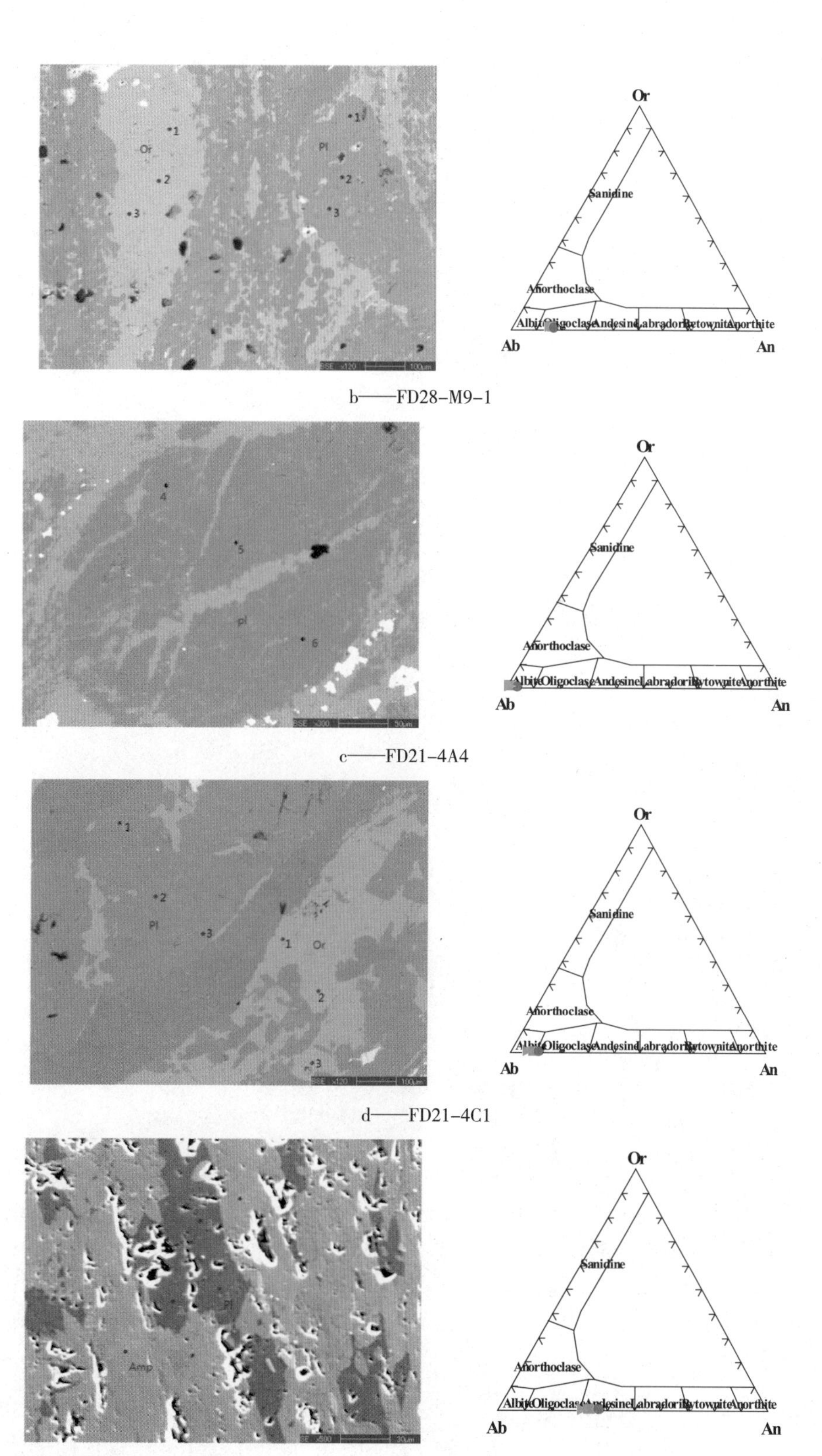

b——FD28-M9-1

c——FD21-4A4

d——FD21-4C1

e——WQ22-1

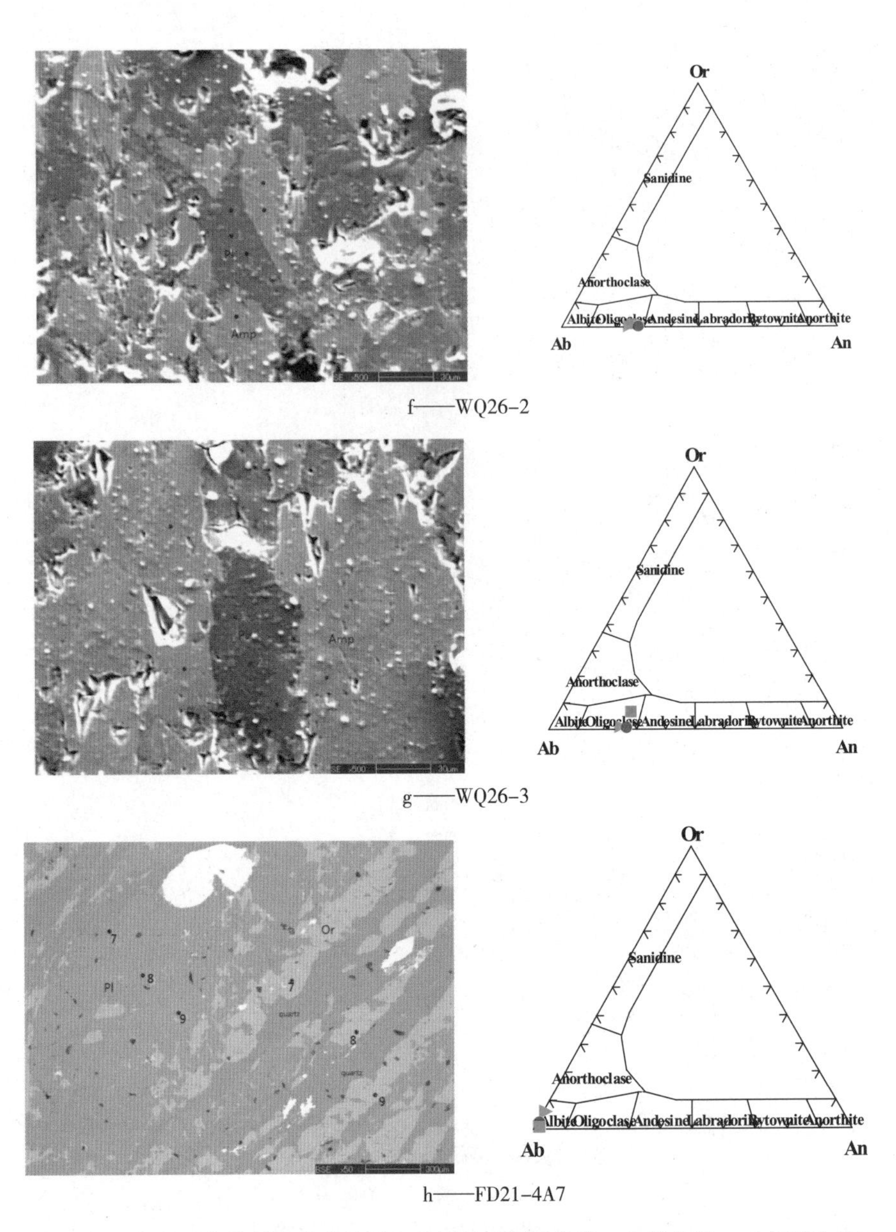

图 7-14　斜长石背散射照片及长石三角图解（圆形为核，方形为幔，三角形为边）

根据 Plyusnina 在 1982 年所做的斜长石中钙长石分子含量与温度的关系图可知：伏牛山构造带中的斜长石的形成温度主要在 480～580℃范围以内（图 7-15），其中，FD29-M7-1、FD29-M8-1 的温度超过了 600℃，可能为卷入断裂带的外来岩石而为。

2. 角闪石的矿物化学特征

角闪石是链状硅酸盐。其结构中六次配位有四种不同的形式，表示为 M1∶M2∶M3∶M4 ＝ 2/7∶2/7∶1/7∶2/7。M1 和 M3 位置上的阳离子在较规则的八面体中，周围有四个 O^{2-} 和两个 OH^- 基团。M2 的位置上的阳离子周围有六个 O^{2-}，每

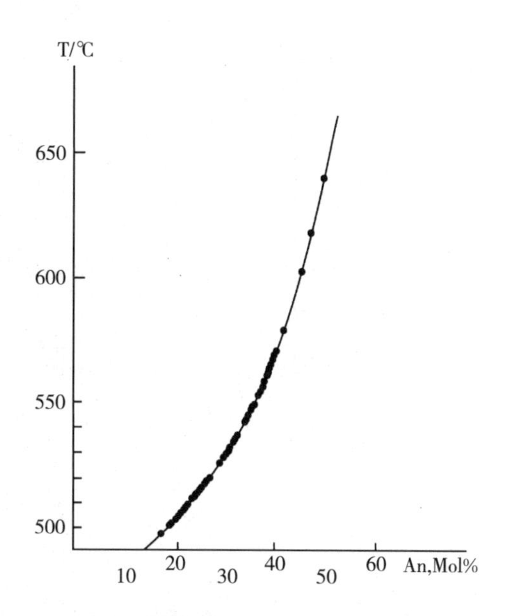

图 7-15 伏牛山构造带斜长石成分中 An 含量与温度关系图解
（据 Plyusnina，1982）

个 O^{2-} 只与一个 Si 连接，配位多面体略微歪曲。M4 位置上的阳离子也被六个 O^{2-} 包围，但其中两个 O^{2-} 分别与两个 Si 相连接，配位多面体明显歪曲。

角闪石的化学通式为 $AB_2{}^{VI}C_5{}^{IV}T_8O_{22}$（OH，F，Cl）$_2$。T 是四面体位置，它首先被 Si，而后是 Al（四次配位），继之 Cr^{3+}、Fe^{3+} 和 Ti 满足。C 是 M1+M2+M3 位置，它被剩余的 Al（六次配位），Cr^{3+}、Fe^{3+}、Ti，而后 Mg，Fe^{2+} 和 Mn 满足。B 是 M4 位置。它被剩余的 Fe^{2+}、Mn、Mg，而后 Ca，继之 Na 满足。A 组包括剩余的 Na 和全部的 K。

角闪石因其复杂的成分和结构构成了复杂的固溶体系列，因此，角闪石的种类非常多。根据 2001 年国际矿物学协会新矿物及矿物命名委员会角闪石专业委员会关于《角闪石命名法》的报告，将角闪石分为：Mg-FE-Mn-Li 组角闪石、钙角闪石、钠一钙角闪石和钠角闪石四大类别。探针成分分析伏牛山构造带的角闪石基本都是钙角闪石。

角闪石的成分与其寄生的岩石成分以及本身结晶的 P-T 条件密切相关。早在 1965、1971 年 Leake 就对岩浆岩和变质岩的角闪石中的 Al^{VI} 和 Si 含量进行了研究，认为岩浆岩和接触变质岩的角闪石中的 Al^{VI} 和 Si 含量低于区域变质岩，同时指出 Al^{VI} 的含量与压力呈正相关系。许多学者（Ernst，1963；Shido et al，1959）研究认为变质角闪石的成分特征不仅与它们的寄主岩石成分有关，还与变质程度有关。萨克路特金 1968 年认为角闪石的 Al^{IV}/ Al^{VI} 和（Na+K）/Ti 比值，确定角闪石寄生岩石的变质相（图 7-16）。

杜克 1976 年在研究基性变质岩的钙质闪石化学成分演化时，综合考虑了诸方面的因素认为：

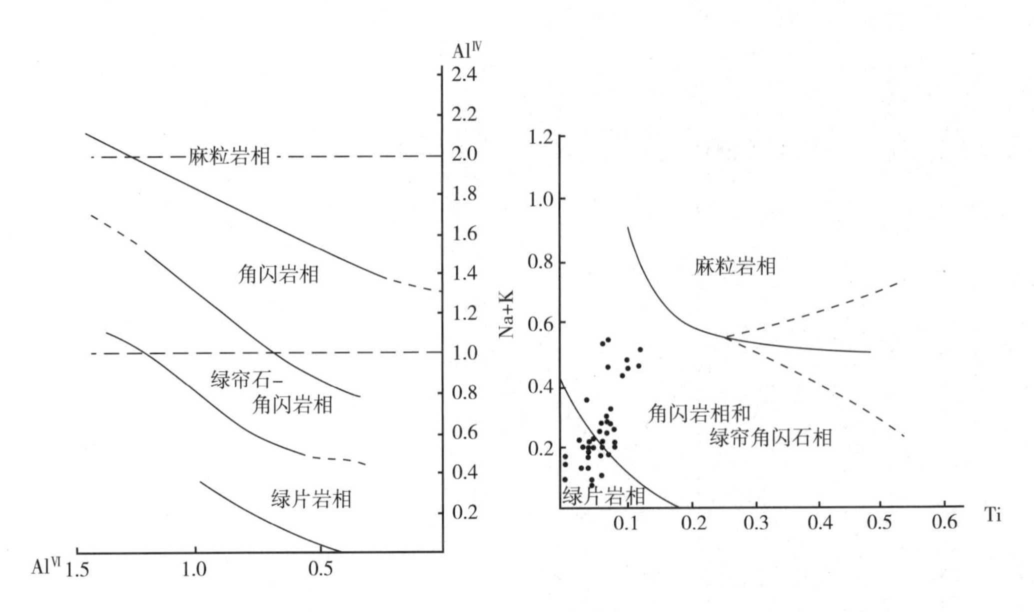

图 7-16　角闪石的成分变异图

a——角闪石的 $Al^{IV}-Al^{VI}$ 变异图　b——角闪石的（Na+K）-Ti 变异图

（据萨克路特金，1968，两图中的坐标均以 23 个氧原子为基础的角闪石分子式中的阳离子）

（1）红柱石-矽线石型变质带：角闪石成分中的 Al^{IV} 起主导作用，且 Al^{IV} 比 Al^{VI} 多达两倍之多。随温度升高，Al^{IV} 缓慢增加；在由高温绿片岩亚相进入绿帘石角闪岩相时，Al^{IV} 量发生跃变。另外，随变质程度增强，（Na+K）量也增加，且角闪石趋向于更富铁钠闪石分子。

（2）蓝晶石-矽线石型变质带：随变质作用增强，角闪石中的 Al^{IV} 和 Al^{VI} 以及它们的总量都逐渐增加，且 Al^{IV} 和 Al^{VI} 含量计划相等。

（3）蓝闪石型变质带：角闪石成分演化规律与蓝晶石-矽线石型基本相同。但是，在同样的温度下，比其更富（Na+K）。另外，随变质程度增加，角闪石更富蓝闪石分子。

总之，可以根据角闪石成分特征估算它们的形成 P-T 条件及变质环境（Schidt M W，1992）。

3. 伏牛山构造带角闪石的化学成分特征

通过对伏牛山构造带上含角闪石的糜棱岩进行了大量的探针成分分析（附表 2），以 23 个氧为标准计算角闪石阳离子系数。从伏牛山构造带角闪石的（Na+K）/Ti 比值可以看出其寄生岩石的变质程度为从绿片岩相—角闪岩相（绿帘角闪岩相）（图 7-16b）。绝大多数的角闪石符合 $Ca_B \geq 1.50$，$(Na+K)_A < 0.50$，$Ca_A < 0.50$ 的分类条件，从角闪石分类图（图 8-17）可见：伏牛山构造带岩石中的角闪石主要为钙角闪石大类中的镁角闪石、镁钙闪石，其次为韭闪石、阳起石。洛栾断裂带上的角闪石以镁角闪石为主，西部的庙子基性糜棱岩中的角闪石全部为阳起石。瓦乔断裂带上的角闪石以镁钙闪石为主，少量镁角闪石（表 7-5，图 7-17）。

表 7-5 伏牛山构造带中角闪石分类

样品号	Si	$Mg/Mg+Fe^{2+}$	分类	样品号	Si	$Mg/Mg+Fe^{2+}$	分类	样品号	Si	$Mg/Mg+Fe^{2+}$	分类
FD29-M7-1-1	7.68	0.76	阳起石	WQ26-2b	6.431	0.59	镁钙闪石	XN 108-3-2	6.55	0.67	镁角闪石
FD29-M7-1-2	7.828	0.73	阳起石	WQ26-3a	6.379	0.59	镁钙闪石	XN 113-1-1	6.461	0.51	镁钙闪石
FD29-M7-3-1	7.622	0.72	阳起石	WQ26-3b	6.413	0.55	镁钙闪石	XN 113-1-2	6.408	0.55	镁钙闪石
FD29-M7-3-2	7.577	0.70	阳起石	FD29b1-1	6.505	0.75	镁角闪石	XN 113-1-3	6.419	0.54	镁钙闪石
FD29-M8-1-1	7.748	0.81	阳起石	FD29b1-2	6.532	0.78	镁角闪石	XN 113-2-1	6.356	0.55	镁钙闪石
FD29-M8-1-2	7.845	0.82	阳起石	FD29b1-3	6.501	0.88	镁角闪石	XN 113-2-2	6.383	0.53	镁钙闪石
WQ22-1a	6.721	0.63	镁角闪石	FD29b2-1	6.26	0.96	镁钙闪石	XN 113-2-3	6.371	0.53	韭闪石
WQ22-1b	6.535	0.62	镁角闪石	FD29b2-2	6.163	0.96	镁钙闪石	XN 113-3-1	6.294	0.51	韭闪石
WQ22-1c	6.645	0.61	镁角闪石	FD29b3-1	6.292	0.70	镁钙闪石	XN 113-3-2	6.233	0.53	韭闪石
WQ22-2a	6.808	0.66	镁角闪石	FD29b3-2	6.258	0.71	镁钙闪石	XN 113-3-3	6.246	0.54	镁钙闪石
WQ22-2b	6.418	0.60	镁钙闪石	FD29b3-3	6.194	0.73	镁钙闪石	XN 144-1-1	6.388	0.65	镁钙闪石
WQ22-2c	6.442	0.60	镁钙闪石	XN108-1-1	6.477	0.65	镁钙闪石	XN 144-1-2	6.466	0.64	镁钙闪石
WQ22-3a	6.582	0.62	镁角闪石	XN 108-1-2	6.658	0.63	镁角闪石	XN 144-1-3	6.502	0.65	镁角闪石
WQ22-3b	6.665	0.60	镁角闪石	XN 108-1-3	6.769	0.66	镁角闪石	XN 144-2-1	6.437	0.68	镁钙闪石
WQ26-1a	6.43	0.57	镁钙闪石	XN 108-2-1	6.816	0.67	镁角闪石	XN 144-2-2	6.395	0.64	镁钙闪石
WQ26-1b	6.47	0.57	镁钙闪石	XN 108-2-2	6.735	0.66	镁角闪石	XN 144-3-1	6.404	0.52	镁钙闪石
WQ26-1c	6.378	0.59	镁钙闪石	XN 108-2-3	6.475	0.69	镁钙闪石	XN 144-3-2	6.401	0.68	镁钙闪石
WQ26-2a	6.424	0.54	镁钙闪石	XN 108-3-1	6.562	0.69	镁角闪石				

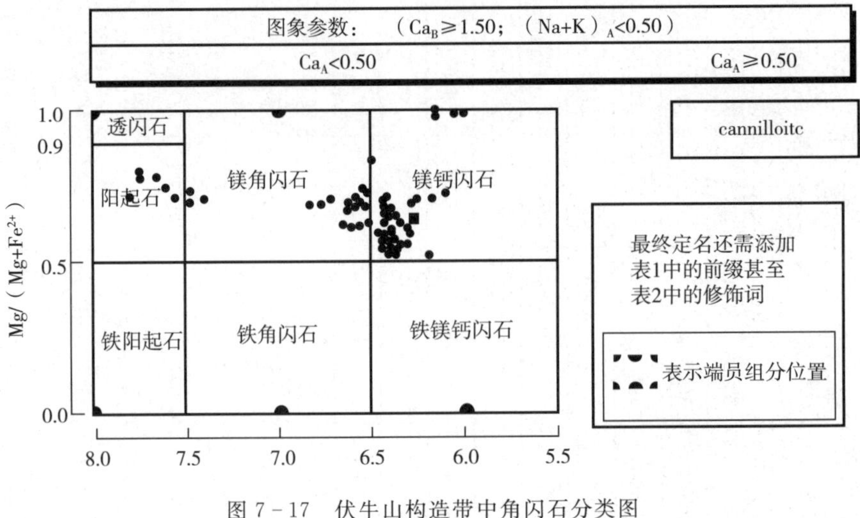

图 7－17　伏牛山构造带中角闪石分类图

4. 斜长石和角闪石温度计和角闪石全铝压力计

Holland & Blundy（1994）根据角闪石的相平衡实验及天然共生组合资料，研究了角闪石不同结晶位置上及其相互之间的阳离子替代作用对可能的、非理想性混合性质的作用，采用简单的对称表达式（各结晶位置上的非理想性采用规则溶液模型，不同结晶位置之间阳离子替代的相互作用采用对偶作用模型）来描述这种非理想性，而无需任何有关不同结晶位置之间耦合替代熵的假定。在此基础上，建立了新的角闪石－斜长石温度计。其温度计算公式为：

$$T_A=\frac{\Delta H_A+P\Delta V_A+Y_{Ab}+Y_{Edn-Tre}}{\Delta S_A-R1nK_{ideal}^{Edn-Tre}} \tag{7-4}$$

$$T_B=\frac{\Delta H_B+Y_{Ab-An}+Y_{Edn-Rich}}{\Delta S_B-R1nK_{ideal}^{Edn-Tre}} \tag{7-5}$$

其中$\triangle H_A$、$\triangle V_A$、$\triangle S_A$分别为反应 Edn＋4Qz＝Tre＋A_b的焓、体积改变量和熵，$\triangle H_B$、$\triangle V_B$、$\triangle S_B$分别为反应 Edn ＋A_b＝Rich＋A_n的焓、体积改变量和熵。

别尔丘克（1966）提出用于深成岩和变质岩的共存角闪石和斜长石之间 Ca 分配等温线图。压力对这种分配的影响不大，而且只要知道共存的角闪石和斜长石的成分即可。所以，先把重量百分数换算成阳离子数，然后计算：

$$X_{Ca}^{Am}=(Ca/Ca+Na+K)_{Am}\text{和}X_{Ca}^{Pl}=(Ca/Ca+Na+K)_{Pl} \tag{7-6}$$

再由图 7－18 得到平衡温度 350～580℃。

Plyusnina（1982）指出，在斜长石-角闪石组合中，斜长石中 An 的含量会随温度而变化，与压力无关。角闪石中的 Al 总量与温度和压力都有关，可以作为温度计和压力计（Holdaway M J，2004；Kohn M J et al，2000；Hiroi Y et al，1994；Johnson M C et al，1989；Hollister L S et al，1987；Hammarstrom J M et al，1986）。根据 $\sum Al_{Hb}$和 Ca_{Pl}即可求得形成时的 $P－T$ 条件（图 7－18、图 7－19），

得到平衡温度为520～580℃，压力为0.19～0.5 GPa。

伏牛山构造带中含有一定量的基性糜棱岩，通过对糜棱岩中角闪石和斜长石系统的探针分析，应用斜长石-角闪石地质温压计计算糜棱岩形成的温压。所测角闪石符合Ca>1.5、Na<1.0的条件，因此，所得温压值有效。

探针数据显示斜长石和角闪石成分环带特征明显，由中心至边部的成分变化均显示出退变质的趋势，反映出韧性剪切变形具有退变质性质。

洛栾断裂带斜长石和角闪石矿物对计算的形成温度为450～550℃（图7-18、图7-19），角闪石全铝压力计（表7-6）获得的压力为：0.51～0.86 GPa。

瓦乔断裂带形成温度范围为500～550℃，角闪石全铝压力计（表7-7）获得的压力为：0.521～0.899 GPa。

从表7-6中可以看出瓦乔断裂带的西侧压力高于洛栾断裂带。

表7-6　伏牛山构造带中角闪石全铝压力计压力

样品号	FD29b2	FD29b3	XN108-1	XN108-2	XN108-3	XN113-1	XN113-2
P/GPa	0.51	0.86	0.573	0.521	0.543	0.651	0.646
样品号	WQ22-1	WQ22-2	WQ22-3	WQ26-1	WQ26-2	WQ26-3	FD29b1
P/GPa	0.624	0.748	0.656	0.64	0.647	0.666	0.628
样品号	XN 113-3	XN 144-1	XN 144-1	XN 144-2	XN 144-3		
P/GPa	0.754	0.807	0.807	0.825	0.899		

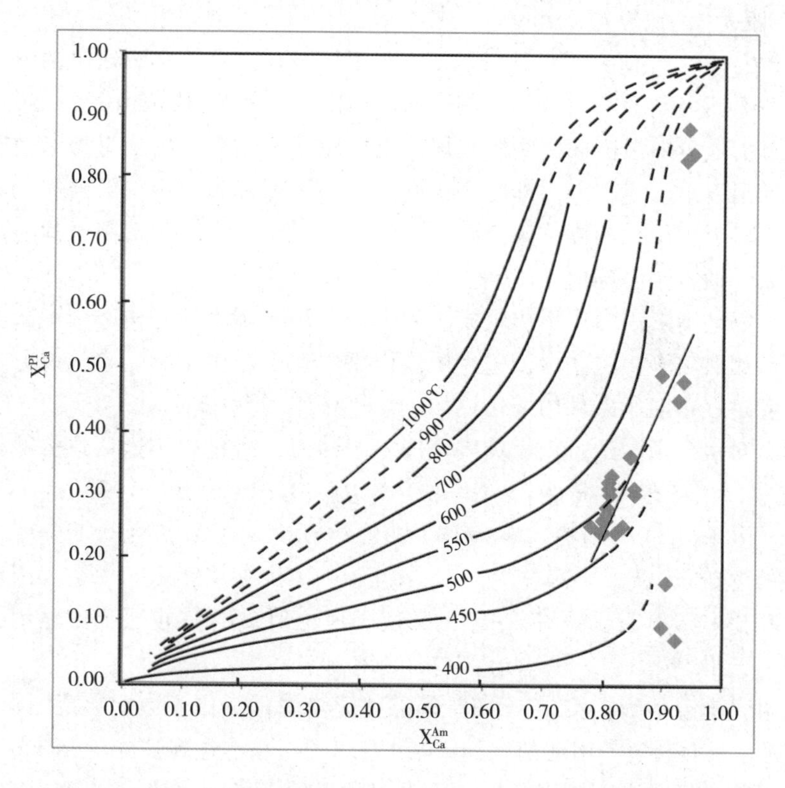

图7-18　伏牛山构造带中斜长石-角闪石中的Ca分配与温度关系图

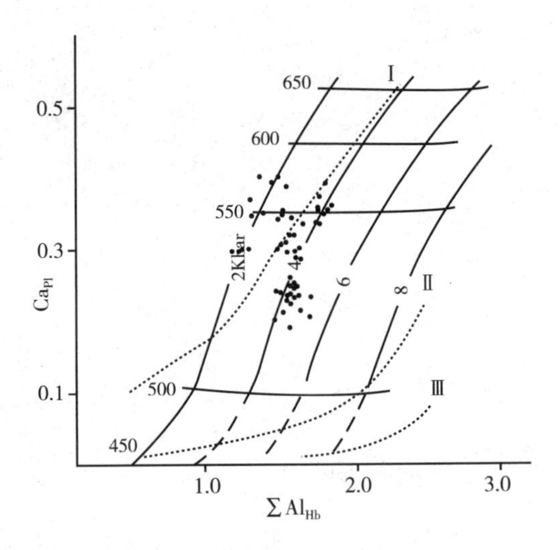

图 7-19　伏牛山构造带中斜长石-角闪石实验地质温压计

（底图据 Plyusnina，1982）（低压相系；Ⅱ中压相系；Ⅲ高压相系）

5. 白云母的矿物化学特征

白云母的理想表达式为［$KAl_2^{VI}Al^{IV}Si_3O_{10}(OH)_2$］和［$K(Mg, Fe^{2+})(Al^{VI}, Fe^{3+})Si_4O_{10}(OH)_2$］之间的固溶体。变质白云母通常含0%～50%（克分子）的绿鳞石，富绿鳞石组分的白云母叫做多硅白云母。多硅白云母的结构式中 Si＞3.0（一般为3.1～3.7）。

Velde 在1967年研究了白云母的 $P-T$ 稳定性。认为多硅白云母的 Si^{4+} 值与温度呈反比关系，而与压力成正比关系。Butler（1967）和 Guidotti（1969）研究认为，白云母的成分随温度或变质相有规律地变化，T 越高，白云母含绿鳞石组分越低。在一定温度下，多硅白云母的 Si^{4+} 值可作为压力标志。角闪石岩相变泥质岩中的白云母一般有理想化的成分，而绿帘角闪岩相、绿片岩相和蓝闪石片岩的变泥质岩中的白云母通常是多硅白云母。

通常矿物的变形压力多用比较成熟的多硅白云母压力计。构造带中长英质糜棱岩的白云母相对较多，这些白云母为构造作用过程中新生矿物，它的成分变化指示了构造活动过程中温压条件的变化。

本书针对伏牛山构造带中长英质糜棱岩中的白云母进行了微区成分测试，白云母的电子探针成分特征为：$w(SiO_2)$ 为43.913%～51.597%，平均值为46.283%；$w(Al_2O_3)$ 值为5.4%～35.219%；$w(K_2O)$ 值为0.1%～10.177%。与白云母的理论值（$w(SiO_2)$ = 45.2%，$w(Al_2O_3)$ = 38.5%，$w(K_2O)$ = 11.8%）相比，SiO_2 明显偏高；Al_2O_3 又低于理论值；K_2O 也较低，显示区内白云母为普通白云母。

白云母探针分析数据按11个氧计算晶体化学式，Si原子数变化范围在3.066～3.172之间，瓦乔断裂带南侧的白云母略大于3.0，基本达到多硅白云母的成分；瓦乔断裂带上的白云母全部属于多硅白云母（程昊等，2004；周喜文等，2003；陈能

松等，2003)。利用 Massonne（1997）多硅白云母压力计计算出压力为 0.27～0.87 GPa（任升莲等，2011）。

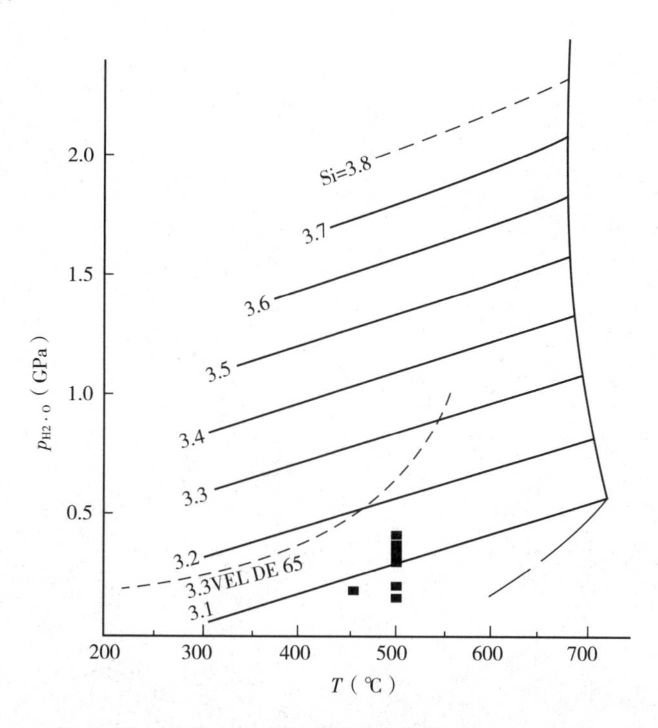

图 7-20　多硅白云母压力计图（据 Massonne，1997）

第三节　岩石有限应变测量

作为动力学的主要内容，应力状态、应力场、应力椭球体、应变椭球体等是断裂带研究的重点，这些指标可以真实地反映断裂带的古应力特征。

长短轴法的基本原理就是在野外露头或显微镜下统计一定数量的变形标志体的长轴和短轴，用作图方法或数学方法求出变形标志体长轴和短轴的比值，作为被测量岩石的变形参数。对本区的构造变形带，岩石类型较多，矿物成分变化较大，但大都含有石英，故选用石英作为应变测量主要标志体。伏牛山构造带上以各类糜棱岩为主，石英的变形拉长现象十分常见，且有非常明显的压力影拖尾。所以，在应变测量过程中，压力影构造的压力影被看作为变形标志体的组成部分，故长轴的测算是以标志体两端为界的。

对伏牛山构造带自东而西的主要变形岩石定向标本进行室内切制成 xy 和 yz 方向的薄片，在显微镜下进行石英标志体的长轴和短轴测量，结果见表 7-7 所列，测量结果见图 7-21 所示。

表 7-7　伏牛山构造带石英的有限应变测量

样本号	e_1	e_2	e_3	$a=(1+e_1)/(1+e_2)$	$b=(1+e_2)/(1+e_3)$	$k=a-1/b-1$	样本号	e_1	e_2	e_3	$a=(1+e_1)/(1+e_2)$	$b=(1+e_2)/(1+e_3)$	$k=a-1/b-1$
XN86	5.47	2.21	1	2.02	1.61	1.68	XN144	7.31	1.65	1	3.14	1.33	6.57
XN87	4.47	1.36	1	2.32	1.18	7.32	FD1b	6.11	1.72	1	2.61	1.36	4.48
XN90	4.60	1.35	1	2.38	1.18	7.90	FD6	5.48	1.43	1	2.67	1.22	7.75
XN91	4.71	1.36	1	2.42	1.18	7.89	FD8	5.60	1.92	1	2.26	1.46	2.74
XN93	5.89	1.57	1	2.68	1.29	5.90	FD9g	4.08	1.22	1	2.29	1.11	11.71
XN99	5.65	1.72	1	2.44	1.36	4.01	FD14b	5.59	1.35	1	2.80	1.18	10.31
XN105	4.72	1.90	1	1.97	1.45	2.16	FD15	4.68	1.50	1	2.27	1.25	5.09
XN108	5.08	1.21	1	2.75	1.11	16.68	FD16	5.05	1.54	1	2.38	1.27	5.12
XN112	5.40	1.23	1	2.87	1.12	16.26	FD22a	6.16	1.40	1	2.98	1.20	9.92
XN122	5.96	2.11	1	2.24	1.56	2.23	FD23	6.62	1.86	1	2.66	1.43	3.87
XN125	7.03	1.88	1	2.79	1.44	4.06	FD28b	7.36	1.34	1	3.57	1.17	15.13
XN128	7.69	2.55	1	2.45	1.78	1.87	WQ11	5.74	2.51	1	1.92	1.76	1.22
XN131	5.79	1.86	1	2.37	1.43	3.20	WQ12	5.71	2.42	1	1.96	1.71	1.35
XN135	5.50	1.59	1	2.51	1.30	5.12	WQ15	5.42	2.21	1	2.00	1.61	1.65
XN136	6.54	1.47	1	3.05	1.24	8.73	WQ19	5.96	2.08	1	2.26	1.54	2.33
XN138	5.89	1.70	1	2.55	1.35	4.43	FD29b	2.25	1.62	1	1.39	1.62	0.63
XN141	6.47	2.26	1	2.29	1.63	2.05	FD31b	2.17	1.58	1	1.37	1.58	0.63

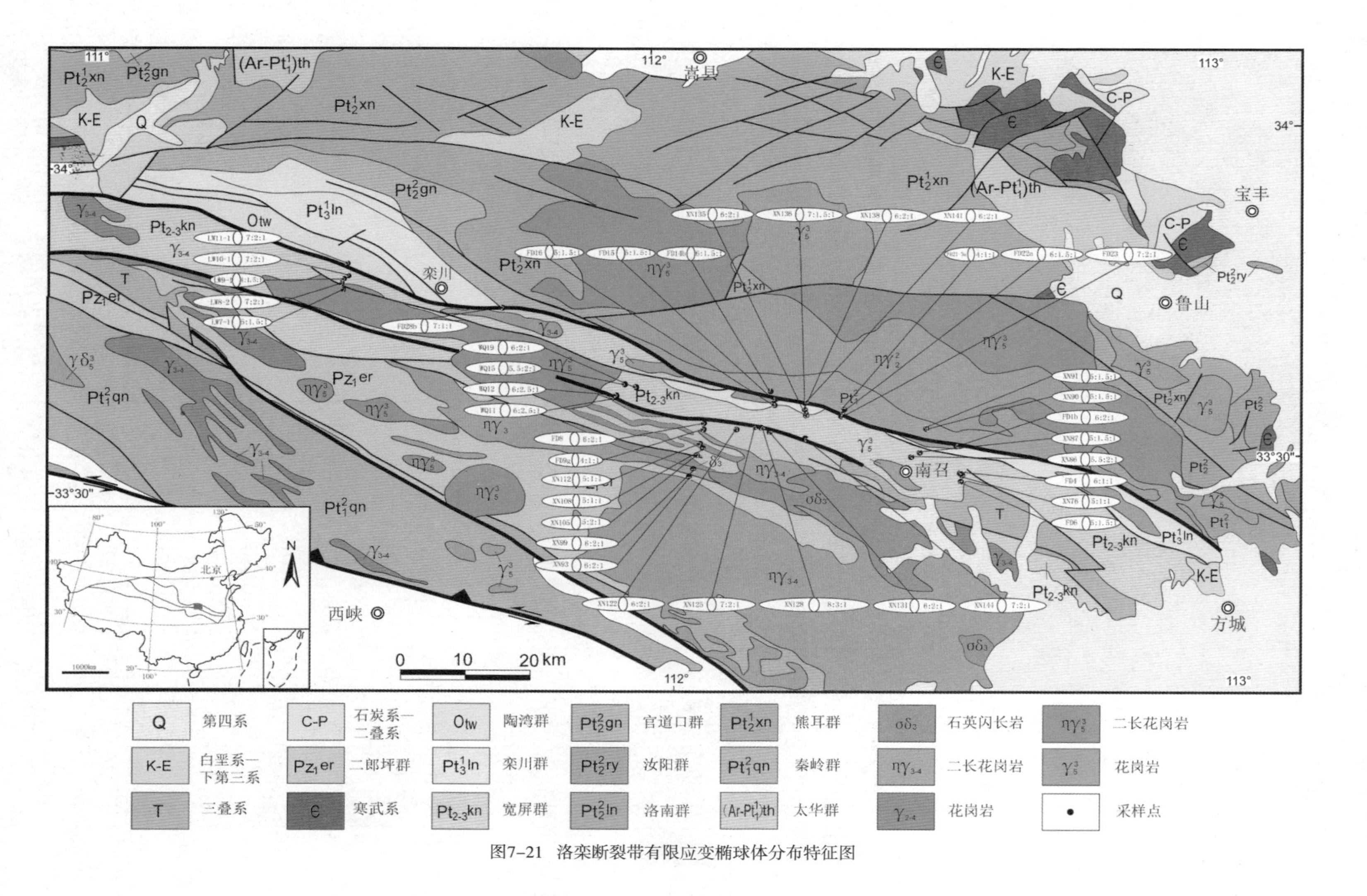

图7–21　洛栾断裂带有限应变椭球体分布特征图

根据测量结果，可计算出各样本付林参数（Flinn D，1962）和应变强度（Watterson，1968），其中付林参数定义为：

$$K=\frac{a-1}{b-1} \tag{7-7}$$

其中，

$$a=\frac{1+e_1}{1+e_2}；\ b=\frac{1+e_2}{1+e_3} \tag{7-8}$$

应变强度定义为：

$$r = a + b-1 \tag{7-9}$$

结合洛栾断裂带宏观和微观变形特征及表 7－7 和图 7－21 中数据可以看出变形带岩石的变形强度和变形性质呈现有规律的变化：付林系数 K 值介于 1.68 至 15.13 之间，应变椭球体的形态接近于雪茄状（图 7－22a），反映出其以剪切拉伸变形为主。洛栾断裂带西段地区岩石构造拉伸变形非常强烈，这与野外观察的矿物线理非常发育的特点相吻合，属于加长剪切变形，显示为强烈的拉伸，属于韧性-韧脆性中-中浅层次变形带。而东部拉伸相对西部稍弱，属于韧性中-中深层次变形带（郑亚东等，1985）。

而瓦乔断裂带岩石平均应变量为 $X:Y:Z=5.71:2.31:1.00$，付林参数基本满足 $0<K<1$，应变椭球体为三轴扁椭球状（图 7－22b），属压扁型应变。反映出瓦乔断裂带的岩石变形以压扁为主，也进一步说明瓦乔断裂带具有挤压特征，应该是二郎坪群岩块向北俯冲、挤压在宽坪群之下的俯冲带。

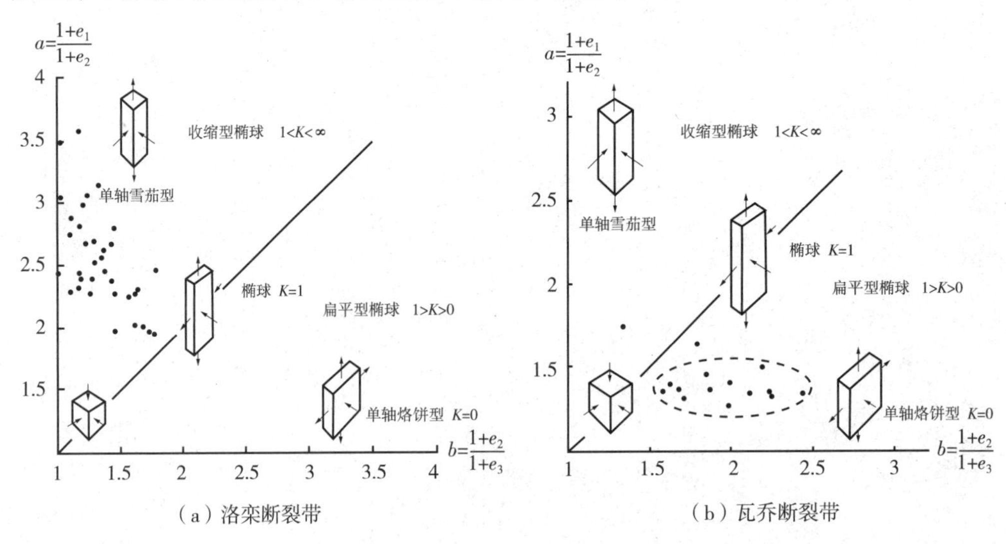

图 7－22　伏牛山构造带岩石有限应变测量付林图（底图据 Hobbs 等，1976）

第四节　运动学涡度分析

涡度（W）一词来源于流体力学，是指某一运动形式所拥有的旋转量。涡度被定义为 2ω（ω 为角速度矢量）。因此，涡度 W 与角速度矢量 ω 平行，是某一流动形式的旋转性质的度量。地质学运用运动学涡度（W_K）记录某一点相对于其瞬时伸长量的旋转量，表现为：

$$W_K = W/2\ (S_1{}^2 + S_2{}^2 + S_3{}^2) \tag{7-10}$$

其中，W 为涡度，S_i 为主拉伸率。简化涡度定义为：

$$W_n = W/2S \tag{7-11}$$

其中，S 为平均主拉伸率，$S = S_1 + S_2/2$

对于平面应变的等面积变形，$W_K = W_n$。导出涡度计算公式为：

$$W_{Ki} = \cos\alpha \tag{7-12}$$

其中，α 为两条无旋线之间的锐夹角。若 θ 为瞬时伸长轴与剪切面之间的夹角，二者之间的关系为：

$$\alpha = 90 - 2\theta \tag{7-13}$$

所以，

$$W_{Ki} = \cos\ (90 - 2\theta) = \sin 2\theta \tag{7-14}$$

运动学涡度是纯剪切与简单剪切之比，是纯剪切与简单剪切组分相对大小的重要度量。纯剪切为 0，简单剪切为 1，只有当 $W_K = 0.75$ 时，才表示纯剪切与简单剪切的作用相等，这种现象称为“纯剪倾向性”。计算运动学涡度有多种方法（Ramsay J G，1983），如有限应变法、临界形态因子法、石英的 C 轴优选法等。本文采用有限应变法计算了伏牛山构造带运动学的涡度（表 7-8）。从表中可以看出以下特征：

（1）XN90-LW11-1 是洛栾断裂带上的样品，其涡度为 0.465～0.769，除了 XN90、91 两个样位于洛栾断裂带东部，属于较深层次，围压较大以外，其余几个样的涡度均大于 0.75，反映出洛栾断裂带具有较多的简单剪切性质，且西部多于东部。

（2）XN99-XN144 是瓦乔断裂带上的样品，其涡度基本小于 0.75，反映出其纯剪性质较多，XN105 和 XN112 是位于瓦乔南侧糜棱岩带上的超糜棱岩，其剪切分量较高，涡度变化在 0.75 上下。

从涡度分析可以看出，伏牛山构造带内的多条韧性剪切带性质各有不同。其中北侧洛栾断裂带具有较多的简单剪切性质，该断裂带西部的简单剪切性质多于东部；

而瓦乔断裂带是具有较多的纯剪性质的断裂带，位于瓦乔南侧糜棱岩带上的超糜棱岩，其剪切分量较高，涡度变化在0.75上下。涡度分析显示洛栾断裂带遭受剪切更强，瓦乔遭受的挤压更强。

表7-8 伏牛山构造带运动学涡度

样品号	岩石类型	测量颗粒	角度	应变	涡度值
XN90	长英质糜棱岩	石英	0.09	4.6	0.465
XN91	长英质糜棱岩	石英	0.12	4.7	0.594
FD21	长英质糜棱岩	石英	0.15	5.65	0.756
XN143	绿帘黑云糜棱岩	石英	0.17	6.11	0.83
LW11-1	白云母石英片岩	石英	0.16	5.4	0.769
XN99	黑云斜长片麻岩	石英	0.15	5.65	0.756
XN105	长英质糜棱岩	石英	0.16	4.72	0.725
XN108	角闪斜长片岩	石英	0.1	5.08	0.541
XN112	花岗片麻岩	石英	0.16	5.4	0.769
XN144	绿帘黑云糜棱岩	石英	0.07	7.31	0.517

第五节　伏牛山构造带年代学特征

伏牛山构造带是一个多期活动的构造带，由一系列脆性断层、韧性剪切带及构造岩片组成。该带经历了长期复杂的构造变形，在元古代基底格架上叠加了后期构造变形（董云鹏，2003）。为了确定变质脉体形成的年代，在石英脉中筛选锆石、白云母，并分别进行了U-Pb、Ar-Ar和ESR年代学研究，以确定构造变形和流体活动的时代。

一、锆石U-Pb同位素测龄

锆石阴极发光及背散射图像分析及年龄测定在西北大学地质系大陆动力学国家重点实验室和合肥工业大学LA-ICP-MS实验室完成。本次测试选择了XN-89、XN-139、FD21-4B、FD28-M10、FD29D和FD29E六个样品，它们均为糜棱岩或其中的石英脉中的锆石。锆石的阴极发光图像显示其具有清晰的自形、扇状振荡环带，边部有明显的蚀变边（图7-23）。

FD21-4B样品采自洛栾断裂带花岗片麻岩里长英质糜棱岩中的石英脉，片麻岩深浅条带分异明显，片麻理强烈变形，发育一系列平行的小剪切带，指示左旋剪切。锆石主体大小为50 μm×200 μm，浅棕色—无色，圆粒状-长圆粒状居多。锆石

年龄显示其形成于中元古代，说明该锆石来自于围岩花岗片麻岩中。大致年龄为1460～1700 Ma，平均在1586 Ma。

FD28－M10为洛栾断裂带石英岩糜棱岩，在带上混杂堆积着栾川群、陶湾群、宽坪岩群等各类岩石，有长英质、碳酸质、石英岩、基性岩、斜长角闪岩类的糜棱岩和蓝晶矽线云母片岩、黑云石英片岩等。锆石主体大小为50 μm×200 μm，自形粒状，振荡环带清晰，有蚀变边，颗粒破碎严重。边部形成年龄为120 Ma，说明其深受早白垩世燕山运动中期的影响。

FD29D和FD29E两个样取自于松树门桥头，岩石为二郎坪群捕掳体，被包裹在老君山岩体内，产状倾向南，基本与二郎坪群一致。此处有二期糜棱岩，下老上新，浅灰黄色糜棱岩与辉绿岩互层。辉绿岩黑灰色，为玄武岩变质而成。其下有糜棱岩化辉长岩，没有见到下界限，面理为220°∠54°，线理为30E，反映出二郎坪群向北东方向的俯冲。

XN－89样的围岩为洛栾断裂带上斜长角闪片麻岩，有一较宽的糜棱岩带，S—C面理显示左旋平移，不对称小褶皱较多。锆石主要为50 μm×150 μm，为浅棕色长柱状晶体，圆粒状少量。年龄显示为晚元古代晚期。大致年龄为600～900 Ma，主要集中在800 Ma。

XN－139样品取自瓦乔断裂带碳酸质与长英质互层的糜棱岩，主体大小为50 μm×100 μm，无色圆粒状-长圆粒状居多。两类锆石都具有港湾状边缘，锆石CL图像示核-边结构，其核部具有振荡环带，边部有明显的蚀变边，较模糊。指示两类锆石都为岩浆成因，但遭受了微弱的变质蚀变，反映出原岩为岩浆成因的花岗岩，片麻理和糜棱面理都为后期构造作用而形成。大致年龄为800～1800 Ma，主要集中在1400 Ma，年龄显示其形成于中元古代。

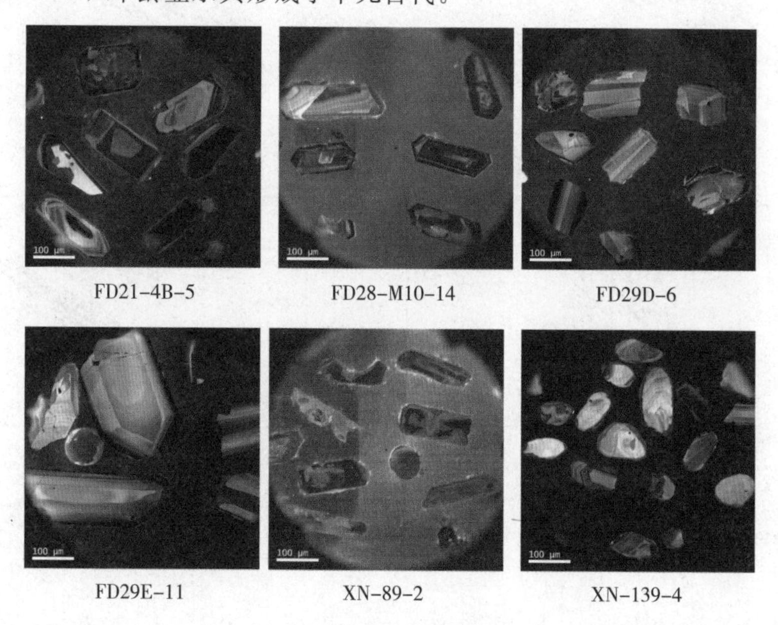

图7－23　锆石阴极发光（CL）图像

综上所述，LA－ICP－MS法锆石微区U－Pb同位素测年结果表明，伏牛山地区的石英脉中锆石的形成时代为1753±14 Ma，相当于中元古代；并保留了600～800 Ma和120 Ma左右的变质年龄信息（图7－24），即受到了晋宁运动（Yuan Honglin et al，2003；Zhang Zongqin et al，1997；张宗清，1994，1996）和早燕山运动构造-热事件的影响，并没有表现出晚加里东及早海西期伏牛山构造带构造活动的特点。年代学特征反映出伏牛山地区的原始物质形成于中元古代，在晚元古代遭受强烈的变质作用，后期受到早燕山的构造-热事件的影响。

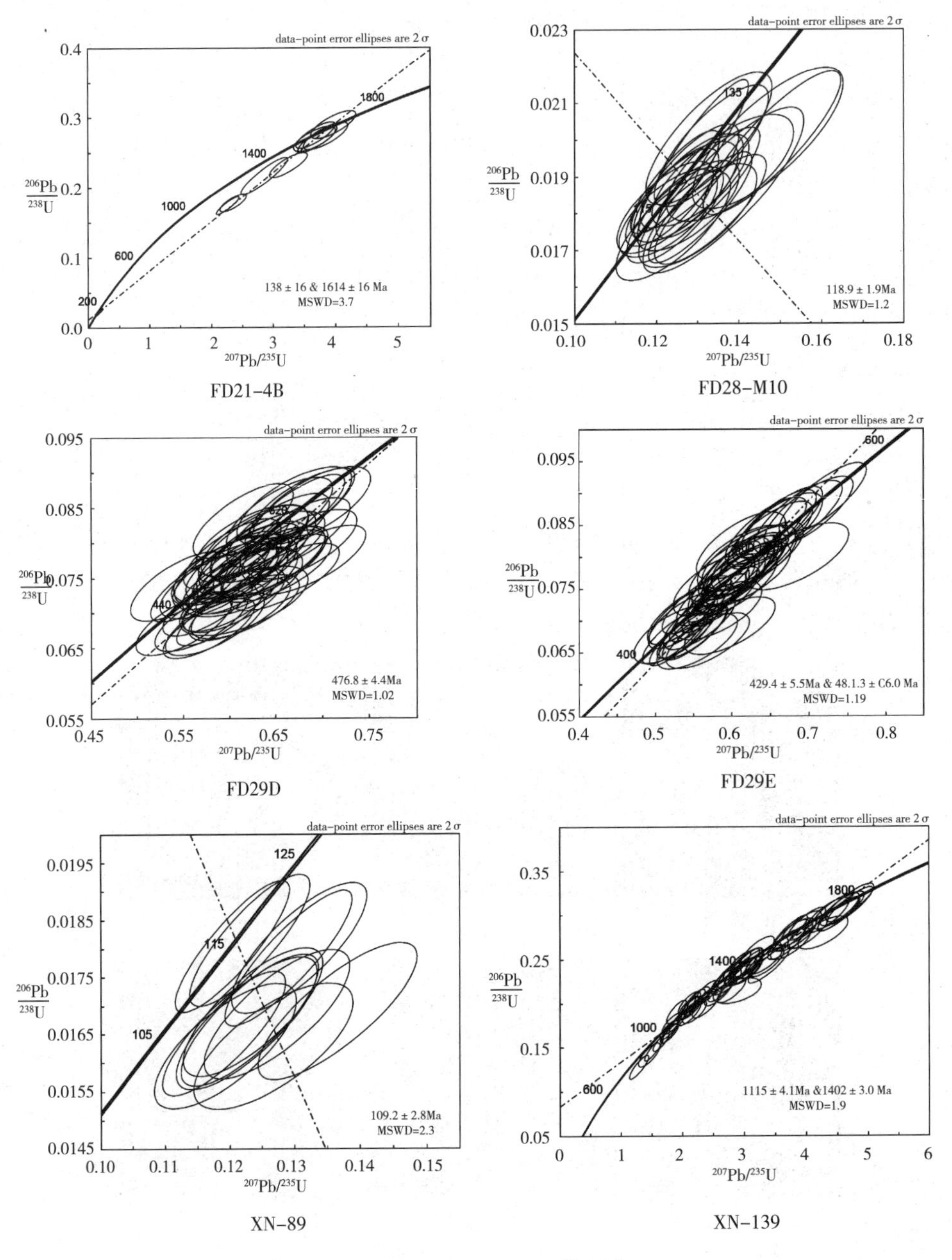

图7－24　锆石U－Pb谐和图

二、白云母年代学分析

在洛栾断裂带糜棱岩中有大量的变质流体存在，它们应该是洛栾断裂带剪切变形时期的产物，变质流体中的白云母的形成年龄一般反映的是剪切变形年龄（Viruete J et al，2006；Mark Harrison T，1981）。宋传中等2009年对该断裂带中变质流体中的白云母进行了年代学分析，其$^{40}Ar-^{39}Ar$坪年龄为364.52±0.96—381.4±1.5Ma，反映了这一期强糜棱岩化的时间（表7-9）（Song Chuanzhong，2009）。

表7-9　洛栾断裂带云母$^{40}Ar-^{39}Ar$年龄

样品编号	位置	测试对象	估计温度（℃）	坪年龄（Ma）	等时线年龄（Ma）
N-2	N 33°48.867′ E 110°08.579′ H 706（北宽坪）	糜棱岩黑云母	400±	364.52±0.96 MSWD=0.29 97.5%^{39}Ar	等时年龄364.1±2.9 反等时年龄366.46±0.57
N-9	N 34°01.647′ E 110°00.031′ H 837（河湾）	糜棱岩白云母	450±	372.1±1.6 MSWD=0.19 45.6%^{39}Ar	等时年龄372.0±2.8
N-10	N 34°01.647′ E 110°00.031′ H 837（河湾）	片麻岩黑云母	400±	372.98±0.94 MSWD=0.30 96.3%^{39}Ar	等时年龄373.0±3.7 反等时年龄371.7±1.6
N-12	N 34°01.545′ E 109°59.646′ （小河湾）	片麻岩黑云母	400±	372.9±1.2 MSWD=1.9 60.9%^{39}Ar	等时年龄378.09±0.89
N-13	N 34°01.710′ E 110°00.206′ H 866（小河湾）	糜棱岩白云母	450±	381.4±1.5 MSWD=1.2 56.3%^{39}Ar	等时年龄381.4±5.8 反等时年龄380.5±6.5
FN-12	N 33°27.729′ E 112°40.770′ H 237（云阳）	片麻岩黑云母	400±	371±1 MSWD=0.44 99.28%^{39}Ar	等时年龄373.5±1.5 反等时年龄373.2±1.3

三、石英ESR年代学分析

洛栾断裂带及附近岩石中含有大量变质流体，均为同构造变形所形成，且变质流体的矿物成分以石英为主。因此，确定变质流体的形成年代即可获得洛栾断裂带产生韧性剪切的年代。本书采用糜棱岩中的石英脉进行了ESR测年，所选4个样品，其中洛栾断裂带糜棱岩中的石英脉获得的年龄为372.9±30.0 Ma（表7-10、图7-25），与宋传中等2009年所获洛栾断裂带糜棱岩中白云母$^{40}Ar-^{39}Ar$年龄为

372 Ma一致，真实地反映了这一期强糜棱岩化的时间。瓦乔断裂带上糜棱岩中2个石英脉获得的年龄为275.0±20.0 Ma和218.0±20.0 Ma，275.0±20.0 Ma是瓦乔断裂带产生韧性剪切的年龄，而218.0±20.0 Ma可能是受扬子、华北两大板块印支晚期全面闭合作用的影响。

表7-10　石英脉热活化ESR测年数据表

原样编号	顺磁中心浓度（10^{15} Sp/g）	铀当量含量（μg/g）	年龄（Ma）
XN73/Rh1 北秦岭宽坪群绿片岩中石英脉	0.165	0.120	275±20.0
XN82/Rh2 北秦岭宽坪群绿片岩中石英脉	0.818	0.439	372±30.0
XN117/Rh3 北秦岭WQ剪切带以南石英脉	0.220	0.614	71.6±7.0
XN129/Rh4 北秦岭WQ剪切带上石英脉	0.131	0.120	218.0±20.0

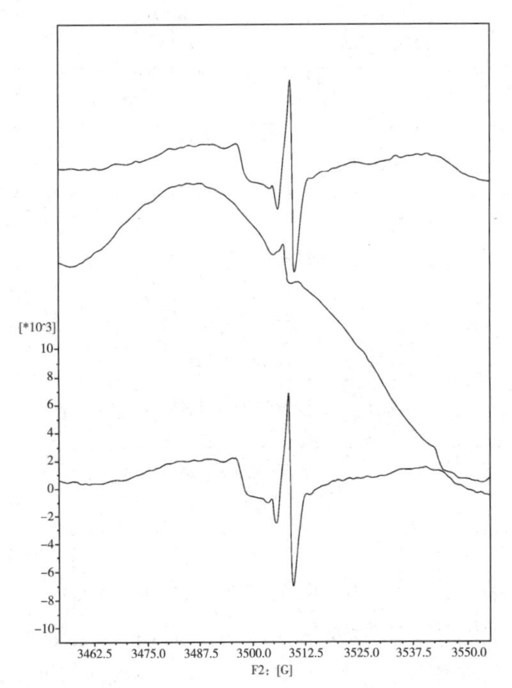

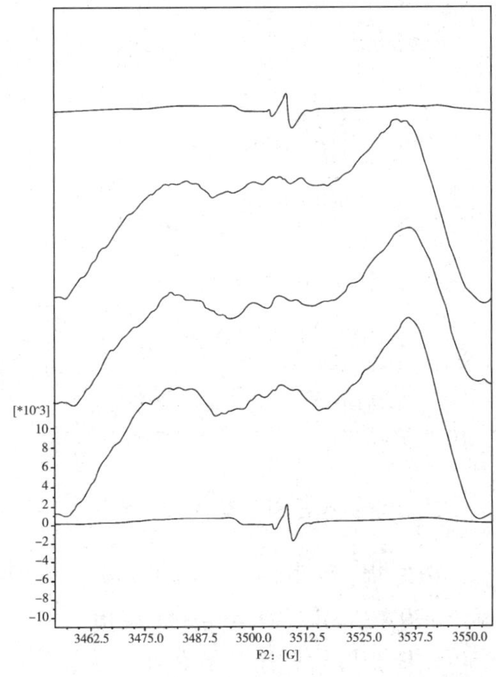

图7-25　石英脉热活化ESR测年数据图

四、伏牛山构造带的年代学特征与构造意义

伏牛山构造带是由一系列脆性断层、韧性剪切带及构造岩片组成，经历了长期复杂的构造变形，在元古代基底格架上叠加了后期构造变形（董云鹏，2003）。特别是洛栾断裂带和瓦乔断裂带各有一期的强糜棱岩化作用，造成这两期糜棱岩化作用的构造活动是北秦岭重要的构造活动，它们分别是宽坪陆缘海和二郎坪弧后盆地依次向华北板块下俯冲汇聚，并随后走滑产生强烈韧性剪切的构造活动（任升莲等，2011）。所测糜棱岩中石英脉的 ESR 年龄分别为 372.9±30.0 Ma、275.0±20.0 Ma、218.0±20.0 Ma 和 71.6±7.0 Ma，真实地记录了晚加里东至中一晚海西期北秦岭的构造活动及其以后所遭受的构造影响。其中 372.9±30.0 Ma 是宽坪岩块向华北板块下的斜向俯冲汇聚和走滑的年代，这一年龄值与 2009 年宋传中等所获洛栾断裂带糜棱岩中包裹石英脉的白云母 $^{40}Ar-^{39}Ar$ 年龄 372 Ma 相一致，反映了这一期强糜棱岩化的时间（宋传中等，2009）。275.0±20.0 Ma 是瓦乔断裂带韧性剪切的年龄。218.0±20.0 Ma 的年龄则反映了华南、华北两大板块印支晚期全面闭合作用在秦岭造山带内部的影响。71.6±7.0 Ma 是构造带遭受了燕山晚期构造活动的影响的记录。从以上四个年龄可以看出：北秦岭各构造带的时代自北向南逐渐变新，显示北秦岭是从北向南演化的。

第六节　总　结

伏牛山构造带岩性复杂多变，构造多期叠加，形成条件及演化非常复杂，通过以上多种方式、方法对其形成的变形环境进行分析研究后认为：

1. 伏牛山构造带中岩石矿物组合分析显示伏牛山构造带的变质相为：低绿片岩相-低角闪岩相，形成温度为 300～600℃。东段出露的岩石相对西段遭受构造作用的时间更长，层次更深，以高绿片岩相为主，变质温度为 400～500℃，局部可达到低角闪岩相，形成温度高达 500～600℃。西部的变质程度以低绿片岩相为主，相对较低。

2. 构造带中长英质糜棱岩广泛发育，利用其中的石英包裹体测温显示糜棱岩形成时的温度为 330～450℃。动态重结晶石英颗粒重结晶型式从 BLG 到 GBM 均有，指示了构造带内岩石变形-变质的温度范围为 300～550℃，属中高温条件。断裂带的温度较低，为 300～380℃；两侧温度较高，为 420℃左右，一直到 530～550℃。显示出断裂带附近温度低，两侧温度高的状态，说明断裂带的剪切作用产生了退变质作用。

3. 伏牛山构造带糜棱岩的动态重结晶石英的边界表现为平直状、缝合状和港湾状等不规则的边界形态，用分形法分维数计算变形温度为 380～520℃，属中高温条件。洛栾断裂带的差异应力从东部的 31.847 MPa 到西部的 40.837 MPa，瓦乔断裂带的从东部的 32.417 MPa 到西部的 33.524 MPa，两条断裂带的差异应力均为从东到西逐渐增大。研究区本次获得洛栾断裂带的应变速率值为 3.92917E－11～3.17713E－16 之间；瓦乔断裂带的应变速率值为 3.45769E－14～2.14687E－16 之间，属于中等应变速率条件。

4. 石英的位错特征显示洛栾断裂带以南的宽坪岩群遭受的应力较小。洛栾断裂带上的样品所遭受的力较大，且具有先挤压后叠加较强剪切作用改造的特征；瓦乔断裂带的位错特征表明其先以强烈挤压为主后以弱剪切作用为辅。

5. 地质温度计计算的温压条件为：洛栾断裂带斜长石和角闪石共生矿物对计算的形成温度为 450～550℃，角闪石全铝压力计获得的压力为 0.75～0.95 GPa。瓦乔断裂带形成温度范围为 500～550℃，角闪石全铝压力计获得的压力为 0.85～0.60 GPa。利用多硅白云母压力计 Massonne 计算出压力为 0.27～0.87 GPa。

6. 伏牛山构造带岩石中的斜长石主要为中长石-更长石，含钠长石分子较多，钾长石含量很少。变质程度均低于蓝晶石带的变质程度，且以中低级变质为主。斜长石残斑具有较好的成分环带，从晶体的中心至边部，斜长石牌号从高牌号向低牌号变化，也即斜长石从颗粒中心至边部酸性程度增加。角闪石主要为钙角闪石大类中的镁角闪石、镁钙闪石，其次为韭闪石、阳起石。洛栾断裂带上的角闪石以镁角闪石为主，西部的庙子基性糜棱岩中的角闪石全部为阳起石。瓦乔断裂带上的角闪石以镁钙闪石为主，少量镁角闪石。

7. 石英组构分析表明伏牛山东部的石英以菱面<a>和柱面<c>滑移系共存为特点，对应温度为 400～650℃。西部虽也有柱面<c> 滑移系，对应温度大于600℃，但以底面<a>和菱面<a>共存滑移系为主，对应温度为 400～550℃。石英组构特征反映出东部的变形温度高于西部。

8. 岩石有限应变测量显示，洛栾断裂带岩石的变形强度和变形性质呈现有规律的变化：付林系数 K 值介于 1.68 至 15.13 之间，应变椭球体的形态属于雪茄状，反映出其以剪切拉伸变形为主。西段岩石构造拉伸变形非常强烈，属于加长剪切变形，属于韧性－韧脆性中—中浅层次变形带。而东部拉伸相对西部稍弱，属于韧性中－中深层次变形带。瓦乔断裂带付林参数 K 在 0～1 之间，应变椭球体为三轴扁椭球状，属压扁型应变。断裂带中心部位应变强度最大，两侧稍弱。反映出瓦乔断裂带的岩石变形以压扁为主，也进一步说明瓦乔断裂带是二郎坪群岩块向北俯冲在宽坪群之下的俯冲带。

9. 运动学涡度分析可知，伏牛山构造带内的多条韧性剪切带性质各有不同。其中北侧洛栾断裂带具有较多的简单剪切性质，该断裂带西部的简单剪切性质多于东部；而瓦乔断裂带是具有较多的纯剪性质的断裂带，位于瓦乔南侧糜棱岩带上的超糜棱岩，其剪切分量较高，涡度变化在 0.75 上下。涡度分析显示洛栾断裂带遭受剪切更强，瓦乔遭受的挤压更强。

10. 洛栾断裂带强糜棱岩化的年龄为 372.9±30.0 Ma，是宽坪岩块向华北板块

下的斜向俯冲汇聚和走滑的年代。瓦乔断裂带韧性剪切的年龄是 275.0±20.0 Ma，是二郎坪群向北俯冲走滑的年代。218.0±20.0 Ma 的年龄则反映了华南、华北两大板块印支晚期全面闭合作用在秦岭造山带内部的影响。71.6±7.0 Ma 是构造带遭受了燕山晚期构造活动的影响的记录。从以上四个年龄可以看出：北秦岭各构造带自北向南演化，时代上自北向南变新。

总之，上述不同方法得出伏牛山构造带岩石的变质温压条件一致，说明所用测温及估算方法比较成熟，所得数据可靠。并且，洛栾断裂带不同地段的形成深度有所差异。西段浅、东段深，从而又说明西段抬升弱，东段抬升强。洛栾断裂带变形以先期挤压为辅，后期韧性剪切为主。瓦乔断裂带以先期挤压为主，后期韧性剪切为辅。

第八章 结 论

通过伏牛山构造带大量的野外观测、室内分析、测试和综合研究，在变形变质岩石学、构造矿物学、构造地质学和地质-热事件年代学等方面，取得以下研究成果和创新性认识：

一、伏牛山构造带的宏观地质特征

伏牛山构造带位于北秦岭北部，北界为洛栾断裂带西与栾川群、陶湾群相接，东部在石人山南部与太华群相连；南界以瓦乔断裂带与二郎坪群相连。

洛栾断裂带是北秦岭与秦岭北缘的界线，洛南—固始断裂带的一部分，总体走向 290°，倾向 NNE，倾角为 50°～80°。由多条近平行的剪切带组成，单个剪切带宽度由几个厘米至上百米不等，西部较窄，东部较宽。断裂带内既发育有向北东向(NE)倾伏的倾向线理又发现水平或近水平线理（倾伏角 0°～20°），后者晚于前者。说明洛栾断裂带早期具有近南北向挤压特征，之后又叠加了左行平移的剪切作用。断裂带由糜棱岩、初糜棱岩和糜棱化岩石以及夹于其间的构造岩片相间排列组成。糜棱岩带内岩石透镜体拖尾及矿物 σ、δ 残斑、石英脉体形态等特征均指示其具有左行平移的特征。糜棱岩自东向西由粗粒糜棱岩向中粒糜棱岩-细粒糜棱岩变化，分别对应于中下部地壳的变形、上部地壳的下构造层和上部地壳的中上构造层的变形。即断裂带东部出露的是深部岩石，西部是较浅层次岩石，反映出洛栾断裂带东部抬升高于西部。

洛栾断裂带主要经历四期构造活动，变形强烈。第一期是由南北向挤压力而形成的片理化带，面理产状为 236°∠17°。第二期变形是强烈的糜棱岩化作用，主要在洛栾断裂带及其两侧产生三种类型的糜棱岩，糜棱面理产状为 5°～20°∠87°～74°。这一期构造活动形成的糜棱岩在其北侧的长英质岩石中尤为明显，糜棱岩带宽超过了 100 m，这一期造成糜棱岩化的左行剪切作用是该带最重要的构造活动。第三期变形也是糜棱岩化作用，它对第二期糜棱岩进行了改造，其糜棱面理产状为 190°～218°∠55°～69°。最后一期是在中层次上部形成的由北向南的逆冲，叠加在第三期的变形岩石之上。

瓦乔断裂带为伏牛山构造带的南界，是二郎坪岩群与宽坪岩群的界线。断裂带宽几公里至十几公里不等，也是由多条韧性剪切带、脆—韧性剪切带组成，各剪切带产状基本一致：走向290°，倾向NNE，倾角为20°～80°。断裂带内广泛发育糜棱岩、超糜棱岩，糜棱岩中岩石透镜体拖尾及矿物σ、δ残斑、石英脉体形态等特征指示其具有左行平移的特征。瓦乔断裂带明显具有三期构造变形，第一期变形片理化带，产状30°∠75°～80°，宽坪群逆冲在二郎坪群柿树园组之上，是二郎坪弧后盆地向华北板块下俯冲、碰撞、挤压的结果；第二期构造变形是发育宽坪群向南逆冲于三叠系之上形成的构造片岩、糜棱岩化岩石；第三期构造变形是宽坪群中发育小型A型褶皱，枢纽产状310°∠16°，拉伸线理与枢纽平行，显示左行走滑，规模不大（裴放，1995）。三期变形中第二期韧性剪切变形最强烈，在整个瓦乔断裂带中均有分布。瓦乔断裂带的运动学特征与洛栾断裂带一致，变形初期先挤压，后产生左行剪切作用，最后产生由北向南的逆冲推覆作用。

伏牛山构造带由糜棱岩、初糜棱岩和糜棱化岩石以及夹于其间的构造岩片相间排列组成。糜棱岩带内岩石透镜体拖尾及矿物σ、δ残斑、石英脉体形态等特征均指示其具有左行平移的特征。糜棱岩自东向西由粗粒糜棱岩向中粒糜棱岩和细粒糜棱岩变化，东部对应于中部地壳的下构造层和下部地壳的糜棱岩，而西部对应于地壳的中上构造层的糜棱岩，即断裂带东部出露的是深部岩石，西部是较浅层次岩石，反映出洛栾断裂带东部抬升高于西部。

二、伏牛山构造带的显微变形特征

伏牛山构造带的构造岩主要有糜棱岩、构造片岩等。其中糜棱岩按变质-变形程度上又可分为糜棱岩、变余糜棱岩、千枚糜棱岩、变晶糜棱岩、片麻糜棱岩等（孙岩，1986；刘正宏等，2007；徐仲元等，1996；甘盛飞，1994；钟增球，1994；Barker A T. 1990；宋鸿林，1986）。按原岩成分的不同分为以下三种：长英质糜棱岩、碳酸盐质糜棱岩、基性糜棱岩。

通过对整个伏牛山构造带岩石的显微观察，发现东、西部矿物共生组合和矿物变形特征有明显的不同，具有明显的规律：

1. 石英的动态重结晶型式从东向西由高温边界迁移式逐渐转变为亚颗粒式、膨凸式动态重结晶，再往西部又转变为亚颗粒式；

2. 长石的动态重结晶型式从东向西由亚颗粒-膨凸式重结晶逐渐转变为膨凸式重结晶，直至显微碎裂变形，再往西部又转变为塑性变形，出现膨凸式重结晶现象。

3. 黑云母从东向西由浅棕—棕红色半自形细小的片状转变为绿色—棕绿色眼球状残斑，蚀变增强。与此同时，白云母、绿泥石和绿帘石也由少变多。

4. 东部大理岩（碳酸盐）质糜棱岩中的方解石产生了膨凸式重结晶形成了核幔构造，西部的大理岩（碳酸盐）质糜棱岩，只产生了细粒化，并没有明显的重结晶现象。灰岩的糜棱岩只在栾川的庙子有出露，因剪切作用产生的热，导致隐晶质灰岩在强剪切带方解石晶体有增大的现象。

5. 基性糜棱岩中的角闪石多产生了强烈塑性变形，但动态重结晶现象只有栾川县庙子剖面才能见到，大多数角闪石已绿泥石化，显示出韧性剪切使原岩产生了退变质作用。

6. 伏牛山构造带岩石的结构和构造由粒状（柱-粒状）变晶结构、片麻状构造逐渐转变为糜棱结构，片状构造。

7. 糜棱岩的类型也由高温斜长石-钾长石超塑性糜棱岩依次向中温石英－斜长石塑性糜棱岩和中温石英塑性糜棱岩转变，在Ⅶ剖面又转向中温石英－斜长石塑性糜棱岩。

8. 伏牛山构造带中构造片岩特别发育。东部的构造片岩内残留有较多糜棱结构，说明构造片岩原为糜棱岩经重结晶作用演变成的，具有典型的塑性变形特征。而西部的构造片岩则以强烈的构造压扁变形特征为主，兼有剪切作用，矿物颗粒脆性裂纹十分常见，是在脆—韧性条件下形成的半塑性构造岩。说明东段岩石相对西段遭受构造作用的时间更长，层次更深。

9. 显微变形特征和糜棱岩的类型显示出东部的变形环境为低角闪岩相，往西逐渐转变为高绿片岩相和低绿片岩相。从东往西变质变形条件由高到低，说明东部抬升高于西部。

三、构造岩的变形机制、变形相和矿物塑性变形序列

长英质糜棱岩是伏牛山构造带出现最多的一类糜棱岩。东部石英的变形机制为位错攀移成为重要的蠕变机制，为高温塑性变形机制，西部石英则以脆性微破裂、位错滑移与重结晶为主。东部长石的变形机制为位错蠕变为主；西部则以微裂隙、双晶与重结晶为主。因此，东部长英质糜棱岩的形成机制为中地壳偏深的环境下的晶质塑性变形、高温扩散蠕变为主的塑性变形机制；西部则为上地壳下部－中地壳上部环境下的低温扩散蠕变、颗粒边界滑移以及晶质塑性变形控制的塑性变形机制。

伏牛山构造带中矿物塑性变形序列为：方解石→黑云母→石英→斜长石→钾长石。

伏牛山构造带长英质糜棱岩的变形相变化为：自东向西，依次为二长石变形相、石英斜长石变形相、石英变形相。

四、伏牛山构造带的形成环境

1. 变质相

通过岩石的矿物共生组合分析伏牛山构造带变质相：东部为低角闪岩相，往西逐渐转变为高绿片岩相和低绿片岩相。

2. 变质变形温度

(1) 石英动态重结晶型式在整个构造带中从 BLG 到 GBM 均有，估算变形温度为：300～550℃，属中高温条件。剪切带的温度较低，为 300～380℃；两侧温度较高，为 420℃左右，一直到 530～550℃。说明断裂带的剪切作用产生了退变质作用。

(2) 石英脉包裹体测温显示糜棱岩形成时的温度为330～450℃。

(3) 伏牛山构造带糜棱岩的动态重结晶石英分维数计算变形温度为380～520℃，属中高温条件。

(4) 石英组构分析表明伏牛山东部的石英以菱面<a>和柱面<c>滑移系共存为特点，对应温度为400～650°。西部虽也有柱面<c> 滑移系，对应温度为大于600°，但以底面<a>和菱面<a>共存滑移系为主，对应温度为400～550°。石英组构特征反映出东部的变形温度高于西部。

(5) 电子探针成分分析伏牛山构造带中的斜长石主要为中长石－更长石，含钠长石分子较多，钾长石含量很少。变质程度均低于蓝晶石带的变质程度，且以中低级变质为主。斜长石残斑具有较好的成分环带，从晶体的中心至边部，斜长石牌号从高牌号向低牌号变化，也即斜长石从颗粒中心至边部酸性程度增加。说明斜长石生长环境由中—高温向中—低温变化引起的，是典型的退变质作用的结果。

伏牛山构造带岩石中的角闪石主要为钙角闪石大类中的镁角闪石、镁钙闪石，其次为韭闪石、阳起石。洛栾断裂带上的角闪石以镁角闪石为主，西部的庙子基性糜棱岩中的角闪石全部为阳起石。瓦乔断裂带上的角闪石以镁钙闪石为主，少量镁角闪石。西部阳起石多于东部，显示西部温度低于东部。

洛栾断裂带斜长石和角闪石矿物对计算的形成温度为450～550℃。

通过以上多种方法的分析和计算，得出伏牛山构造带的形成温度为中温偏高的条件，且东部的温度高于西部。其中洛栾断裂带形成温度范围为300～550℃；瓦乔断裂带形成温度范围为500～550℃。

3. 压力和应变条件

(1) 糜棱岩的动态重结晶石英分维数计算的洛栾断裂带差异应力为0.32～0.41 GPa，应变速率值为3.92917E - 11～3.17713E - 16；瓦乔断裂带的差异应力为32.417～33.524 MPa，应变速率值为3.45769E - 14～2.14687E - 16。两条断裂带的差异应力均表现为自东向西逐渐增大趋势，属于中等应变速率条件。

(2) 同构造石英脉的石英晶体位错特征显示：洛栾断裂带具有先挤压后叠加较强剪切改造的特征；瓦乔断裂带则表现出先强烈挤压后叠加弱剪切力为辅的特征。根据位错密度计算的差异应力为：0.71～0.87 GPa，应变速率值为：2.34445E - 11～4.05872E - 11。

(3) 利用角闪石全铝压力计获得洛栾断裂带的压力为：0.75～0.95 GPa，瓦乔断裂带的压力为：0. 60～0. 85 GPa。

(4) 利用Massonne多硅白云母压力计计算出伏牛山构造带的压力为0.27～0.87 GPa。

通过上述不同方法得出伏牛山构造带岩石的变质变形的温压条件基本相同，均表现出东部温压条件高于西部。说明东段抬升强，西段抬升弱。

五、构造带运动学特征

伏牛山构造带两条主要断裂带的岩石有限应变测量结果显示其运动学特征各自不同：洛栾断裂带单剪作用较强，而瓦乔断裂带以纯剪作用为主。

洛栾断裂带岩石的付林系数 K 值为 1.68～15.13，应变椭球体的形态属于雪茄状，反映出其以剪切拉伸变形为主，且西段强于东段；涡度分析（$W_K>0.75$）显示洛栾断裂带具有简单剪切为主的性质。

瓦乔断裂带的付林参数 K 在 0～1 之间，应变椭球体为扁椭球状，属压扁型应变。反映出瓦乔断裂带的岩石变形以压扁为主。涡度分析也显示瓦乔断裂带以纯剪性质为主。

有限应变测量和涡度分析的结果显示洛栾断裂带（$X:Y:Z=7:1.5:1$；$W_K>0.75$）遭受剪切更强，而瓦乔（$X:Y:Z=5.7:2.3:1$；$W_K<0.75$）遭受的挤压更强。反映出宽坪岩群向华北板块下斜向俯冲的水平分量较大，而二郎坪岩群向北的俯冲挤压强度高于宽坪岩群。

变质流体的气液相成分显示剪切变形形成的变质流体没有经过高温过程。石英脉 H、O 同位素特征显示其物质成分主要来源于围岩，没有幔源深部物质的加入，说明洛栾和瓦乔两断裂带的韧性剪切作用没有切穿地壳。

六、伏牛山构造带年代学特征

同构造石英脉的 ESR 测年结果显示：在 372.9±30.0 Ma 时洛栾断裂带产生剪切走滑作用，瓦乔断裂带韧性剪切走滑的年龄是 275.0±20.0 Ma。所测 218.0±20.0 Ma、120 Ma、71.6±7.0 Ma 的年龄则反映了扬子、华北两大板块印支晚期全面闭合以及燕山期的构造-热事件在北秦岭也产生了一定的影响。北秦岭各构造带在时代上自北向南依次变新，说明是自北向南演化的。

七、伏牛山构造带岩石变质相与变形相的对应关系

通过对伏牛山构造带岩石的矿物共生组合和矿物塑性变形特征、变形机制等的分析，认为伏牛山构造带的变质相为低绿片岩相-高绿片岩相-高角闪岩相；变形相为石英变形相、石英斜长石变形相和部分二长石变形相。它们的对应为：

<table>
<tr><td>变质相</td><td>低绿片岩相</td><td>高绿片岩相</td><td>低角闪岩相</td><td>高角闪岩相</td></tr>
<tr><td>变形相</td><td>石英变形相</td><td colspan="2">石英斜长石变形相</td><td>二长石变形相</td></tr>
<tr><td>地壳层次</td><td colspan="2">中-上地壳</td><td colspan="2">中-下地壳</td></tr>
</table>

总之，本书以伏牛山构造带中具有特殊构造作用的洛栾断裂带、瓦乔断裂带和受其影响的宽坪岩块、二郎坪岩块北缘、栾川岩片、陶湾岩片、石人山岩块南缘为切入点，通过分析伏牛山构造带岩石的变形细节和应变特征，确定华北板块南缘的

变形作用、构造型式，恢复其所在岩相带、主压应力方位及作用方式；通过研究伏牛山构造带岩石的变质特点、形成方式、机理、环境，分析断裂带对其周边岩石的变质-变形影响，建立岩石变质相-变形相的耦合关系等，从构造矿物变质-变形过程、形成方式的角度进一步认识秦岭造山带中大型剪切带在造山过程中的应力、应变状态及演化，利用矿物学—岩石学—微观构造地质学的研究内容和方法，建立板块运动与大陆边缘变质-变形模式，为探索大陆造山带的结构、演化和动力学问题，提供可靠的、精细的支撑数据和资料。

参考文献

[1] 安三元，王档荣，苏春乾．陕西商南秦岭群角闪岩系的原岩恢复与多期变质作用［J］．中国区域地质，1985，13：159—168.

[2] 陈柏林，董法先，李中坚．矿物中元素迁移变化的高温高压实验研究［J］．地质力学学报，1998，4（1）：72—77.

[3] 陈柏林．糜棱岩型金矿金元素丰度与构造变形的关系［J］．矿床地质，2000，19（1）：17—25.

[4] 陈能松，孙敏，杨勇，等．变质石榴石的成分环带与变质过程［J］. 地学前缘，2003，(3)：315—320.

[5] 陈衍景．秦岭印支期构造背景、岩浆活动及成矿作用［J］．中国地质，2010，37（4）：854—862.

[6] 程昊，周祖翼．石榴石微区化学组成与结构关系及其意义［C］.2004年全国岩石学与地球动力学研讨会论文摘要集，2004.

[7] 程裕淇．中国区域地质概论［M］．北京：地质出版社，1994，313—384.

[8] 崔军文．哀牢山韧性平移剪切带特征［J］．中国地质科学院院报，1989，19：21—35.

[9] 戴塔根，刘成湛．构造应力与元素迁移关系初探［J］．桂林冶金地质学院学报，1990，10（3）：247—250.

[10] 邓军，杨立强，孙忠实，等．构造体制转换与流体多层循环成矿动力学［J］．地球科学，2000，25（4）：397—401.

[11] 第五春荣，孙勇，刘良，等．北秦岭宽坪岩群的解体及新元古代N—MORB［J］．岩石学报，2010，026（07）：2025—2038.

[12] 董云鹏，张国伟，朱炳泉．北秦岭构造属性与元古代构造演化［J］．地球学报，2003，24（1）：3—10.

[13] 董云鹏，张国伟，杨钊．西秦岭武山E—MORB型蛇绿岩及相关火山岩地球化学［J］．中国科学，2007，37（增刊Ⅰ）：199—208.

[14] 董申保．中国变质作用及其与地质演化的关系［M］．北京：地质出版社，1986.

[15] 杜远生，冯庆来，殷鸿福，等．东秦岭—大别山晚海西—早印支期古海洋探讨［J］．地质科学，1997，32（2）：129—134.

[16] 甘盛飞，邱玉民，杨红英，等．论糜棱岩的分类［J］．现代地质，1994，8（2）：73—78.

[17] 高山，张本仁，谢千里，等．秦岭造山带元古宙陆内裂谷作用的沉积地球化学

证据［J］．科学通报，1990，19：1494—1494.

［18］高山，赵志丹，骆庭川，等．东秦岭河南伊川—湖北宜昌地学断面地壳岩石组成、化学成分和形成机制［J］．岩石学报，1995，11（2）：213—226.

［19］高山，张本仁，金振民．秦岭—大别造山带下地壳拆沉作用［J］．中国科学（D辑），1999，29（6）：532—54.

［20］高长林，秦德余，吉让寿，等．东秦岭三类构造环境中的镁铁-超镁铁岩的地球化学特征．见：张本仁主编．秦巴区域地球化学文集．武汉：中国地质大学出版社，1990，106—127.

［21］郭涛，吕古贤，邓军，等．构造应力对元素分配的控制作用——以焦家金矿为例［J］．地质力学学报，2003，9（2）：183—190.

［22］韩吟文，柳建华，许继锋．秦岭造山带前寒武纪地幔化学分区及壳幔物质循环——Pb、Nd同位素及微量元素证据［J］．地球科学——中国地质大学学报，1996，12（5）：457—463.

［23］郝柏林．分形与分维．科学杂志，1985，38（1）：9—17.

［24］何建坤，刘福田，刘建华，等．秦岭造山带莫霍面展布与碰撞造山带深部过程的关系［J］．地球物理学报，1998，41（S1）：79—85.

［25］河南省地质矿产局，河南省区域地质志［M］．北京：地质出版社，1989，6—7，258—291，617—626.

［26］河南省地质矿产厅，河南省岩石地层［M］．武汉：中国地质大学出版社，1997，4—5，265，268.

［27］何建坤，刘福田，刘建华，等．秦岭造山带莫霍面展布与碰撞造山带深部过程的关系［J］．地球物理学报，1998，41（S1）：79—85.

［28］何绍勋，段嘉瑞，刘继顺，等．韧性剪切带与成矿［M］．北京：地质出版社，1996.

［29］何世平，王洪亮，陈隽璐，等．北秦岭西段宽坪岩群斜长角闪岩锆石LA-ICP-MS测年及其地质意义［J］．地质学报，2007，81（1）：79—87.

［30］何永年，林传勇，史兰斌．构造矿物学［M］．北京：科学出版社，1988，35—60.

［31］何永年，林传勇，史兰斌．构造岩石学基础［M］．北京：地质出版社，1988.

［32］何永年，史兰斌，林传勇．韧性剪切带及其变形岩石［J］．地震地质，1988，10：69—76.

［33］何永年．断层带岩石变形机制探讨［A］．见：现代地壳运动［C］．北京：地震出版社，1989.

［34］贺同兴．变质岩岩石学［M］．北京：地质出版社，1980，60—65.

［35］黄汲清，陈炳蔚．中国及邻区特提斯海的演化［M］．北京：地质出版社，1987，100.

［36］胡玲．显微构造地质学概论［M］．北京：地质出版社，1998，80—96.

[37] 胡玲，刘俊来，纪沫，等．变形显微构造识别手册［M］．北京：地质出版社，2009，5—33，40—45，63—71.

[38] 胡受奚，林潜龙．华北与华南古板块拼合带地质和成矿［M］．南京：南京大学出版社，1988.

[39] IMA-CNMMN 角闪石专业委员会全体成员．角闪石命名法——国际矿物学协会新矿物及矿物命名委员会角闪石专业委员会的报告［J］．岩石矿物学杂志，2001，20（1）：84—100.

[40] 贾承造，施央申，郭令智．东秦岭板块构造［M］．南京：南京大学出版社，1988.

[41] 金泉林．超塑变形的力学行为与本构描述［J］．力学进展，1995，25（2）：260—275.

[42] 金守文．宽坪群和陶湾群的地层划分及时代问题［J］．中国地质科技情报，1976，（1）：1—10.

[43] 金守文．关于二郎坪群［J］．河南地质，1985，3：49—54.

[44] 金守文．二郎坪群两点商议［J］．河南地质，1994，12（1）：36—39.

[45] 金昕，任光辉，曾建华，等．东秦岭造山带岩石圈热结构及断面模型［J］．中国科学（D辑），1996，16（S）：13—22.

[46] 金振民．上地幔流变学．当代地质科学前沿——我国今后值得重视的前沿研究领域［M］．中国地质大学出版社，1993，112—121.

[47] 嵇少丞，刘增岗．方解石多晶集合体的高速率简单剪切变形实验研究［J］．地质科学，1987，22（3）：282—290.

[48] 嵇少丞，部分熔融的构造地质意义：变形机制转变的实验研究［J］．地质科学，1988，（4）：347—356.

[49] 嵇少丞，Maainp rice D. 晶格优选定向和下地壳地震波速各向异性［J］．地震地质，1989，11（4）：15—23.

[50] 嵇少丞．斜长石塑性变形及其显微构造．矿物岩石地球化学通讯，1989，（1）：3—5.

[51] 靳是琴，李鸿超．成因矿物学概论（上、下册）［M］．长春：吉林出版社，1986.

[52] 李炳华．秦岭—桐柏—大别造山带深部构造及其与南北两侧陆块关系之探讨［J］．陕西地质，2001，19（1）：59—70.

[53] 李采一，马国建，陈瑞保，等．对河南二郎坪群层序及时代的新认识［J］．中国区域地质，1990，9：181—185.

[54] 李立，杨辟元，段波，等．东秦岭岩石层的地电模型［J］．地球物理学报，1998，41（2）：189—195.

[55] 李荣西，安三元，胡能高，等．河南西峡石界沟群变质作用特征及演化［J］．西安地质学院学报，1994，16（2）：11—17.

[56] 李三忠，张国伟，李亚林，等．秦岭造山带勉略缝合带构造变形与造山过程[J]．地质学报，2002，76（4）：469—483.

[57] 李曙光，Hart S R，郑双根，等．中国华北、华南陆块碰撞时代的钐—钕同位素年龄证据[J]．中国科学（B），1989，（3）：312—319.

[58] 李曙光，陈移之，张国伟，等．一个距今100 Ma侵位的阿尔卑斯型橄榄岩体：北秦岭晚元古代板块构造体制的证据[J]．地质论评，1991，37（3）：235—242.

[59] 李文，李兆麟，石贵勇．云南哀牢山变质流体特征[J]．岩石学报，2000，16（4）：649—654.

[60] 李文勇，夏斌，路文芬．东秦岭的地球物理、构造分带特征及演化[J]．地质与勘探，2004，40（1）：35—40.

[61] 李晓波．造山带的结构、过程及动力学．见：当代地质科学前沿——我国今后值得重视的前沿研究领域．北京：中国地质大学出版社，1993，26—39.

[62] 李昶，臧绍先．岩石层流变学的研究现状及存在问题[J]．地球物理学进展．2001，16（2）：99—106.

[63] 梁晓，王根厚，杨广全．滇西景谷地区澜沧江沿岸早古生代构造片岩中石英脉的成因与变形[J]．地质通报，2009，28（9）：1342—1349.

[64] 林德超，王世炎，杜建山，等．河南省宽坪群及其边界特征（秦岭—大巴山地质论文集（一）变质地质，刘国惠，张寿广等主编）[M]．北京科学技术出版社，1990，40—46.

[65] 林德超，裴放，李潇丽，等．河南省区域地质概况[M]．中国区域地质，1998，17（4）：337—345.

[66] 刘德良，杨晓勇．郯庐断裂带南段韧性剪切带糜棱岩的变形条件与组分迁移关系[J]．岩石学报，1996，12（2）：273—283.

[67] 刘德良，杨晓勇，杨海涛，等．郯庐断裂带南段桴槎山韧性剪切带糜棱岩的变形条件和组分迁移系[J]．岩石学报，1996，12（4）：573—586.

[68] 刘国惠，张寿广，游振东，等．秦岭造山带主要变质岩群及其变质演化[M]．北京：地质出版社，1993，1—190.

[69] 刘俊来．方解石的韧性变形与大理岩韧性变形带[J]．世界地质，1987，6（构造地质专辑）：41—48.

[70] 刘俊来．辽南早元古宙大理岩的超塑性流动变形[J]．长春地质学院学报，1992，22（变质构造专辑）：90—96.

[71] 刘俊来．岩石变形机制与流变学研究的近期发展——显微构造、变形机制与流变学国际会议简介[J]．地质科技情报，1999，18（3）：11—15.

[72] 刘俊来．实验变形岩石低温破裂作用的微观机制[J]．地学前缘，1999，6（4）：235.

[73] 刘俊来，WEBER K，WAL TER J. 上部地壳的流体作用与大理岩的低温塑性

[J]．岩石学报，2000，17：499—505.

[74] 刘俊来．变形岩石的显微构造与岩石圈流变学［J］．地质通报，2004a，23（9—10）：980—984.

[75] 刘俊来．上部地壳岩石流动与显微构造演化—天然与实验岩石变形证据［J］．地学前缘，2004b，11（4）：503—508.

[76] 刘良，周鼎武，董云鹏，等．东秦岭松树沟高压变质基性岩石及其退变质作用的P-T-t演化轨迹［J］．岩石学报，1995，11（2）：127—136.

[77] 刘瑞峋．显微构造地质学［M］．北京：地质出版社，1988，31—131.

[78] 刘喜山，李树勋，刘俊来．变形变质作用及成矿［M］．北京：中国科学技术出版社，1992.

[79] 刘正宏，李殿东．糜棱岩的重结晶作用及显微构造［J］．吉林地质，1999，18（4）：32—40.

[80] 刘正宏，徐仲元，杨振升，等．变质构造岩类型及其特征［J］．吉林大学学报（地球科学版），2007，37（1）：24—30.

[81] 刘顺，肖晓辉，钟大赉．长英质麻粒岩流变性质的实验研究［J］．成都理工学院学报，1997，24（1）：42—47.

[82] 刘祥，吴新伟，戴亚丽．大陆下部地壳变形、变质特征及其抬升机制分析——以内蒙古中部地区为例［J］．吉林地质，2006，25（1）：1—5.

[83] 陆松年，李怀坤，陈志宏，等．秦岭中—新元古代地质演化及对Rodinia超级大陆事件的响应［M］．北京：地质出版社，2003.1—19.

[84] 陆松年，陈志宏，李怀坤，等．秦岭造山带中—新元古代（早期）地质演化［J］．地质通报，2004，23（2）：107—112.

[85] 卢焕章．成矿流体［M］．北京：北京科学技术出版社，1997，193—205.

[86] 卢欣祥．秦岭造山带花岗岩与构造演化［M］．北京：中国环境科学出版社，1996，86—142.

[87] 卢欣祥．秦岭花岗岩大地构造图［M］．西安：西安地图出版社，1999.1—27.

[88] 罗震宇，金振民．岩石超塑性变形及其地球动力学意义综述［J］．地质科技情报，2003，22（1）：17—22.

[89] 马宝林，张家声，杨主恩．中国地学大断面研究进展（1）——前寒武纪结晶基底研究中的几个基本问题．1988，15—20.

[90] 马宝林，刘若新，张兆忠．中国境内发现下地壳构造岩［J］．矿物岩石地球化学通讯，1990a，（2）：17—18.

[91] 马宝林，刘若新，张兆忠．中国华北地区深层次构造岩基本特征及层次划分［J］．南京大学学报，（地球科学版）（2）：1990，32—41.

[92] 马琳吉．糜棱岩中长石的动态重结晶及化学成分变化的初步研究［J］．岩石学报，1986，2（2）：49—57.

[93] 苗培森，张振福．不同构造机制韧性剪切带研究［J］．中国区域地质，1995，

(4)：353—359.

[94] 欧阳建平，张本仁．北秦岭微古陆形成与演化的地球化学证据．中国科学(D)，1996，26 (增刊)：42—48.

[95] 欧阳建平．东秦岭地区华北地台南部大陆边缘地球化学研究 [D]．博士学位论文，武汉：中国地质大学．1989.

[96] 潘桂棠，陈智梁，李兴振，等．东特提斯地质构造形式演化 [M]．北京：地质出版社，1997，1—218.

[97] 裴放．河南南召地区韧性剪切带及构造变形相 [J]．中国区域地质，1995，(4)：323—333.

[98] 裴先治，胡能高，高进龙，等．商南地区秦岭群中的韧性伸展构造 [J]．西安地质学院学报，1993，15 (增)：46—53.

[99] 裴先治，张维吉，王涛，等．北秦岭造山带的地质特征及其构造演化 [J]．西北地质，1995，16 (4)：8—12.

[100] 裴先治，王洋，王涛．北秦岭前寒武纪地壳组成及其构造演化．前寒武纪研究进展，1998，21 (4)：26—34.

[101] 裴先治，王涛，王洋，等．北秦岭晋宁期主要地质事件及其构造背景探讨 [J]．高校地质学报，1999，5 (2)：137—147.

[102] 彭训才．离子地质学—研究地壳中离子运动及其与围岩的相互作用 [J]．地质地球化学，2000，28 (4)：88—95.

[103] 戚学祥，李海兵，张建新，等，韧性剪切带的变形变质与同构造熔融作用——以中祁连宝库河韧性走滑剪切带为例 [J]．地质论评，2003，49 (4)：413—421.

[104] 戚学祥，李海兵，吴才来，等．韧性剪切变形对岩石地球化学行为的制约——以北阿尔金巴什考供韧性剪切带为例 [J]．地质通报，2005，24 (3)：252—257.

[105] 戚学祥，许志琴，史仁灯．高喜马拉雅普兰地区东西向韧性拆离作用及其构造意义 [J]．中国地质，2006a，33 (2)：291—298.

[106] 戚学祥，唐哲民，阎玲．中国大陆科学钻探主孔 (CCSD—PP2) 榴闪岩的地球化学组成及其地质意义 [J]．地球科学，2006b，31 (4)：539—550.

[107] 戚学祥，许志琴，齐金忠．苏鲁构造单元南部南岗—高公岛韧性剪切带的变形记录、组分迁移和体积亏损 [J]．地质学报，2006c，l80 (12)：1935—1943.

[108] 任纪舜．论华力西旋回后全球构造阶段之划分 [J]．地质学报，1987，(1)：21—31.

[109] 任纪舜．中国东部及邻区大地构造演化的新见解 [J]．中国区域构造，1989，3l (4)：289—300.

[110] 任纪舜，张正坤，牛宝贵，等，论秦岭造山带 [A]．见：叶连俊，钱祥麟，

张国伟．秦岭造山带学术讨论会论文选集［C］．西安：西北大学出版社，1991，99—110.

［111］任纪舜，张正坤，牛宝贵，等．论秦岭造山带．见：叶连俊，钱祥麟，张国伟主编．秦岭造山带学术讨论会论文选集．西安：西北大学出版社，1991，99—110.

［112］任升莲，宋传中，李加好，等．秦岭石人山岩块的构造岩石学特征及其意义［J］．中国地质，2010，Vol. 37（2）：347—356.

［113］任升莲，宋传中，LIN SHOUFA，等［J］．地质科学，2011，46（2）P376—391.

［114］单文琅，宋鸿林，傅昭仁，等．构造变形分析的理论、方法和实践［M］．武汉：中国地质大学出版社，1991，90—91，103—104，117—119.

［115］沈昆，张泽明，A. M. van den Kerkhof，等．江苏东海预先导孔（CCSD - PP1）超高压岩石变质流体及其演化［J］．地质学报，2003，77（4）：522—532.

［116］盛英明，郑永飞，吴元保．超高压岩石中变质脉的研究［J］．岩石学报，2011，27（2）：490—500.

［117］宋传中，张国伟．东秦岭造山带的流变学及动力学分析［J］．地球物理学报，1998，41（suppl）：55—62.

［118］宋传中，张国伟．伏牛山推覆构造特征及其动力学控制［J］．地质论评，1999，45（5）：492—497.

［119］宋传中．东秦岭造山带地学断面的结构、流变学分层及动力学分析［M］．合肥：中国科技大学出版社，2000，2—3，83.

［120］宋传中．秦岭—大别山北部后造山期构造格架与形成机制［J］．合肥工业大学学报，2000，23（2）：221—226.

［121］宋传中，刘国生，牛漫兰，等．秦岭—大别造山带北缘新生代的构造特征及动力学探讨［J］．地质通报，2002，21（8—9）：530—535.

［122］宋传中，张国伟．秦岭造山带北缘的斜向碰撞与汇聚因子［J］．中国地质，2006，33（1）：48—55.

［123］宋传中，张国伟，任升莲，等．秦岭—大别造山带中几条重要构造带的特征及其意义［J］．西北大学学报（自然科学版），2009，39（3）：368—380.

［124］宋传中，任升莲，李加好，等．华北板块南缘的变形分解：洛南—栾川断裂带与秦岭北缘强变形带研究［J］．地学前缘，2009，16（3）：181—189.

［125］宋鸿林，Dietrich D. 剪切带中方解石构造岩的组构研究——以瑞士西部赫尔文特推覆体为例［J］．构造地质学论丛，1986，（6）：30—41.

［126］宋鸿林．动力变质岩分类述评［J］．地质科技报，1986，7：21—26.

［127］宋述光，牛耀龄，张立飞，等．大陆造山运动：从大洋俯冲到大陆俯冲、碰撞、折返的时限——以北祁连山、柴北缘为例［J］．岩石学报，2009，025

(09)：2067—2077.

[128] 孙岩．两类糜棱岩的特征、成因及其地质意义［J］．地震地质，1986，8（4）：63—69.

[129] 孙岩，舒良树，刘德良．论构造分层、流变分层和化学分层作用——以中下扬子区倾滑断裂系统为例［J］．南京大学学报，1997，33（1）：82—90.

[130] 孙岩，朱文斌，郭继春，等．论糜棱岩研究［J］．高校地质学报，2001，7（4）：339—373.

[131] 孙勇，卢欣祥，韩松，等．北秦岭早古生代二郎坪蛇绿岩片的组成和地球化学［J］．中国科学D辑，1996，26（增刊）：49—55.

[132] 索书田．造山带的变形分解作用．自游振东，造山带核部杂岩变质过程与构造解析［M］．武汉：中国地质大学出版社，1991.

[133] 索书田．大陆岩石圈的流动特征．当代地质科学前沿——我国今后值得重视的前沿研究领域［M］．中国地质大学出版社，1993，135—141.

[134] 索书田，钟增球，周汉文，等．大别—苏鲁超高压变质带内变形分解作用对榴辉岩透镜体群发育的影响［J］．地质科技情报，2001，20（2）：15—22.

[135] 万天丰．论碰撞作用时间［J］．地学前缘，2011，18（3）：48—55.

[136] 王国灿．中、下地壳中长石的塑性变形机制及其证据——长石的显微构造研究综述［J］．地质科技情报，1993，12（3）：18—24.

[137] 王鸿帧，徐成彦，周正国．东秦岭古海域两侧大陆边缘区的构造发展［J］．地质学报，1982，(3)：270—279.

[138] 王金贵，卢欣祥．伏牛山花岗岩体的岩石学特征［J］．河南地质，1988，6（3）：35—40.

[139] 王嘉荫．应力矿物学概论［M］．北京：地质出版社，1978.

[140] 王绳祖．岩石脆性—延性转变及塑性流动网络［J］．地球物理学进展，1993，8（4）：25—37.

[141] 王涛，杨家喜．豫西狮子坪秦岭群流变型式及流变相探讨［J］．西安地质学院学报，1993，15（增）：54—60.

[142] 王涛，胡能高，裴先治，等．秦岭造山带核部峡河岩群变质变形特征及构造演化［J］．地质构造学刊，1995，5（2）：11—8.

[143] 王涛，胡能高，裴先治，等．秦岭造山带核部杂岩向西的运移［J］．地质科学，1997，32（4）：423—432.

[144] 王涛，张国伟，裴先治，等．北秦岭新元古代北北西向碰撞造山存在的可能性及两侧陆块的聚合与裂解［J］．地质通报，2002，21（8—9）：616—522.

[145] 王学仁．河南西峡湾潭地区二朗坪群微体化石研究［J］．西北大学学报，1995，25：353—358.

[146] 王小凤．构造矿物学．当代地质科学前沿——我国今后值得重视的前沿研究领域［M］．中国地质大学出版社，1993，174—178.

[147] 王新社，郑亚东，杨崇辉，等．用动态重结晶石英颗粒的分形确定变形温度及应变速率［J］．岩石矿物学杂志，2001，20（1）：36—41.

[148] 王永锋，金振民．岩石扩散蠕变及其地质意义［J］．地质科技情报，2001，20（4）：5—11.

[149] 王子潮，王绳祖．中、下地壳温度压力条件下岩石半脆性蠕变的实验研究［J］．地震地质，1990，12（4）：335—342.

[150] 王宗起，闫全人，闫臻，等．秦岭造山带结构与造山作用过程．地质调查项目研究报告．中国地质科学院地质研究所，2006.

[151] 王宗起，高联达，王涛，等．北秦岭陶湾群新发现的微体化石及其对地层时代的限定［J］．中国科学（D辑），2007，37（11）：1467—1473.

[152] 王作勋，姜春发，任纪舜，等．小秦岭推覆构造与陶湾群变形．见：秦岭—大巴山地质文集（一）．北京：北京科技出版社，1990，143—153.

[153] 魏春景，周喜文．变质相平衡的研究进展［J］．地学前缘，2003，10（4）：341—351.

[154] 吴军，郑辙．对矿物中位错和位错增殖的几点认识［J］．矿物学报，2001，21（3）：397—399.

[155] 吴正文，柴育成，黄万夫，等．秦岭造山带的推覆构造格局［A］．见：叶连俊，钱祥麟，张国伟．秦岭造山带学术讨论会论文选集［C］．西安：西北大学出版社，1991，111—120.

[156] 肖思云，张维吉．北秦岭变质地层［M］．西安：西安交通大学出版社，1988，45—58，256—283.

[157] 肖庆辉，李晓波，贾跃明，等．当代造山带研究中值得重视的若干前沿问题［J］．地学前缘，1995，2（1）：43—50.

[158] 徐树桐，吴维平，刘贻灿，等．大别山造山带的糜棱岩［J］．岩石矿物学杂志，2011，30（4）：625—636.

[159] 徐学纯．内蒙古乌拉山地区韧性剪切退化变质作用与金矿的关系［J］．矿产与地质，1991，21（5）：107—113.

[160] 徐仲元，刘正宏．糜棱岩化作用和糜棱岩重结晶作用［J］．长春科技大学学报，1996，26（2）：96—103.

[161] 许志琴，卢一伦，汤耀庆，等．东秦岭复合山链的形成——变形、演化及板块动力学［M］．北京：中国环境科学出版社，1988，1—185.

[162] 许志琴，李海兵，郭立鹤．动态蠕英石、动态重熔及地壳收缩至伸展的转化——辽南古老变质体上隆机制探讨．见《伸展构造研究》．北京：地质出版社，1994，109—119.

[163] 许志琴，崔军文．大陆山链变形构造动力学［M］．北京：冶金工业出版社，1996，27—45.

[164] 许志琴，张建新，徐惠芬，等．中国主要大陆山链韧性剪切带及动力学

[M]. 北京：地质出版社，1997.

[165] 许志琴，杨经绥，姜枚，等. 大陆俯冲作用及青藏高原周缘造山带的崛起[J]. 地学前缘，1999，6 (3)：139—151.

[166] 许志琴，江枚，杨径绥. 青藏高原北部的碰撞造山及深部动力学 [J]. 地球学报，2001，22 (1)：1—10.

[167] 杨经绥，许志琴，马昌前，等. 复合造山作用和中国中央造山带的科学问题[J]. 中国地质，2010，37 (1)：1—10.

[168] 闫全人，王宗起，闫臻，等. 从华北陆块南缘大洋扩张到北秦岭造山带板块俯冲的转换时限 [J]. 地质学报，2009，83 (11)：1565—1583.

[169] 杨巍然，张文淮. 断裂性质与流体包裹体组合特征 [J]. 地球科学，1996a，21 (3)：285—290.

[170] 杨巍然，张文淮. 构造流体——一个新的研究领域 [J]. 地学前缘，1996b，3 (3—4)：124—130.

[171] 杨晓勇，刘德良，王奎仁. 郑庐断裂带南段中深层次韧性剪切带糜棱岩化过程成分变化规律研究 [J]. 高校地质学报，1997，3 (3)：263—271.

[172] 杨晓勇，杨学明，刘德良，等. 郑庐断裂带南段韧性剪切带糜棱岩化过程中长石成分和结构状态变化特征的研究 [J]. 地震地质，1998，20 (4)：332—341.

[173] 杨晓勇. 论韧性剪切带研究及其地质意义 [J]. 地球科学进展，2005，20 (7)：765—771.

[174] 叶会寿，毛景文，徐林刚，等. 豫西太山庙铝质A型花岗岩SHRIMP锆石U-Pb年龄及其地球化学特征 [J]. 地质论评，2008，54 (5)：699—711.

[175] 游振东，钟增球，周汉文. 区域变质作用中的流体 [J]. 地学前缘，2001，8 (3)：157—163.

[176] 袁学诚，徐明才，唐文榜，等. 东秦岭陆壳反射地震剖面 [J]. 地球物理学报，1994，37 (6)：749—758.

[177] 袁学诚. 秦岭造山带地壳结构与楔入成山 [J]. 地质学报，1997，71 (3)：227—235.

[178] 袁四化，潘桂棠. 大陆边缘增生造山作用 [J]. 地学前缘，2009，16 (3)：31—42.

[179] 岳石，马瑞. 实验岩石变形与构造成岩成矿 [M]. 吉林：吉林大学出版社，1990.

[180] 曾佐勋，杨巍然，Franz Neubauer，等. 造山带挤出构造 [J]. 地质科技情报，2001，20 (1)：1—7.

[181] 张本仁，张宏飞，赵志丹，等. 东秦岭及邻区壳、幔地球化学分区和演化及其大地构造意义 [J]. 中国科学 (D)，1996，26 (3)：201—208.

[182] 张伯友，俞鸿年. 糜棱岩、混合岩和花岗岩三者成因联系 [J]. 地质论评，

1992，38（5）：407—413.

[183] 张二朋，牛道韫，霍有光，等．秦巴及邻区地质—构造特征概述［M］．北京：地质出版社，1993，263—272.

[184] 张二朋．秦岭—大巴山及邻区地质图（1：100 万）［M］．北京：地质出版社，1992.

[185] 张国伟．秦岭造山带的形成演化［M］．西安：西北大学出版社，1988a，1—68.

[186] 张国伟，梅志超，周鼎武，等．秦岭造山带的形成与演化．见：秦岭造山带的形成及其演化．西安：西北大学出版社，1988b，1—16.

[187] 张国伟，于在平，孙勇，等．秦岭商丹断裂边界地质体基本特征及其演化．见：张国伟主编．秦岭造山带的形成及其演化．西安：西北大学出版社，1988，29—47.

[188] 张国伟．秦岭杂岩与秦岭造山带．秦岭—大巴山地质论文集（一）．北京：科学技术出版社，1990.

[189] 张国伟，Kroner A，周鼎武，等．秦岭造山带岩石圈组成、结构及演化特征．见：叶连俊，钱祥麟，张国伟主编．秦岭造山带学术讨论会论文选集．西安：西北大学出版社，1991，121—138.

[190] 张国伟．当代地质科学前沿——我国今后值得重视的前沿研究领域［M］．中国地质大学出版社，1993，145—154.

[191] 张国伟，张宗清，董云鹏．秦岭造山带主要构造岩石地层单元的构造性质及其大地构造意义［J］．岩石学报，1995a，11（2）：101—114.

[192] 张国伟，孟庆任，赖绍聪．秦岭造山带结构构造［J］．中国科学（B），1995b，25（9）：994—1003.

[193] 张国伟，郭安林，刘福田，等．秦岭造山带三维结构及其动力学分析［J］．中国科学（D），1996a，26（增刊）：1—6.

[194] 张国伟，袁学诚，张本仁，等．秦岭造山带岩石圈三维结构和造山过程［M］．北京：科学出版社，1996b.

[195] 张国伟，孟庆任，于在平，等．秦岭造山带的造山过程及其动力学特征［J］．中国科学（D），1996c，26（3）：193—200.

[196] 张国伟，孟庆任，刘少峰，等．华北地块南部巨型陆内俯冲带与秦岭造山带岩石圈现今三维结构［J］．高校地质学报，1997，3（2）：129—143.

[197] 张国伟．秦岭造山带基本组成与结构及其构造演化［J］．陕西地质，1997，(2) 111.

[198] 张国伟，柳小明．关于“中央造山带”几个问题的思考［J］．地球科学，1998，23（5）：443—448.

[199] 张国伟，于在平，董云鹏，等．秦岭区前寒武纪构造格局与演化问题探讨［J］．岩石学报，2000，16（1）：11—21.

[200] 张国伟，张本仁，袁学诚，等．秦岭造山带与大陆动力学［M］．北京：科学出版社，2001a，1—8.655—724.

[201] 张国伟，董云鹏，姚安平．造山带与造山作用及其研究的新起点．西北地质，2001b，34（1）：1—9.

[202] 张宏远，王宗起，刘俊来，等．北秦岭二郎坪群晚中生代伸展—走滑—收缩体制研究［J］．地质力学学报，2009，15（1）：56—68.

[203] 张家声．断裂带中的二相变形与地震成因讨论［J］．地震地质，1987，9（4）：63—70.

[204] 张建新，于胜尧，孟繁聪．北秦岭造山带的早古生代多期变质作用［J］．岩石学报，2011，27（04）：1179—1190.

[205] 张进江，郑亚东，石铨曾．小秦岭变质核杂岩、拆离断层及其运动学特征的研究．见：岩石圈地质科学．北京：地震出版社，1996，42—52.

[206] 张儒瑗，从柏林．矿物温度计和矿物压力计［M］．地质出版社，1983，123—173.

[207] 张寿广．秦岭宽坪杂岩的变形作用与变质作用见：刘国惠，张寿广等主编秦岭—大巴山地质论文集（一）变质地质．北京科学技术出版社，1991a，89—98.

[208] 张寿广，万渝生，刘国惠，等．北秦岭宽坪群变质地质［M］．北京科技出版社，1991b.

[209] 张思纯，唐尚文．东秦岭北部早古生代放射虫硅质岩的发现与板块构造［J］.陕西地质，1983，(2)：1—9.

[210] 张宗清，刘敦一，付国民．北秦岭变质地层同位素年代研究［M］．北京：地质出版社，1994，1—191.

[211] 张宗清，张旗．北秦岭晚元古代宽坪蛇绿岩中变质基性火山岩的地球化学特征［J］．岩石学报，1995，11（增刊）：165—177.

[212] 张宗清，张国伟，付国民，等．秦岭变质地层年龄及其构造意义［J］．中国科学（D），1996，26（3）：216—222.

[213] 赵敬世．位错理论基础［M］．北京：国防工业出版社，1989，132.

[214] 赵中岩，方爱民．超高压变质岩的塑性流变显微构造和变形机制［J］．岩石学报，2005，21（04）：1109—1115.

[215] 郑亚东，常志忠．岩石有限应变测量及韧性剪切带［M］．北京：地质出版社，1985，1—99.

[216] 郑亚东，Davis G A，王琮，等．燕山带中生代主要构造事件与板块构造背景问题［J］．地质科学，2000，74（4）：289—302.

[217] 郑永飞．深俯冲大陆板块折返过程中的流体活动［J］．科学通报，2004，49（10）：917—927.

[218] 钟大赉，丁林，张进江，等．中国造山带研究的回顾和展望［J］．地质论评，

2002，48 (2)：147—152.

[219] 钟增球．构造岩研究的新进展 [J]．地学前缘，1994，1 (1/2)：162—169.

[220] 周国藩，罗孝宽，管志宁，等．秦巴地区地球物理场特征与地壳构造格架关系的研究 [M]．武汉：中国地质大学出版社，1992.

[221] 周汉文，陈能松．豫西东秦岭造山带低压变质带的变质变形和变质反应 [J]. 地球科学—中国地质大学学报，1994，19 (1)：9—18.

[222] 周喜文，魏春景，卢良兆．高温变泥质岩石中石榴石—黑云母温度计的应用——以胶北荆山群富铝质岩石为例 [J]．地学前缘，2003，8 (3—4)：353—363.

[223] 周永胜，何昌荣．地壳岩石变形行为的转变及其温压条件 [J]．地震地质，2000，22 (2)：167—178.

[224] Phinney R A，Brown L D，Eichelberger et al. 美国大陆动力学研究的国家计划．李晓波，白星碧，刘树臣，等．1989.

[225] Allen M B，Ghassemi M R，Shahrabi M，et al. Accommodation of late Cenozoic oblique shortening in the Alborz range，northern Iran [J]．Journal of Structural Geology. 2003，25，659—672.

[226] Barker A T. Introduction in metamorphic texture and microstructure [M]．NewYork：Blackic and Son Ltd. 1990.

[227] Bell T H. . Foliation development：the contributiongeometry and significance of progressive bulk inhomogeneous shortenint [J]．Tectonophysics，1981，75：273—296.

[228] Bell T H. Deformation partitioning and porphyroblast rotation in metamorphic rock：a radical reinterpretation [J]．Metamorphic Geol.，1985，3：109—118.

[229] Bell T H，Fleming P D，Rubenach M J. Porphroblast nucleationgrowth and dissolution in regional metamorphic rocks as a function of deformation partitioning during foliation development [J]．Metatorphic Geol.，1986，4 (1)：37—67.

[230] Bell T H，Johnson S E. Porphyroblast inclusion trails：the key to orogenesis [J]．Metatorphic Geol.，1989，7：279—310.

[231] Bell T H，Wang J. Linear indicators of movement direction versus foliation intersection axes in porphyroblasts (FIAs) and their relationship to direction of relative plate motion [J]．Earth Science Frontiers，1999，6 (3)：31—47.

[232] Bowman D，King，G，Tapponnier P，Slip partitioning by elastoplastic propagation of oblique slip at depth [J]．Science，2003，300：1121—1123.

[233] Bottrell S H，Greenwood P B，Yardley B W D，et al. Metamorphic and post—metamorphic fluid flow in the low—grade rocks of the Harlech Dome，

north Wales [J] . Metamorphic Geol, 1990, 8: 131—143.

[234] Bruhn D F, D L Olgaard and L N Dell'Angeolo. Evidence for enhanced deformation in two phase rocks: Experiments on the rheology of calcite—anhydrite aggregates [J] . Geophys Res, 1999, 104: 707—724.

[235] Cesare B, Marchesi, Connolly J A D. Growth of myrmekite by contact metamorphism ofgranitic mylonites in the aureole of Cimadi Vila, Eastern Alps, Italy [J] . Meta. Geol. , 2002, 20: 203—213.

[236] Cesare B. . Synmetamorphic veining: origin of an dalusite—bearing veins in the Vedrette di Ries contact aureole, Eastern Alps, Italy [J] . Metamorphic Geol. , 1994, 12: 643—653.

[237] Chardon D. Strain partitioning and batholith emplacement at the root of a transpressive magmatic are [J] . Journal of Structural Geology, 2003, 25: 91—107.

[238] Dell'Angelo L N, Olgaard D L. Experimental deformation of finegrained anhydrite: Evidence for dislocation and diffusion creep [J] . Geophys Res, 1995, 100: 15422—15438.

[239] Dell'Angelo L N, Tullis J. Experimental deformation of partially meltedgranitic aggregates [J] . Journal of Metamorphic Geology, 1988, 6: 495—515.

[240] DeMets C, Gordon R G, Argus D F, et al. Current plate motions [J]. Geophysical Journal International. 1990, 101: 425—478.

[241] Dimanov A, Dresen, G, Wirth R. High—temperature creep of partially molten plagioclase aggregates [J] . Geophys Res, 1998, 103 (B5): 9655—9660.

[242] Dresen GB Evans, and D L Olgaard. Effect of quartz in clusions on plastic flow in marble [J] . Geophys Res Lett, 1998, 25 (8): 1245—1248.

[243] Ernst W G. Polymorphism in alkali amphiboles. American Mineralogist, 1963, 48: 241—260.

[244] Drury M R, Humpherys F J. Microstructural shear criteria associated withgrain—boundary sliding during ductile deformaition [J] . Struct. Geol. , 1988, 10 (1) : 83—88.

[245] EikoKawamoto, Toshihiko Shimamoto. The strength profile for bimineralic shear zones: an insight from high—temperature shearing experiments on calcite-halite mixtures [J] . Tectonophysics, 1998, 295: 1—14.

[246] Etheridge M A, Wall V J & Cox S F. High fliud pressures during regional metamorphism and deformation: implications for mass transport and deformation mechanism [J] . Geophys. Res. , 1984, 89: 4344—4358.

[247] Evans J P. Deformation mechanisms ingranitic rocks at shallow crustal levels [J] . Struct Geol, 1988, 10: 437—443.

[248] Evans B, Fredrich T J, Wong T—f. The brittle—ductile transition in rocks: recent experimental and theoretic a progress, in The Brittle—Ductile Transition in Rocks, Geophys Monogr Ser, vol. 56, Duba A G, Durham W B, Handin J W, Wang H F, eds. AGU, Washington, D C. 1990, 1—20.

[249] Ferry J M. Infiltration of aqueous fluid and high fluid rock ratios duringgreen schist facies metamorphism: A reply [J]. Petrol., 1986, 27: 695—712.

[250] Fitz Gerald J D, Stunitz H. Deformation ofgranitoids at low metamorphicgrade. I: Reactions andgrain size reduction [J]. Tectonophysics, 1993, 221: 269—297.

[251] Fliervoet T F, White S H, Drury M R. Evidence for dominantgrain—boundary sliding deformation ingreen—schist—and amphibolite—grade polymineralic ultramylonites from the Redbank Deformed Zone, Central Australia [J]. Struct Geol, 1997, 19: 1495—1518.

[252] Flinn D. On folding during three—dimentional progressive deformation [J]. Geol. Soc. London, Quart. J., 1962, 118: 385—433.

[253] Fredrich J T, Evans B, Wong T—f. Micromechanics of the brittle to plastic transition in Carrara marble [J]. Geophys Res, 1989, 94: 4129—4143.

[254] Fyfe W S, Kerrich R. Fluid and thrusting. Chem. Geol., 1985, 47: 353—362.

[255] Gillepie P A, Howard C B, Walsh J J, et al. Measurement and characterization of spatial distributions of fractures [J]. Tectonophysics, 1993, 226: 113—141.

[256] Glaazner A F. Volume loss, fluid flow and state of strains in extensional mylonites from the central Mojave Desert, California [J]. Journal of Structural Geology, 1991, 13 (5): 587—591.

[257] Gleason G C, Tullis J, Heidelbach F. The role of dynamic recrystallization in the development of lattice preferred orientations in experimentally deformed quartz aggregates [J]. Journal of Structural Geology, 1993, 15: 1145—1168.

[258] Gleason G C, Tullis J. A flow law for dislocation creep of quartz aggregates determined with the molten salt cell [J]. Tectonophysics, 1995, 247: 1—23.

[259] Gleason G C, Bruce V, Green H W. Experimental investigation of melt topology in partially melten quartz—feldspathic aggregates under hydrostatic and nonhydrostatic stress [J]. Journal of Metamorphic Geology, 1999, 17: 705—72.

[260] Gower RJ W, Simpson C. Phase boundary mobility innaturally deformed, high—grade quartz—feldspathic rocks: evidence for diffusional creep [J]. Journal of Structural Geology, 1992, 14 (3): 301—313.

[261] Grujic D, Casey M, Davidson C, et al. Ductile extrusion if the Higher Himalayan Crystalline in Bhutan: evidence from the quartz microfabrics [J].

Tectonophysics, 1996, 260: 21—43.

[262] Gursoy H, Piper J D A, Tater O. Temiz H. A palaeomagnetic study of the Sivas Basin, Central Turkey: crustal deformation during lateral extrusion of the Anatolian Block [J] . Tectonophysics, 1997, 157—163.

[263] Hacker B R, Christic J M. Brittle—ductile and plastic—cataclastic transition in experimentally deformed and metamorphosed amphibolite, in The Brittle—Ductile Transition in Rocks, Geophys Monogr Ser, vol. 56, Duba A G, Durham W B, Handin J W, Wang H F. AGU, Washington, D C. 1990, 127—147.

[264] Hadizadeh J, Tullis. Cataclastic flow and semi—brittle deformation of anorthsite, J Struct Geol, 1992, 14: 57—63.

[265] Hammarstrom JM, Zen E. Aluminum in hornblende: an empirical igneous-geobarometer [J] . American Mineralogist, 1986, 71: 1297—1313.

[266] Heidelbach F. Quantitative texture analysis of experimentally sheared anhydrite and albite aggregates [J] . (abstract) in Proceedings of the Twelfth International Conference on Textures ofMaterials, edited by J A Szpunar, 1999, 1574—1579, NRC Res. Press, Ottawa, nt.

[267] Heilbronner R, Tullis J. Evolution of c—axis pole figures andgrain size during dynamic recrystallization: Results from experimentally sheared quartzite [J] . Journal of Geophysical Research, 2006, 111: B10202.

[268] Hippertt J, RochaA, LanaC, et al. Quartz plastic segregation and ribbon development in highgrade stripedgneisses [J] . Journal of Structural Geology, 2001, 23: 67—80.

[269] HiroiY, Kishi S, NoharaT, et al. Cretaceous high temperature rapid loading and unloading in the Holland T, Blundy J. Nonideal interactions in calcic amphiboles and their bearing on amphibole—plagioclase thermometry [J] . Contributions to Mineralogy and Petrology, 1994, 116: 433—47.

[270] Hirth G, Tullis J. The effects of pressure and porosity on the micromechanics of the brittle—ductile transition in quartzite [J] . Geophys Res, 1989, 94: 17825—17838.

[271] Hirth G, Tullis J. Dislocation creep regimes in quartz aggregates [J] . Struct Geol, 1992, 14: 145—159.

[272] Hirth G, Tullis J. The brittle—plastic transition in experimentally deformed quartz aggregates [J] . Geophys Res, 1994, 99: 11731—11747.

[273] Hippertt J F, Hongn F D. Deformation mechanisms in the mylonite—ultramylonite transition [J] . Struct Geol, 1998, 20: 1435—1448.

[274] Holdaway M J. Optimization of some keygeothermobarometers for pelitic

metamorphic rocks [J] . Mineralogical magazine, 2004, 68: 1—14.

[275] Hollister L S, Grisson G C, Peters E K, et al. Confirmation of the empirical correlation of Al in hornblende with pressure of solidification of calc—alkaline plutons [J] . American Mineralogist, 1987, 72: 231—239.

[276] Hull D and Bacon D J. Introduction to Dislocations [M] . Pergamon Press, 1984, 57.

[277] Ikeda T. Pressure temperature conditions of the Ryoke metamorphic rocks in Yanai district, SW Japan [J] . Contributions to Mineralogy and Petrology, 2004, 146: 577—589.

[278] Jessel M W. Grain boundary migration and fabric development in Experimentally deformed octachloropropane [J] . Journal of Structural Geology, 1986, 8: 527—541.

[279] Jiang D, Lin S, Williams P F. Deformation path in high—stian zones, with referece to slip partitioning in transpressional plate—boundary regions [J] . Journal of Structural Geology, 2001, 23: 991—1005.

[280] Johnson M C, Rutherford M J. Experimental calibration of an aluminum—in—hornblendegeobarometer applicable to calc—alkaline rocks [J] . Geology, 1989, 17: 837—841.

[281] Jones R R, Tanner P W G. Strain partitioning in transpression zones [J] . Journal of Structural Geology, 1995, 6: 793—802.

[282] Kawamoto, Toshihiko Shimamoto. The strength profile for bimineralic shear zones: an insight from high—temperature shearing experiments on calcite—halite mixtures [J] . Tectonophysics, 1998, 295: 1—14.

[283] Kenneth J Falconer. Techniques in Fractal Geometry. Translation by Zeng Wenqu, Liu Shiyao, Dai Liangui, et al. Shenyang: Northeastern University of Technology press, 1991, 58—66.

[284] Kirby S H. Tectonic stresses in the lithosphere: Constraints provided by experimental deformation of rocks [J] . Geophys Res, 1980, 89: 6353—6363.

[285] Klepeis K A, Clarke G L, Gehrels G, et al. Processes controlling vertical coupling and decoupling between the upper and lower crust of orogens: results from Fiordland, New Zealand [J] . Journal of Structural Geology, 2004, 26: 765—791.

[286] K O' hara. Fluid flow and volume loss during mylonization: an origin for phyllonite in an overthrust setting, North Callifornia [J] . Tectonophysics, 1988, 156 (1): 21—36.

[287] Kohn M J, Spear F. Retrograde net transfer reaction in surance for

pressure—temperature estimates [J] . Geology, 2000, 28: 1127—1130.

[288] Krantz R W. The transpressional strain model applied to trike—slip, oblique—convergent and oblique—divergent deformation [J] . Journal of Structural Geology, 1995, 8: 1125—1137.

[289] Kruhl J H, Nega M, Milla H E. The fractal shape ofgrain boundary sutures: reality, model and application as ageothermometer. 2nd Int. conf. on Fractal and Dynamic Systems in Geosciences. Frankfurt. Book of Abstracts, 1995, 84: 31—32.

[290] Kruhl J H, Nega M. The fractal shape of sutured quartzgrain boundaries: application as ageothermometer [J] . Geologishe Rundschau, 1996, 85: 38—41.

[291] Lamieson R A. A metamorphic mylonite zone within the ophiolite aureale, St. Anthony complex, Newfoundland, Amer [J] . Sci, 1981, 281: 264—281.

[292] Lamerer B, Weger M. Footwall uplift in an orogenic wedge: the Tauern Window in the Eastern Alps of Europe [J] . Tectonophysics, 1998, 258: 213—230.

[293] Lasagea A C, RichardsonS M, Holland H D. The mathmatics of action diffusion and exchange between silicate minerals during retrograde metamorphism [A] . Engergeticof Geolog—ical Processes [C] . New York, Heidelberg, Berlin: Ver—lag, 1977, 353—386.

[294] Linzer H G, Moser F, Nemes F, et al. Build - up and dismembering of the eastern Northern Calcareous Alps [J] . Tectonophysics. 1997, 272: 97—124.

[295] Little T A, Holcombe R. J, lg B R. Ductile, fabrics in the zone of active oblique convergence near the Alpine Fault. New Zwaland: identifying the neotectectonic overprint [J] . Journal of Structural Geology, 2002, 24: 193—217.

[296] Malod A, Kemal B M. The Sumatra margin: oblique subduction and lateral displacement of the accretionary prism. In: Hall R, et al. , eds. Tectonic Evolution of SE Asia [J] . Geol Soc London, Spec pub, 1996, 106: 19—28.

[297] Mark Harrison T. Diffusion of ^{40}Ar in hornblende [J] . Contributions to Mineralogy and Petrology, 1981, 78 (3): 324—331.

[298] Massonne H J, Zbigniew Szpurka. Thermodynamic properties of white micas on the basis of high—pressure experiments in the systems K_2O - MgO - Al_2O_3 - SiO_2 - H_2O and K_2O - FeO - Al_2O_3 - SiO_2 - H_2O [J] . Lithos, 1997, 41: 229—250.

[299] McCaffrey R. Oblique plate convergence, slip vectors, and forearc deformation [J]. Journal Geophysical Research, 1992, 97: 8905—8915.

[300] McCaffrey R. Global variability in subduction thrust zone—forearc systems [J]. Pure and Applied Geophysics, 1994, 142: 173—224.

[301] McClelland W C, Tikoff B, Manduca C A. Two—phase evolution of accretionary margins: examples from the North American Cordillera [J]. Tectophysics, 2000, 326: 37—55.

[302] Michel G W, Waldhor M, Neugebauer J, et al. Sequential rotation of stretching axes and block rotations: a structural and palaeomagnetic study along the North Anatolian Fault [J]. Tectonophysics, 1995, 243: 97—118.

[303] Miller R B. A mid - cristal contractional stepover zone in a major strike—slip system, North Cascades, Washington [J]. Struct. Goel., 1994, 16: 47—60.

[304] Mitra G, Boyer S E. Energy balance and deformation mechanism of duplexes [J]. Stru Geol, 1986, 8 (3/4): 291—304.

[305] Nelson K D, Zhao W, Brown L D, et al. Partially molten middle crust beneath Southern Tibet: synthesis of project INDEPTH results [J]. Science, 1996, 274: 1684—1688.

[306] Neubauer F, Genser J, Kurz W, et al. Exhumation of the Tauern Window, Eastern Alps [J]. Phys, Chem. Earth (A), 1999, 24: 675—680.

[307] Neves S P, Da Silva J M R, Mariano G. Oblique lineations in orthogneisses and supracrustal rocks: vertical partitioning of strain in a hot crust (eastern Borborema Province, NE Brazil) [J]. Journal of Structural Geology, 2005, 27: 1513—1527.

[308] Newton R C. Metamorphic fluids in the deep crust [J]. Foreign Geological Science and Technology, 1990, 8: 1—10.

[309] Nicolas A and Poirier J P. Crystalline Plasticity and Solid State Flow in Metamorphic Rocks [J]. John Wiley & Sons. 1976, 80—245.

[310] Nishikawa O, Saiki K, Wenk H R. Intra—granular strains andgrain boundary morphologies of dynamically recrystallized quartz aggregates in a mylonite [J]. Journal of Structure Geology, 2004, 26: 127—141

[311] O'hara K. Fluid flow and volume loss during mylonization: an origin for phyllonite in an overthrust setting, North California [J]. Tectonophysics, 1988, 156 (1): 21—36.

[312] O'hara K. Volume—loss model for trace—element enrichments in mylonizates [J]. Geology, 1989, 19 (9): 893—896.

[313] Passchier C, Trouw R. Microtectonics [M] . Berlin: Springer, 2005, 40—43.

[314] Pattison D R M, Chacko T, Farquhar J, et al. Temperatures ofgranulite facies metamorphism: constraints from experimental phase equilibria and thermobarometry corrected for retrograde exchange [J] . Journal of Petrology, 2003, 44: 867—900.

[315] Pichon X L, Rooke N C, Lallemant S. Geodetic determination of the kinematics of central Greece with respect to Europe: implications for eastern Mediterranean tectonics [J] . Geophys, Res, 1995, 100: 12675—12690.

[316] Piper J D A, Moore J M, Tatar O, et al. Palaeomagnetic study of crustal deformation across an intracontinental transform: the North Anatolian Fault Zone in Northern Turkey. in: A. Morris, D. H. Tarling (Eds.), Palaeomagnetism and Tectonics of the Mediterranean Region, Geol. Soc. london Spec. Publ., 1996, 299—310.

[317] Piper J D A, Tatar O, Gursoy H. Deformational behaviur of continental lithosphere deduced from block rotations across the North Anatolian fault zone in Turkey. Earth and Planetary [J] . Science Letter, 1997, 150: 191—203.

[318] Platt J P, Behrmann J H, Cunningham P C, et al. Kinematics of the Alpine arc and the motion history of Adria [J] . Nature, 1989, 337: 158—161.

[319] Plyusnina L P. Geothermometry andgeobarometry pf plagioclase - hornblende bearing assemblages [J] . Contrib Mineral Petrol, 1982, 80: 140—146.

[320] Powell R, Holland T J B. Optimalgeothermometry andgeobarometry [J] . American Mineralogist, 1994, 79: 120—133.

[321] Pryer L L. Microstructures in fieldspars from a major crustal thrust zone: the Grenville Front [J] . Journal of Structural Geology, 1993, 15 (1): 21—36.

[322] Ralser S, Hobbs B E, Ord A. Experimental derformation of a quartz mylonite [J] . Struct Geol, 1991, 13: 837—850.

[323] Ramsay J G, Wood D S. Thegeometric effects of volume change during deformation processes [J] . Tecto nophysics, 1973, 16: 263—277.

[324] Ramsay J G, Huber M I. Strainanalysis. In: Techniques of modern structuralgeology, 1983, 1. London: Acad. Press.

[325] Ramsay J G. Shear zonegeometry: A review [J] . Journal of Struct. Geol., 2 (1): 83—89.

[326] R D McDonnell, C J Peach, H L M van Roermund and C J Spiers. Effect of varying enstatite content on the deformation behavior of fine—grained synthetic peridotite under wet conditions [J] . J Geophys Res, 2000, 105: 13535—13553.

[327] Richard J, Norris, Alan F. Cooper. Late Quaternary slip partitioning on the Alpine Fauit, New Zealand [J] . Journal of Structural Geology. 2000, 23: 507—520.

[328] Ross J V, Lewis P D. Brittle—ductile transition: semi - brittle behavior [J]. Tectonophysics, 1989, 167: 75—78.

[329] Royden L H. The tectonic expression slab pull at continental convergent boundaries [J] . Tectonics, 1993, 12: 303—325.

[330] Sanderson D J, Marchini W R D. Transpression [J] . Journal of Structural Geology 1984. 6, 449—458.

[331] Schidt M W. Amphibole composition in tonalite as a function of pressure: An exiperimental calibration of Al - in - hornblende barometer [J] . Contributions to Mineralogy and Petrology, 1992, 110: 304—310.

[332] Schmid S M, Boland J N & Paterson M S. Superplastic flow in finegrained limestone. Tectonophysics, 1977, 43: 257—291.

[333] Shaocheng Ji, Richard Wirth, Erik Rybacki, et al. High - temperature plastic deformation of quartz—plagioclase multilayers by layer—normal compression [J] . Geophys Res, 2000, 105: 16651—16664.

[334] Senger A M C, Natal'in B S. Paleotectonics of Asia: fagments of a syntjesis. In Yin A. et al. , eds. The Tectonic Evolution of Asia [J] . Cambridge University Press, 1996, 486—640.

[335] Shido, MIYASHIRO A. Abukuma, Ryoke, and Sanbagawa Metamorphic Belts [in Japanese] [J] . Journal of the Geological Society of Japan, 1959, 65 (769): 624—637.

[336] Sibson R H. Fault rocks and faults mechanisms [J] . Geol. soc. , London, 1977, 133 (1): 191—213.

[337] Simpson C. Deformation ofgranitic rocks across the brittle—ductile transition [J] . Journal of Structural Geology, 1985, 7 (5), 503—511.

[338] Sinha K A, Hawwit D A, Rimstidt J D. Fluid interaction and element mobility in the development of ultramylonites [J] . Geology, 1986, 14: 883—886.

[339] Smith M P and Yardley B W D. Fluid evolution during metamorphism of the Otago Schist, New Zealand: (I) Evidence from fluid inclusions [J] . Metamorphic Geol. , 1999, 17: 173—186.

[340] Smulikowski W, Desmons J, Harte B, et al. Types, grade and facies of metamorphism [A] . Fettes D, Desmons J Metamorphic rocks: A classification andglossary of terms, recommendations of the international union ofgeological sciences subcommission on the systematics of metamorphic

rocks [C] . Cambridge University Press. 2007, 16—23.

[341] Song Chuanzhong, Zhang Guowei, Wang Yongsheng, et al. Luonan—Luanchuan tectonic deformation decomposition and age constraints in Qinling orogenic belt [J] . Science in China Series D (Earth Science), 2009, 39 (2): 144—156.

[342] Spear F S. Metamorphic fractional crystallation and internal metasomatismby diffusional homogenization of zonedgarnets [J] . Contrib Mineral Petrol, 1988, 99: 507—517.

[343] S. Takeuchi, A S Argon. Acta Metall, 1976, 24: 883—889.

[344] Stipp M, Stunitz H, Heilbronner R, et al. The eastern Tonale fault zone: a "natural laboratory" for crystal plastic deformation of quartz over a temperature range from 250 to 700℃ [J] . Journal of Structural Geology, 2002, 24: 1861—1884.

[345] Stunitz H, Rosenberg C. L. , et al. Deformation and recrystallization of plagioclase along a temperaturegradient: an example from the Bergell tonalite [J] . Journal of Structural Geology, 2003, 25 (3): 389—408.

[346] Takahashi M, Nagahama H, Masuda T. Fractal analysis of experimentally, dynamically recrystallized quartzgrains and its possible application as a strain rats meter [J] . Journal of structural Geology, 1998, 20 (2/3): 269—273.

[347] Takeshita T, Wenk H R, Lebensohn R. Development of preferred orientation and microstructure in sheared quartzite: comparison of natural data and simulated results [J] . Tectonophysics, 1999, 312: 133—155.

[348] Tatar O, Piper J D A, Park R G, et al. Palaeomagnetic evidence for large block rotations in the Niksar overlaparea of the North Anatolian Fault Zone Turkey [J] . Tectonophysics. 1995, 244: 251—266.

[349] Teyssier C, Tikoff B. Fabric stability in oblique convergence and divergence [J] . Journal of Structural Geology. 1999, 21: 969—974.

[350] Tracy R J. Garnet composition and zoning in the determination of temperature and pressure of metamorphism, centralMas—sachusetts [J] . Amer Miner, 1976, 61: 762—775.

[351] Tullis J, Yund R A. Diffusion creep in feldspar aggregates: experimental evidence [J] . Journal of Structural Geology, 1991, 13: 986—1000.

[352] Tullis J, Yund R. The brittle—ductile transition in feldspar aggregates: An experimental study, in Fault Mechanics and Transport Properties of Rocks, Evans B, ed. Academic, San Diego, Calif, 1992, 51, 89—117.

[353] Vernon R H. Review of microstructural evidence of magmatic and solid—state flow [J] . Electronic Geosciences. 2000, 5: 2.

[354] Vernon R H. A practicalguide to rock microstrue [D] . Cambridge: Cambridge University Press, 2004.

[355] Vigneresse J L, Tikoff B. Strain partitioning during partial melting and crystallizing felsic magmas [J] . Teconophysics, 1990, 312: 117—132.

[356] Viruete J E, Contreras F, Stein F, et al. Transpression and strain Caribbear Island arc: Fabric development, kinematics and ^{39}Ar –^{40} Ar ages of syntectonic emplacement of the Loma de Cabrera batholith, Dominican Repnblic [J] . Journal of Structural Geology, 2006, 28: 1496—1519.

[357] Voll G. Recrystallization of quartz, biotite, feldspars from Erstfeld to the Leventina Nappe, Swiss Alps, and itsgeological significance [J] . Schweizerische Mineralogische and Petrographische Mitteilungen, 1976, 56: 641—647.

[358] Voll and S, Kruhl J H. Anisotropy quantification: the application of fractalgeometry methods on tectonic fracture patterns of a Hercyni—an fault zone in NW Sardinia [J] . Journal of Structural Geology, 2004, 26: 1499—1510.

[359] Wallance R E. The san andreas fault system California. U. S. Geol. Survey Prof. Paper, 1990, 1515.

[360] Wang T, Wang X, Li W. Evaluation of multiple emplacement mechanisms: the Huichizigranite pluton, Qinling orogenic belt, central China [J] . Journal of Structural Geology, 2002, 22: 505—518.

[361] Watterson J.. Homogeneous deformation of thegneisses of Vesterland, SOUTH—West Greenland [M] . Medd. om Groonland175, 1968, Nr. 6: 72.

[362] Windley B F, Alexeiev D, Xiao W, et al. Tectonic models for accretion of the Central Asian Orogenic Belt [J] . Journal of the Geological Society, 2007, 164: 31—47.

[363] Woodcock N H. The role of strike—slipe fault systems at plate boundaries [J] . Phil Trans R soc Lond, 1997, A317: 13—29.

[364] Xue F, Lerch F, KrÊner A. , et al. Tectonic evolution of the East Qinling Mountains, China, in the Paleozoic: A review and a new tectonic model [J]. Tectonophysics, 1996, 253: 271—284.

[365] Yang Xiaoyong, Liu Deliang, Wagner G. A. Conditions of deformation and variations of compositional and struetural state of feldspars during mylonitizaton: exemplified from the duetile shear zones in south Tan—Lu fault belt of China, Neues Jahrbuch fuer Mineralogie, Monatshefte, 2001, JgH (9—10): 415—432.

[366] Yardley B W D and Bottrell S H. Silica mobility and fluid movement during metamorphism of the Connemara schists, Ireland [J] . Metamorphic Geol. ,

1992, 10: 453—464.

[367] You. Z. D, Han Y. J., Suo S. T., Chen N. S. and Zhong Z. Q. Metamorphic history and tectonic evolution of the Qinling complex, eastern Qinling mountains [J]. Metamorphic Geology. 1993, 11 (4): 549—560.

[368] Yuan Honglin, Wu Fuyuan, Gao Shan, et al. LA—ICP—MS zircon U-Pb age and REE of Cenozoic pluton in NE China [J]. Chinese Science Bulletin. 2003, 48 (14): 1511—1520 (in Chinese with English abstract).

[369] Zhang weiji, Ma Zhihe. The poly deformation of Kuangping Group atMahe ofMangling, Shaanxi Province [J]. Journal of Xi'an college ofgeology, 1988, 10 (4): 33—42 (in Chinese with English abstract).

[370] Zhang Guowei, Zhang Zongqing and Dong Yunpeng. Nature of main tectonic lithostratigraphic units of the Qinling orogen: Implications for the tectonic evolution [J]. Acta Petrologica Sinica, 1995, 11 (2): 101—114 (in Chinese with English abstract).

[371] Zhang Z M, Shen K, Xiao Y, et al. Fluid composition and evolution attending UHP metamorphism: Study of fluid inclusions from drill cores, southern Sulu belt, eastern China [J]. International Geology Review, 2005, 47: 297—309.

[372] Zhang Zongqing, Liu Dongyi and Fu Guomin. Geochronology of the metamorphic strata in the North Qinling [M]. Beijing: Geological Publishing House, 1994, 8—161 (in Chinese).

[373] Zhang zongqing. Geochemistry of metamorphosed Late Proterozoic Kuanping ophiolite in the Northern Qinling, China [J]. Acta Petrologica Sinica, 1995, 11 (supp.): 165—177 (in Chinese with English abstract).

[374] Zhang Zongqin, Tang Suohan, Song Bao, et al. Strong Jinninggeological events in the Qinling orogenic belt and it stectonic setting [J]. Acta Geoscientia Sinica, 1997, 18 (supp.): 43—45 (in Chinese with English abstract).

[375] Zhou Jiyuan, Yu Zucheng. Tectonic stress, element activation and migration and mineralization——Theory and its significance to researches. Progress in Geosciences of China (1985—1988), 1989, Paper to 28th IGC. Vol. 1, Beijing: Geological Publishing House.